システムズエンジニアリングに基づく製品開発の実践的アプローチ

オリンパス株式会社
後町智子・土屋浩幸・鈴木 研 著

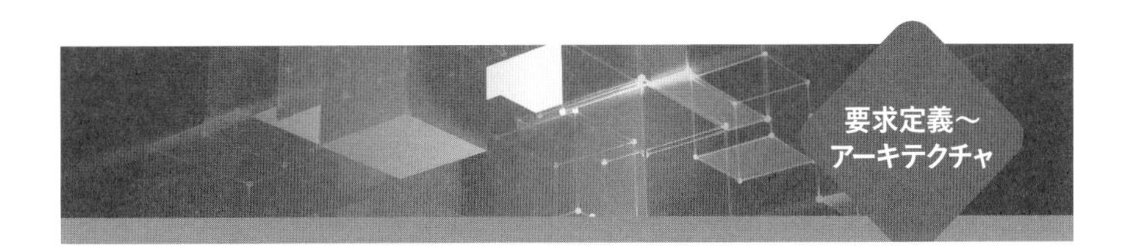

日刊工業新聞社

システムズエンジニアリングに基づく 製品開発の実践的アプローチ

目　次

Phase 1 はじめに
なぜ今、システムズエンジニアリングなのか

Phase 2 コンセプトメイク
市場で勝負できるコンセプトを作ろう

Phase 3 VoC/VoE収集
ステークホルダの声を集めよう

Phase 4 ステークホルダ要求定義
ステークホルダの声を要求にしよう

Phase 8 プロダクト要求定義
みんなが同じプロダクトを想定できる要求を書こう

Phase 9 プロダクトアーキテクチャ定義
技術分野の開発責務を確定しよう

Phase 10 推進時の留意点
エンジニアリングをうまく進めよう

[本書の内容とISO/IEC/IEEE15288規格との関係]

本書は、ISO/IEC/IEEE15288 System life cycle processesの規格に準拠した形で記述しています。テクニカルプロセスの6.4.1〜6.4.4までの範囲を扱っています。

ISO/IEC/IEEE15288 System life cycle processes X 0170：2020 (ISO/IEC/IEEE 15288：2015)	本書で扱う章
6.4.1　ビジネス又はミッション分析プロセス (Business or Mission Analysis process)	Phase2
a) ビジネス又はミッション分析の準備を行う	
b) 問題又は機会の空間を定義する	
c) ソリューション空間を特徴付ける	
d) 複数ある代替ソリューションの集まりを評価する	
e) ビジネス又はミッション分析を管理する	
6.4.2　利害関係者ニーズ及び利害関係者要求事項定義プロセス (Stakeholder Needs and Requirements Definition process)	Phase3 Phase4
a) 利害関係者ニーズ及び利害関係者要求事項定義の準備を行う	
b) 利害関係者ニーズを定義する	
c) システムレベルの運用概念及びその他のライフサイクル概念を開発する	
d) 利害関係者ニーズを利害関係者要求事項へ変換する	
e) 利害関係者要求事項を分析する	
f) 利害関係者ニーズ及び利害関係者要求事項の定義を管理する	
6.4.3　システム要求事項定義プロセス (System Requirements Definition process)	Phase5 Phase6 Phase8
a) システム要求事項定義の準備を行う	
b) システム要求事項を定義する	
c) システム要求事項を分析する	
d) システム要求事項を管理する	
6.4.4　アーキテクチャ定義プロセス (Architecture Definition process)	Phase7 Phase9
a) アーキテクチャ定義の準備を行う	
b) アーキテクチャ ビューポイントを開発する	
c) 候補となるアーキテクチャのモデル及びビューを策定する	
d) アーキテクチャを設計に関係付ける	
e) アーキテクチャ候補のアセスメントを行う	
f) 選定されたアーキテクチャを管理する	
6.4.5　設計定義プロセス (Design Definition process)	Phase9
a) 設計定義の準備を行う	
b) アーキテクチャ ビューポイントを開発する	
c) システム要素を取得するための代替案をアセスメントする	
d) 設計を管理する	

ISO/IEC/IEEE 15288：2015　Systems and software engineering — System life cycle processes
https://www.iso.org/standard/63711.html

Phase 1

はじめに

なぜ今、システムズエンジニアリングなのか

昨今、システムズエンジニアリングを開発に適用したいという企業が本当に増えてきました。

少し前までは、システムズエンジニアリングは航空宇宙や自動車などの産業のもの、というイメージが強かったように感じます。しかし、これらの産業以外のシステムも大規模、複雑化したと言われて久しくなりました。開発部門内でも自社製品の全体像を見通せて、設計できるエンジニアがいなくなってしまったという声をよく聞きます。全体が見通せなくなると、サイロ化（縦割り文化）が発生します。こうなると、何か開発しようとしても、自分たちの知識が及ぶ範囲で何事も完結しようとし始めます。また自分たちの持ち分の完遂に力を注ぎ、全体がどうなるかということに関心が薄くなります。やがて、いろいろな問題が発生し始めます。

○システム全体の視野を持つ人がいないため、システムの複雑化が進行する
○各部門が個別最適で開発を進めるため、システム統合の段階で不具合が発生する
○すり合わせや複雑なテストケースで開発日程が遅延し、スケジュール管理が難しくなる
○顧客との対話が減り、製品仕様が企業視点になる。社内では絶対売れると判断した製品でも、市場に出すと反応が芳しくない
○同じ失敗を数機種繰り返している。反省会でもうやらないと誓ったのに…

皆さんもこんな経験はないでしょうか？

このような問題を解決するために、システムの作り方＝システムズエンジニアリングがあるのです。どのようにやったらよいのか、これから皆さんと一緒に見ていきましょう。

1.1　システムズエンジニアリングとは

システムズエンジニアリングとは、複雑なシステムに対する要求定義から、設計、実装、検証、保守、廃棄までのライフサイクル全体を対象とした工学的方法論および、その一連の活動のことです。その目的は、システムがステークホルダの要求を満たし、期待される性能を定められた期間内で実現することです。

そのために、システムズエンジニアリングの開発プロセスの中では、要求を分析し、システムを俯瞰した設計最適化を行い、サブシステム単位に分割して並行開発し、定期的な検証活動を行います。

この考え方は、1940年代から米国のマサチューセッツ工科大学やベル研究所から端を発しました。1960年代に入るとNASAアポロ計画が実行され、航空宇宙機器のようなミッションクリティカル機器に適用、洗練されていきました。1990年代に入ると、インターネットの普及やプロセッサ技術の飛躍的な発展により、自動車やFA機器などのシステムが大規模複雑化したことから、人命を預かる産業に広がっていきました。2010年代以降は、デジタルトランスフォーメーションやAIの台頭により、その他の産業のシステムも大規模かつ複雑になってきたことから、システムズエンジニアリングの考え方がますます必要とされるようになってきています。現在、このプロセスはISO/IEC/IEEE15288 System life cycle processes（以降ISO15288と記述します）として定められています。

筆者がシステムズエンジニアリングに着目したのは、2008年頃です。当時、産業用インクジェットプリンタやオフィス用プリンタの開発をしていました。競合メーカーと比較して、開発者の人数は少ないものの、開発機種数は他社並みという状況でした。そんな中でも、“ミスタープリンタ開発”の称号を持つようなスーパーエンジニアの先輩が何人かいて、その人たちがものすごいパフォーマンスを発揮していたので、なんとか凌げていました。しかし、日程短縮の圧力は年々強くなり、この少ない人数で他社に負けない魅力的な開発をするには、限界まで効率を上げなければなりませんでした。当時の開発プロセス上で問題のある部分を整理すると、**図1-1**のようになりました。これらの問題を解決できる方法を調査した際に出会ったのが、システムズエンジニアリ

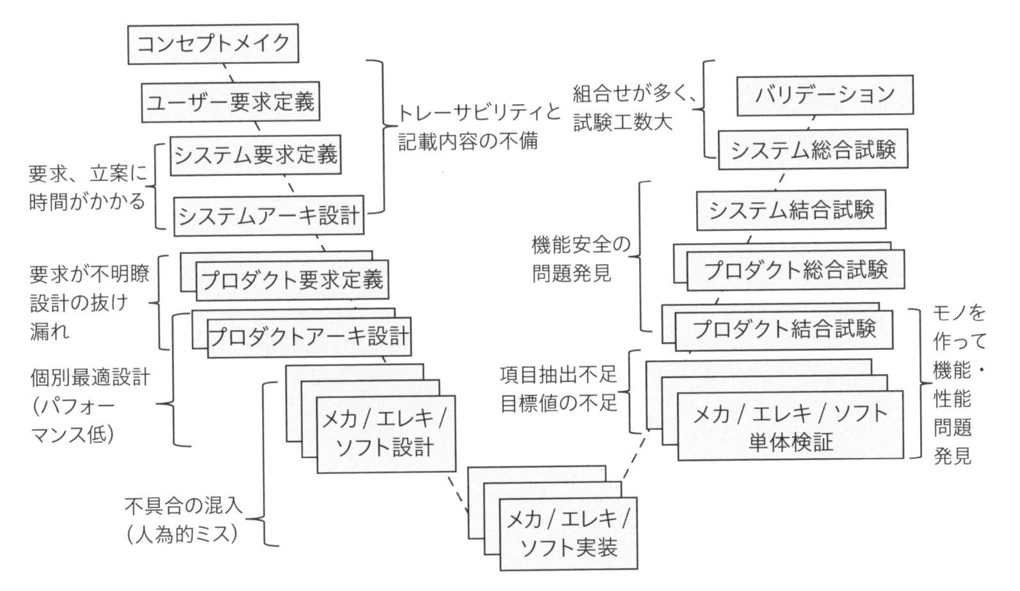

図1-1　開発プロセス上の問題

ングでした。

システムズエンジニアリングのメリットは、大きく以下の３点が挙げられるとのことでした。

①品質の担保ができる
②顧客のニーズを的確に捉えることができる
③プロダクトや複数の技術分野（メカ、エレキ、ソフトなど）に跨る開発を短期間で行える

そして、システムズエンジニアリングのプロセスは、**図1-2**に示すように従来のプロセスと大きく異なるところが3点あります。

１つ目は、顧客のニーズからトレースを取りながら、トップダウンで開発をしていくことです。システムのライフサイクルを通じてプロセスが定義されているため、流れを分断されることなく、顧客ニーズを製品の設計へつなげることができます。

２つ目は、V字の左側で常に「成り立つことを検証する」。つまり、要求定義や設計の段階で自己工程完結のプロセスになっていることです。成り立つことを検証する手段は、一つではありません。要求であれば顧客に確認する、アーキテクチャであれば、モデルを用いたシミュレーションしてみる、のも検証方

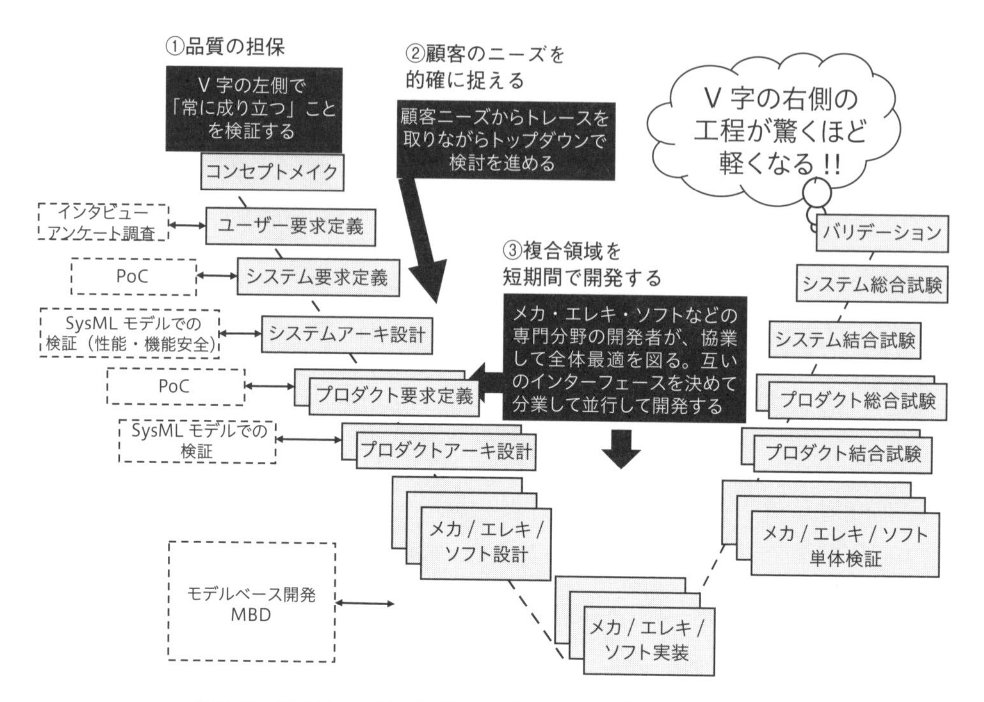

図1-2　従来とシステムズエンジニアリングプロセスの違い

法の一つです。検証の手段はいろいろありますが、1つの工程内でそこまでの検討内容が妥当かを確認することを求めています。そのため、問題の発見が上流工程から行えるのです。これが品質を担保する重要なポイントとなります。

3つ目は、プロダクトや技術分野（メカ、エレキ、ソフトなど）に跨る開発者が協業して全体最適を図り、その後に分業、並行開発するプロセスになっていることです。システム→プロダクト→技術分野の設計実装と、段階的に詳細度を上げていくので、その途上でどこかの技術分野が勝手に個別最適に走ることがありません。検討内容は、モデルやドキュメントで常に可視化されているので、誰しもが同じ理解に立ちながら検討を進めることができます。開発分担の決定を共同で行い、インターフェースも明確に定めるので、すり合わせ時間が短縮され、一気に並行で開発ができるようになります。この、並行開発こそが日程短縮のカギなのです。

上流から段階的に問題を潰し、構造を最適化してきた上での実装であるため、図1-2のV字モデル右側の結合試験や検証工程が驚くほど軽くなります。これに検証の自動化を組み合わせると、さらに日程を短縮することができます。

システムズエンジニアリングは、しっかりと内容を理解して、それぞれの開発部門に合ったテーラリングができれば、誰しもがメリットを享受することができるのです。

1.1.1　システムズエンジニアリング導入の困りごと

とはいえ、実際に始めてみようと重い腰を上げてみたものの、どこから手を付けてよいのか迷ってしまうのも、システムズエンジニアリングの特徴です。どんなものかを学ぼうとすると、まずはISO/IEC/IEEE15288やJIS X 0170などを紐解くことになります。しかし、これらは規格なので、記述内容は難解で抽象度が高く、具体的な実践方法は一切記載されていません。正直、初心者には何を書いてあるかさっぱりわからないレベルです。国際団体であるINCOSE（International Council on Systems Engineering）からもハンドブックが発行されていて、解説も載っていますが、初心者にはハードルが高いものです。

その他、解説書や外部研修を受けても、扱う事例が自社で開発する製品とは程遠い“こぢんまり”したものが多く、いざ同じようにやろうとしても、膨大な要求項目の前に呆然と立ち尽くすことでしょう。外部のコンサルタントに頼っても、プロセスは教えてくれますが、肝になるビジネス部門や工場などとの折衝は範疇外（カバーしない）のことが多いでしょう。筆者の場合もそうでしたが、いくつも失敗しながら手探りを繰り返しつつもあきらめなかったのは、ある機種で“はっきり”と効果が出たからです。

図1-3は筆者が関係したあるシステムの開発工数のグラフです。一番左の製品Aは、システムズエンジニアリング導入前で、開発プロジェクト全体がすり合わせをしながら開発をした機種です。製品A2はフルスクラッチで開発をした後継機種です。ここでシステムズエンジニアリングを導入しました。製品Aと同じ規模の製品でしたが、すり合わせ工数と検証の工数が圧倒的に減少したのです。その後、製品A2とは全く違う分野向けの製品Bを立ち上げました。見た目も形態も異なりましたが、製品A2で内部構造のモジュール化と最適化ができていたため、内部はモジュールの組み直しだけで開発することができ、新規製品としては驚くほど開発工数が減りました。

イメージは“レゴを組み合わせて製品を作る”、といった感じです。影響範囲が局所化されたため、派生機種の開発でも修正変更が容易で、テスト期間も

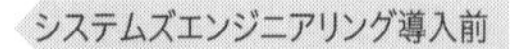

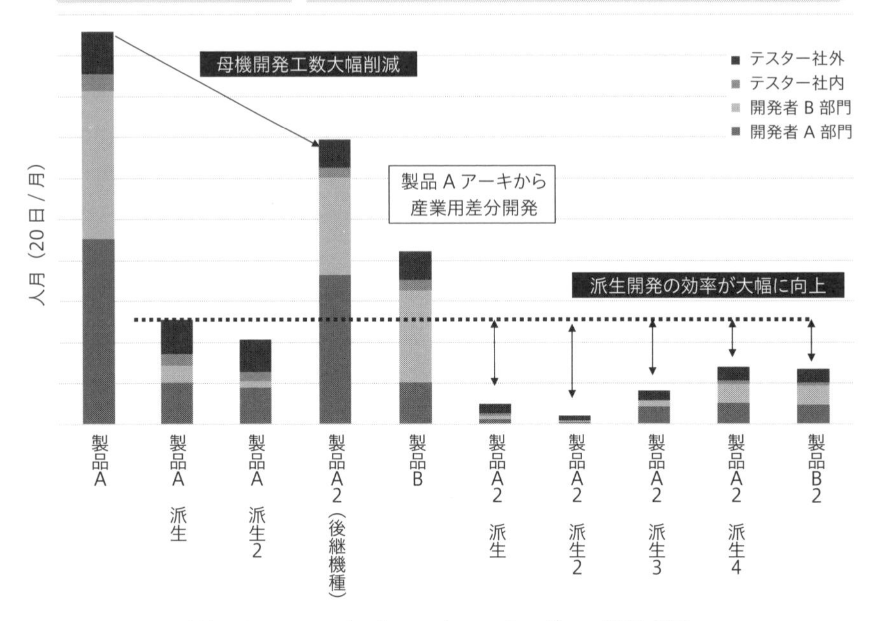

図1-3　システムズエンジニアリングでの導入効果

短くなったのです。その後もシステムズエンジニアリングを用いた製品開発を続け、様々な分野の開発に適用していくと、“勘所”がわかってきました。その辺りから、システムズエンジニアリングの効果が確信に変わりました。

勘所の多くは、いわゆる学問や純粋なプロセスの部分ではない、システムを開発する当事者だからこそ必要となる、“大きなプロセスの中でうごめくサブプロセスのやりざま”でした。

このサブプロセスを確立するのに、10年かかりました。この10年で得たものを誰もが参考にできる書籍という形にして、これからシステムズエンジニアリングを導入したいと考える皆さんに開示させていただくことで、皆さんはもっと短期間で製品開発に適用できるはずです。本書はその“道しるべ”になるでしょう。

皆さんの製品開発が、少しでも良い方向に進めば幸いです。

1.2 本書の構成と読み方

1.2.1 本書の構成

◆ 誰も教えてくれない！実務プロセスチャート

システムズエンジニアリングの概要は書籍や研修などで学んだが、いざ実務で適用するとなると、何をどうしていけばよいのかわからない、という人のためのチャートです。これを見れば、どの成果物や情報がインプットとなって、何をしなければならないか、実務レベルでわかるようになっています。実務適用をこれから考えられている方はまず、この実務プロセスチャートをベースに自部門でどうやっていくかを検討されるとよいでしょう。

教科書的、学術的な内容ではなく、メーカーでの10年以上の実務経験から編み出された、珠玉のエッセンスが詰まっています。外部コンサルタントからも得られない、現場志向の実務プロセスは、本書ならではの情報です。

◆ Phaseごとの詳細解説

「誰も教えてくれない！実務プロセスチャート」のサブプロセスを丁寧に解説しています。

実務でそのまま応用できるように、成果物のイメージやフォーマットをたくさん掲載しています。また、その成果物を作成していくときに、どんな点に着眼し、分析をしていくべきなのか、どのような考え方で作成していくのか、という「考え方」や「重視すべき点」についても深く解説をしています。

◆ 各Phaseの成果物とチェックポイント

各Phaseで生成される成果物とそのチェックポイントをまとめたものです。

システムズエンジニアリングはステークホルダの要求を取り込み、システムとして具現化していくプロセスなので、各Phaseで生成される成果物のつながりとその内容は、非常に重要です。成果物に何を記述すべきで、何に気をつけて書くべきかを一覧にしてあります。レビュー時のチェックリストとしても活用してください。

◆ このフェーズに現れるモンスター

各Phaseで障壁となる“人物”にスポットライトを当てて、楽しく紹介しています。

システムズエンジニアリングに限った話ではありませんが、新しいプロセスを導入する際に、既存の考え方に捉われてしまい、プロセスの改善を鈍化させる行動を取る人が一定数出てくるでしょう。放っておくと、「いつのまにか、元の開発プロセスに戻ってしまう」ことも多々あります。こういった人々の傾向を捉え、うまく付き合っていくちょっとした“ヒント”を紹介しています。本書の息抜きに、楽しみながら読んでください。

◆ **本書の読み方**

3つのケースを想定しています。

①実務としての実践方法を一から学びたい人は、腰を据えてPhase1から順番に読み進めてください。実務プロセスチャートと本文を対比させながら読むとよいでしょう。

②社内導入を検討されている方は、まずは「実務プロセスチャート」と「このフェーズの成果物とチェックポイント」を読んでください。これまでの開発プロセスとの違いや、成果物の位置づけなどを比較することができます。また、「このフェーズに現れるモンスター」「Phase10　推進時の留意点」も確認しておくとよいでしょう。筆者の経験から言うと、システムズエンジニアリング導入時に、モンスターはどのプロジェクト、組織でも必ず現れ、多かれ少なかれ混乱の元になります。円滑な推進を目指すためのヒントになるでしょう。

③すでにシステムズエンジニアリングは実践中で、特定の部分で迷っている方は、該当するPhaseの詳細解説を読んでください。中間成果物の具体例なども掲載していますので、何かしらのヒントを見つけることができるでしょう。

1.2.2　本書で扱う事例について

本書では産業用プリンタを事例として、解説をしています。これは、特定の製品を示しているものではなく、本書の解説のために新規に作成したものです。また、皆さんが理解しやすいように、内容は簡略化しています。したがって、実際のプリンタ機能、印刷業務などに合致しない部分もありますが、ご了承ください。

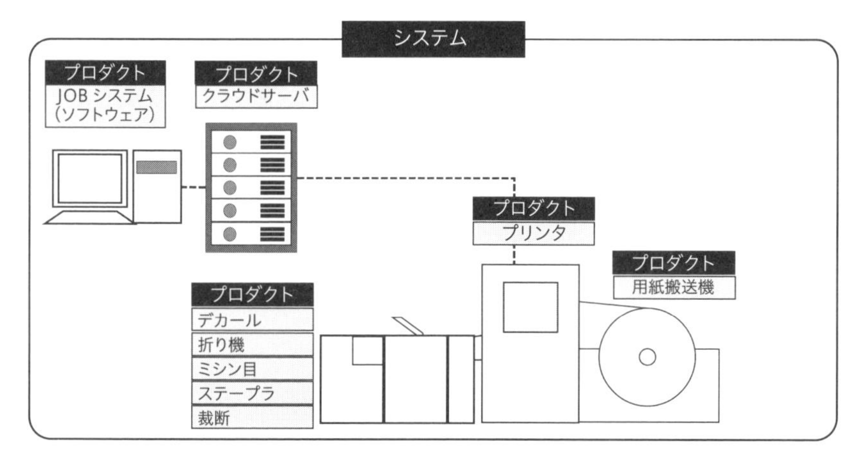

図1-4　本書におけるシステム・プロダクトの定義

1.2.3　本書でよく使われる用語の定義

本書では「システム」や「プロダクト」といった用語を頻繁に用います。これらの用語の解釈は、どの範囲をシステムとして捉えるかで、大きく対象が変わります。そのため、本書における用語の定義について説明をしておきます。

◆ **システム**

本書における「システム」とは、**図1-4**で示されている通り、複数のプロダクトが連携し、相互作用を通じて全体として一つの大きな目的を達成する集合体を指します。

◆ **プロダクト**

本書における「プロダクト」とは、図1-4に示す通りシステムの構成要素であり、特定の目的達成のために設計、開発、導入、運用される単一の製品を指します。これには物理的製品、ソフトウェア、サービスが含まれます。

◆ **技術分野**

本書で言う技術分野とは、プロダクトを構成するメカ（機械)、エレキ（電気)、ソフト（ソフトウェア）などの各種技術を指します。プロダクトのドメインによっては、光学、制御技術なども含まれる場合があります。

◆ **外部機能と実装手段（外部）**

対象となるシステムやプロダクトをブラックボックス視点で考えた場合、外部から観察可能な機能を「外部機能」と呼び、またその実装手段を「実装手段

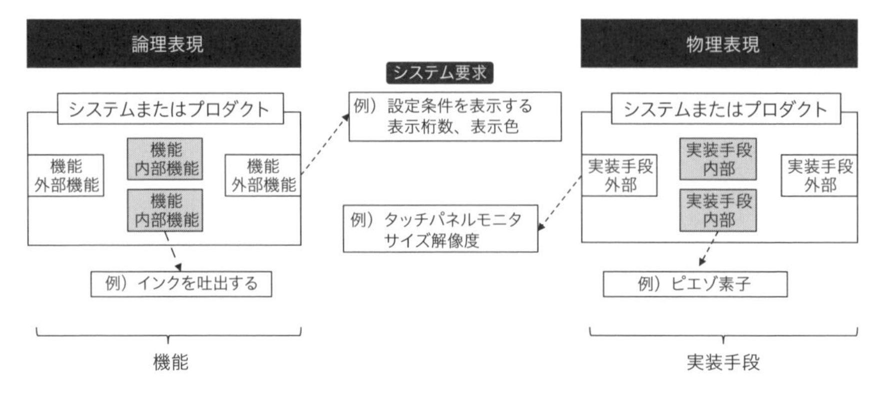

図1-5　内部と外部、論理表現と物理表現

（外部）」と呼びます。それらの性能や特性を定義した文書が「外部仕様」になります（**図1-5**）。

外部機能の仕様は、システムやプロダクトで実現すべき仕様が定義されたものなので、「システム要求」や「プロダクト要求」と同意となります。

◆ 内部機能と実装手段（内部）

対象となるシステムやプロダクトをホワイトボックス視点で考察した場合、内部で動作する機能を「内部機能」と呼び、内部の実装手段を「実装手段（内部）」と呼びます（図1-5）。

それらの性能や特性を定義したものは「内部仕様」となります。この内部機能や実装手段（内部）は外部からは通常確認できません。

◆ 論理表現と物理表現

本書では、論理表現と物理表現という2つの側面を明確に分けて考察します。論理表現とは、目的（何をするのか）に注目する表現です。それに対して、物理表現とは具体的な実装手段に注目する表現です。図1-5の例では「設定条件を表示する」という機能が論理表現されています。この機能に実装手段を割り当てて、物理表現で記載すると「タッチパネルモニタ」になります。物理手段は「ドットマトリクス表示モニタ」など別のものも考えられます。論理と物理を切り分けることの利点は、目的や機能（「何をするのか」）に対して最適な実装手段を柔軟に選択できることです。

Phase 2

コンセプトメイク

市場で勝負できるコンセプトを作ろう

ISO/IEC/IEEE 15288:2015　6.4.1　ビジネス又はミッション分析プロセス

この章では

- ●開発者が商品戦略・マーケティング戦術を理解することの重要性がわかる
- ●ハイレベルのコンセプトを決めていく過程がわかる

ビジネス部門の要請を受けて、システムの開発を開始することになりました。まずあなたがやるべきことは、なぜその商品を開発することになったのかという背景や、市場での戦い方を理解することです。

「それは開発者がやるべきことか？」と思うかもしれません。基本的に、このフェーズの責任者はビジネス部門です。しかし、どの顧客の要望を取り上げてシステムの機能を考えるべきか、どのようなシステムの構成にするかといった選定は、商品戦略に基づいて検討されます。全く新しい商品の場合、ビジネス部門と連携し、顧客訪問などを行いながら、市場のニーズを正しく理解しなければなりません。ISO 15288テクニカルプロセスも、要求定義からではなく、ビジネスまたはミッション分析プロセスから始まっているのはそれが理由です。

ここでは商品戦略がどのように決まり、そのビジネスの具体的な立役者である商品のコンセプトがどのように決まるかの主要なポイントを、開発者が理解しやすいように、なるべく単純化して説明します。本来のビジネス分析はより専門的で複雑です。詳しいことは、ビジネスアナリシスの書籍を参考にされることをお勧めします。

2.1　誰も教えてくれない！実務プロセスチャート

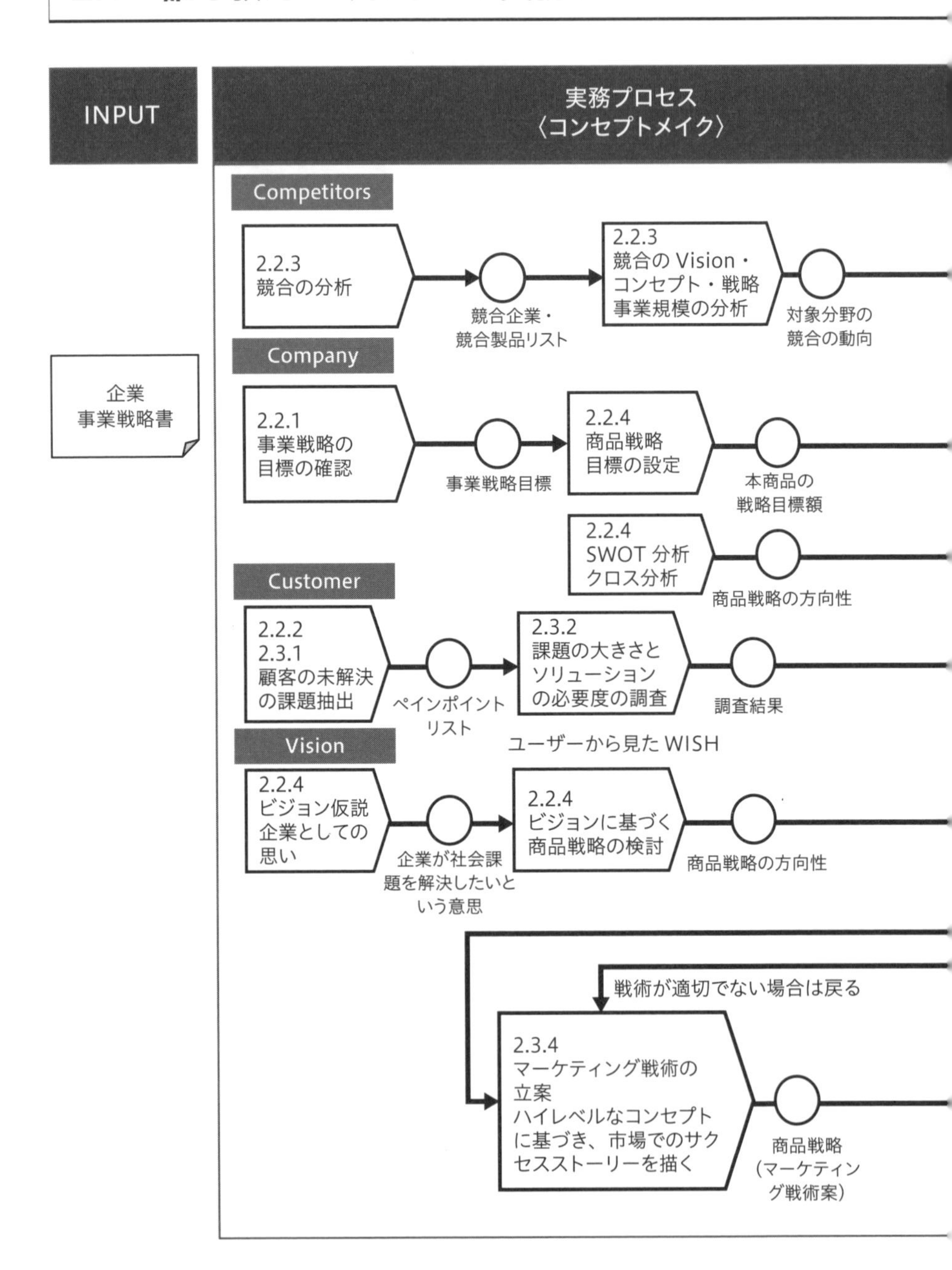

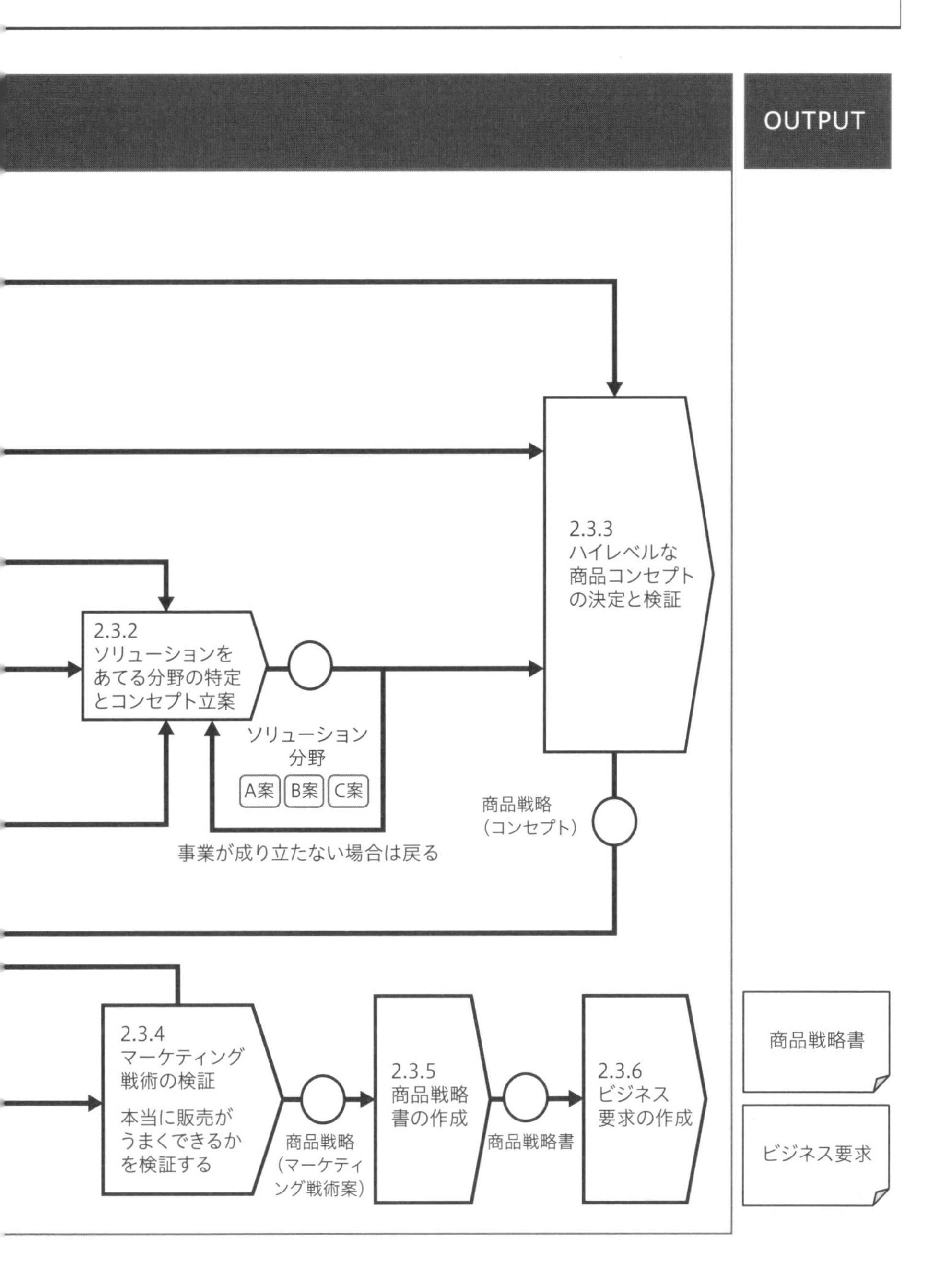
OUTPUT
2.3.3
ハイレベルな
商品コンセプト
の決定と検証
2.3.2
ソリューションを
あてる分野の特定
とコンセプト立案
ソリューション
分野
A案
B案
C案
商品戦略
（コンセプト）
事業が成り立たない場合は戻る
2.3.4
マーケティング
戦術の検証
本当に販売が
うまくできるか
を検証する
商品戦略
（マーケティ
ング戦術案）
2.3.5
商品戦略
書の作成
商品戦略書
2.3.6
ビジネス
要求の作成
商品戦略書
ビジネス要求

2.2　開発者のためのビジネスコンセプト立案の基礎

2.2.1　事業成長と商品戦略

商品開発は企業の事業目標達成の一環として行われます。企業は様々な形で世の中に貢献をしますが、事業会社である以上、収益の向上や事業規模の拡大も大きな目的の一つです。私たち開発者も事業会社の一員であり、事業を支えるために商品を開発します。「どんな商品を作るべきか」という商品戦略を決めるプロセスは、開発部門でプロジェクトが立ち上がる前からビジネス部門で検討がされています。このビジネスの考え方は、開発中においても様々な判断のよりどころとして利用されるので、しっかりと理解をすることが大切です。

それでは、どうやって商品戦略が決まるのかを事例で見ていきましょう。検討のスタート地点は、事業戦略です。A社の事業戦略を紐解くと、事業目標は年間平均成長率12%（CAGR）達成を目論んでいます（**図2-1**）。これまでと同じ商品を同じ価格で売っていては事業拡大は望めず、為替収益などの後押しが続かない限り達成はできないでしょう。ではどうすればよいでしょうか。

主に2つのアプローチがあります。一つは同じ市場で商品のシェアを伸ばすシェア拡大戦略、もう一つは新しい市場に参入し、A社が商品を販売する領域を拡大するポートフォリオ拡大戦略です。どちらのアプローチを選ぶかは、まさに事業戦略の目標値に依存します。

現在の市場が成長しており、競合に対する優位性が確立できる場合、シェア拡大戦略が有効です。逆に、現在の市場が飽和しているか、拡大の余地が少ない状況では、新規市場でのポートフォリオ拡大戦略に舵を切ることも必要になるでしょう。図2-1は、新規市場に商品を投入することを考えた場合の例です。

こうした事業戦略を考える際に、よく使われるのが3C分析です。

3CとはCustomer（顧客）、Company（自社）、Competitors（競合）の頭文字を用いたものです。それぞれの状況を客観的に分析して、どの戦略を取るべきかを判断することができます。以降、一つひとつ確認していきましょう。

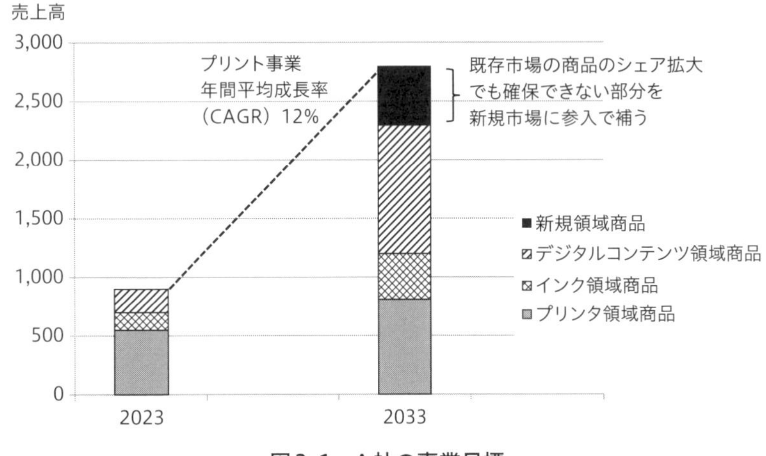

図2-1　A社の事業目標

2.2.2 Customer（顧客・市場）の分析

外部環境で最も支配的なのは、商品を購入する、顧客や市場のニーズの傾向です。

この段階では、商品そのもののニーズではなく、顧客の関心はどこにあるか、どんな課題を解決したいのかを明らかにします。そして、どの領域で商品を出すべきかを検討します。ですから、極めてハイレベルな観点での情報収集が必要になります。購買決定者である顧客が自身の主業務を遂行する上での困りごとや、本当にやりたいことを把握するイメージです。プリンタ市場を例にとると、印刷時間を短くするなどの現状業務の品質向上が求められているのであれば、これまでの延長上の商品でよいのですが、印刷のコストを大幅に下げるために海外リソースも活用するなど、既存業務を大きく変えることが求められている場合は、新たなサービスの提供を考えることが必要となります。

2.2.3 Competitor（競合）の分析

顧客の関心領域が見えてきたら、同じ事業領域を争う競合企業とそれらのシェア、事業規模、商品ラインナップ、強み、弱みなどを調査します。このような調査をすることで、新しい事業領域に出る場合に、自社がどれくらいの規模を見出せるのか、参入機会がどこにあるのかが明らかになります。また、既存事業を伸ばす場合は、競合からシェアを奪うための強み、弱みを明らかにす

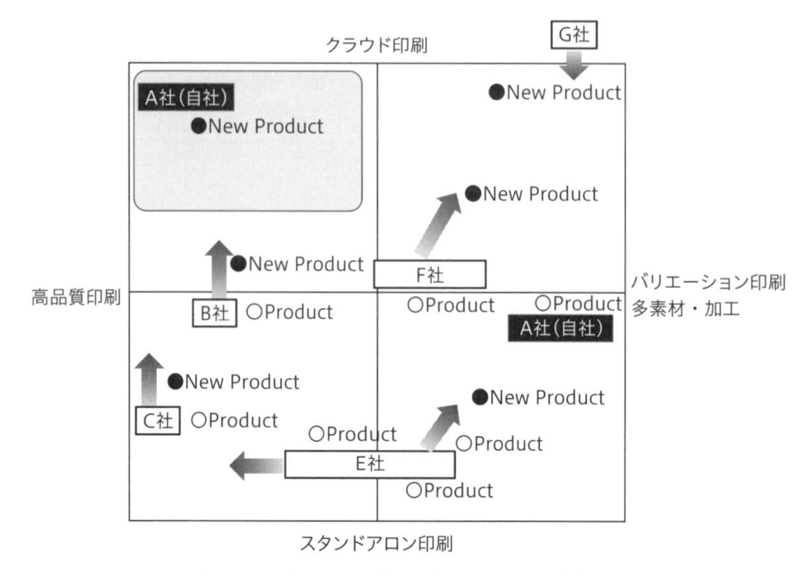

図2-2　競合と自社のポジショニング分析

ることができます。調査は現在の状況だけでなく、将来の方向性も考慮します。競合企業の事業戦略や特許出願動向を見ると、他社の事業の方向性が把握できます。これらの情報をまとめると、**図2-2**のようなポジショニング分析をすることが可能です。これによって、自社がどの領域を目指すべきなのか、そこはレッドオーシャンなのか、ブルーオーシャンなのかも検討できるようになります。

2.2.4　Company（自社）の分析

◆ 商品戦略目標の設定

本章の例では、A社は売上高の年平均成長率を12%と置いていました。この目標のうち、今回開発する商品でどれだけの額を賄うかを明確にします。そしてその額が、現在の市場規模で賄えるのか否かを確認した上で、方針を固めます。賄えるのであれば、既存の商品のさらなる改良をして、他社からシェアを奪うようなコンセプトにするのが事業的には安全でしょう。しかし、現在の市場規模では達成できそうにない場合や、すでに既存市場のシェアが高い場合は、Customer分析、Competitor分析の結果をもとにして、新たな市場に踏み出す必要があるでしょう。

図2-2のポジショニング分析の例では、スタンドアロン印刷市場はすでに飽和しており、かつ顧客の関心はクラウド印刷に向いています。競合他社は、クラウド印刷のベクトルに向かって新たな商品を開発しています。そのため自社が取り得る戦略としては、図2-2の左上の領域のように「新規製品は既存製品とは異なるネットワーク対応の製品を出して、事業の成長を達成することを選択する」ことになりそうです。このような視点で、「既存踏襲路線で行く」のか、「顧客の関心のある新規領域に打って出る」のかを判断していきます。

◆ ビジネスの成功要因の抽出　商品戦略の方向性

ある程度商品の領域が定まってきたら、さらにどのような戦略を用いて、商品の売上を伸ばすのかを考えます。そのためには、内部環境を詳細に見る必要があり、この分析に使われるのがSWOT分析です。SWOT分析は、自社の強み（Strength）、弱み（Weakness）、機会（Opportunity）、脅威（Threat）の4つの視点で自社環境を整理します。

次にクロス分析により、どうやって市場で勝つことができるかの成功要因を見出し、戦略の方向性を決めていきます。

例えば、**図2-3**の事例ではSO戦略を選択しました。自社の強みである高いシェアが原動力となり、新商品の敷き詰めを有利に進めることができそうだからです。さらに、昨今のネットワークプリントのニーズの高まりを好機として、所有するデジタルコンテンツ、ネットワーク技術を活かした短期間での製品開発が見込めることから、十分に勝ち目があると考えました。

◆ ビジョンの分析

商品戦略は顧客の関心事とは違う軸で生まれることもあります。それが自社のビジョンもしくはパーパスです。これは、「市場の関心はどうあろうと、自社としてはこの部分の社会課題に光を当てて解決することが、人々の業務や生活をより良くする」というような、会社のビジョンに基づいて商品戦略を考える場合があるということです。「今は誰も気がつかなくとも、世の中を変えていきたい」という、ある意味直感的で強い意志を持ったものであり、イノベーション的な商品もこうしたビジョンから生まれる傾向が強いです。この段階で自社のビジョンを確認しておき、他のビジネス分析と合わせて考察をしていきましょう。

図2-3　SWOT分析から戦略の方向性を決める流れとSO戦略

2.3　プロジェクトのスコープを決める

2.3.1　顧客の未解決の課題にスコープを当てる

3C分析の結果から、「高品質な印刷ができる商品を、ネットワークプリントの領域」で商品を販売することにより、事業目標が達成できる目論見が立ってきました。ここからは、具体的にどんな商品を作るのか？　というプロジェクトのスコープとコンセプトを決めていきます。

スコープを決めるには、この領域における「顧客が解決できていない課題」に注目する必要があります。その課題に解決策となる商品を当てることで、顧客の購買意欲を引き出すのです。ですからこの段階でも、顧客が解決できていない課題の選択は、常に事業目標達成が見込めることに重点を置きます。**図2-4**の例では、印刷の価格競争への対応であれば、プリンタやクラウド本体の開発がスコープになります。一方で、ネットワークプリントをするためのオフショア拠点との協働作業における言語バリアが課題であれば、プリンタそのものでの対応ではなく、グローバルでマルチ言語対応の編集サービスシステムな

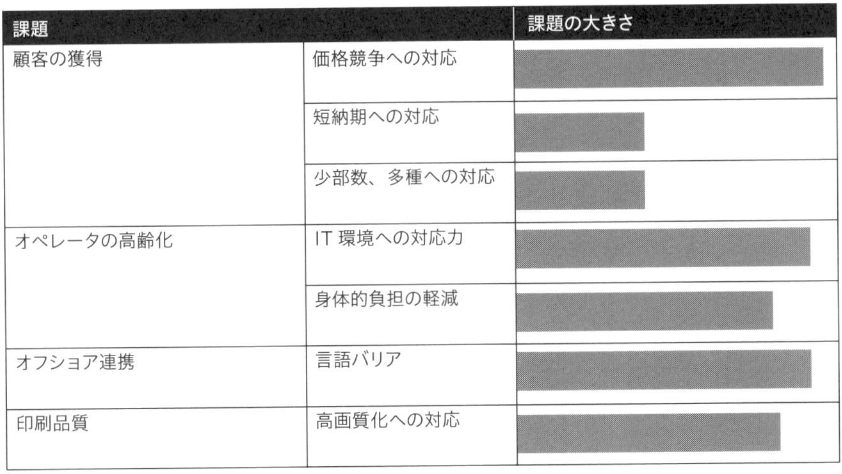

課題		課題の大きさ
顧客の獲得	価格競争への対応	
	短納期への対応	
	少部数、多種への対応	
オペレータの高齢化	IT 環境への対応力	
	身体的負担の軽減	
オフショア連携	言語バリア	
印刷品質	高画質化への対応	

注：本グラフは説明のために作成したものであり、実際の業界の状況を表しているものではない

図2-4　ネットワークプリント領域の顧客が解決できていない課題の例

どの商品開発がスコープになります。このように取り上げる課題によって、開発プロジェクトのスコープは変わります。

ただし、いくらその課題が大きくても、その解決策が自社のポートフォリオから大きく離れていれば、販路を新たに切り開くことや多くの投資が必要となります。そういう場合は、その課題が大きくても選択しないという判断をすることもあります。

2.3.2　ハイレベルなコンセプトを決める

プロジェクトのスコープを決めたら、そのスコープの中でどのようなシステムにしていくかというコンセプトを検討します。ここでのコンセプトはハイレベルなもので、顧客課題を解決して商品の購買を牽引するためのキーフィーチャを意味します。

例えば、印刷のコストや納期の課題に応えるのであれば、人件費の安い海外と連携できる「入稿から印刷、出荷まで、シームレスにワンストップで管理するようなシステム」を提供することが考えられます。そのキーフィーチャは「海外と連携して印刷データ作成業務ができる」ように、「すべての印刷のスケジュールがクラウド上でグローバルに同期するJOBシステム」を用意し、「オンラインからコストの安い用紙やインクでも高品質に印刷できる」プリンタシステムになります。さらに言語の壁も超えられるように、「作業者が母国語で記録やデータを更新できる自動翻訳機能を有する」といったフィーチャーを追加してもよいでしょう。より具体的なコンセプトを作成するためには、スコープ内の市場調査を改めて行います。**図2-5**は市場調査結果の例です。

この図は、縦軸がソリューションの必要度、横軸が課題の大きさを示しています。

顧客が最も購買意欲を示すのは、ソリューションの必要度が高く、課題の大きい、右上の第2象限です。この象限の近くの課題を解決するソリューションを、商品のハイレベルなコンセプトとして取り上げるとよいでしょう。

実際のシステムに関する要求定義は、この後のPhase3から始まりますが、こういうものを提供したらビジネスが成り立つ、という大きな方向感はここで決めておきます。しかし、コンセプトは1つに絞る必要はありません。次のステップで、事業として成り立つかの検証を行います。

2.3.3　ハイレベルコンセプトの検証 事業が成り立つか？

ハイレベルなコンセプトのバリエーションが立案できたら、市場の課題への対応や顧客からの要望の充足度を検証します。この検証には、インタビューやアンケートを利用します。収集したフィードバックをもとに、顧客満足度やネットプロモータースコア、ユーザーエンゲージメントなどの指標を活用して、ハイレベルコンセプトが提供する価値の度合いを定量的に分析します。さらに、類似のコンセプトを持つ競合他社の存在、商品展開、市場シェア、戦略などをリサーチします。

これらの情報を総合的に考慮し、各コンセプトが事業目標に対してどれほど有効かをシミュレーションします。目標達成が期待できるコンセプトを選定し、それ以外は排除します。もし、すべてのコンセプトが不適切と判断された場合は、プロジェクトの初期段階からの再検討が必要です。

2.3.4　マーケティング戦術を決める

商品のハイレベルなコンセプトが決まり、顧客のニーズに合致していることが確認できたからといって、それが売れるものになるでしょうか。皆さんが何かしらの設備を購入する場面を想像してみてください。「いいな」「欲しいな」と思う機能があったとしても、「予算に合わない」などの理由から契約まで至

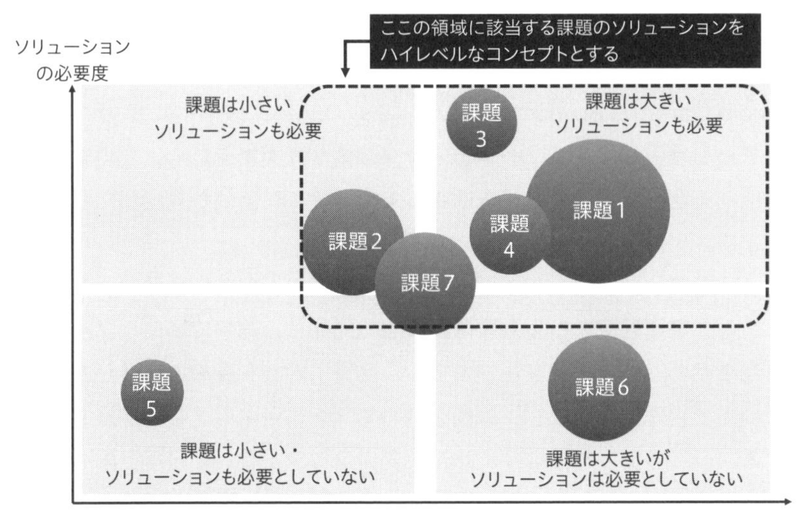

図2-5　課題とソリューションのバブルチャート

らない、ということがあると思います。

購買行動へ確実につなげるためには、何をテコにしたら顧客が購買してくれるのかというサクセスストーリー、つまりマーケティング戦術が必要です。例えば、印刷コストと納期を重視している顧客に対しては、目の前の課題を解決できる「コストの安い用紙やインクでも、高品質に印刷できるプリンタシステム」をテコにすれば、顧客とのタッチポイントが作れそうです。一方で、顧客の購入ハードルが価格面である場合、購入に関する費用負担感を減らす必要があります。商品価格を下げるために、開発原価を下げるか、周辺機器の収益で賄うかを考えなければなりません。または、1回の負担感を減らすためのサブスクリプションという手があるかもしれません。

いずれかの方法で他社より価格面で優位にすることで、購買行動につなげます。その他にも、プリンタシステムに搭載されたネットワーク機能を魅力的なものにして、「人件費の安い海外で作成した印刷データを直接印刷できるJOBシステム」や「入稿から印刷、出荷まで、グローバルにワンストップで管理するような印刷システム」などの周辺商品の拡大購入を狙うのも戦術の一つです。

一度にすべての機能を市場に出すことが、投資の観点でリスクになることが考えられる場合や、顧客のフィードバックを受けながら改良をしていくアプローチをとる場合は、コンセプトのうち最小限の構成で価値提供できるもの（Minimum Variable Products：MVP）を絞り込み、段階的に世の中に出していくことも検討します。マーケティング戦術が立案できたら、この戦術がうまく機能するか、市場調査などを活用して検証し、妥当性が見出せたら戦術を決定します。

このようなマーケティング戦術は、開発においても非常に重要な要素です。なぜならば、購買動機を担う機能は最優先で開発し、途中でドロップすることは許されません。開発投資をかけてでも、品質や性能を高める必要があるからです。商品の物理的な構成も、原価を含めてマーケティング戦術が最もうまく機能するようにしなければなりません。開発プロジェクトの日程計画もリリース計画に則る必要があります。マーケティング戦術は、開発の要でもあるのです。

2.3.5　商品戦略書を作成する

商品の目的とコンセプトが決まり、売上を達成するためのマーケティング戦術が決まったら、今回開発する商品の戦略書を作成します。企業ごとに商品戦略書の記載事項は異なりますが、最低限押さえておくべき項目を挙げておきます（**表2-1**）。

商品戦略書に書かれているすべての内容が、市場で成功を納めるための要素になります。開発者全員がこれから開発する製品が“なぜ必要なのか”、“何を具現化すれば成功するのか”を商品戦略書から読み取って、理解して腑に落とすことが必要です。これら背景を理解しておけば、「この商品戦略に基づけば、もっとこうした方がよい」と開発の随所で考えられることができ、結果的に良い製品が出来上がるのです。

2.3.6　ビジネス要求を作成する

最後にビジネス要求を作成します。これは、ビジネス部門から開発部門へ「こういうビジネス条件に合致した商品を作ってほしい」という注文書のようなものです。

初期のビジネス要求は、商品戦略書から開発対象となる製品に影響のある項目を、箇条書き的に抽出します。具体的には、いつまでにどのようなものを作

表2-1 商品戦略書に記載する主な項目

①企画目的	⑦マーケティング戦術
②ターゲット市場と顧客分析	⑧リリース計画
③競合分析	⑨ファイナンシャルプラン
④製品の特徴と価値	⑩リスク分析
⑤製品ラインナップ	⑪法規制とコンプライアンス
⑥製品のポジショニング	

商品戦略例
①企画目的
②ターゲット市場と顧客分析
③競合分析
④製品の特徴と価値
⑤製品ラインナップ
⑥製品のポジショニング
⑦市場戦術
⑧リリース計画
⑨ファイナンシャルプラン
⑩リスク分析
⑪法規制とコンプライアンス

開発に必要な情報を抽出

ビジネス要求例	
上市日程	○○○△年1月とする
想定販売価格	¥X,XXXX,XXX-(製造原価XX%以下)
開発投資限度額	¥XXX,XXXX,XXX-
製品コンセプトと価値	コンセプト概要書を参照のこと
ターゲット層・市場	中規模印刷業向け
MVP	Minimum Valuable Productとして XXXX機能・XXXX機能・XXXX機能を搭載すること。
ローンチ計画	日本は○○○△年1月 欧米は○○○△年6月 アジアは○○○△年12月
保守サイクル	本製品の耐用年数は15年とする
他の製品との互換	コンパチビリティリストを参照のこと
遵守すべき法規制	・・・
・・・	・・・

図2-6 ビジネス要求の記載例

る必要があるのか、ビジネスの意思によって課される制約事項に何があるのかといった点が抽出対象になります。制約には、開発投資額、製品の原価上限額、順守すべき法規制のほか、過去製品や他社製品のコンパチビリティ（製品互換性）をどこまで取るのかといった点も含まれます。

初期のビジネス要求に記載される代表的な項目は**図2-6**の通りです。

このビジネス要求が、開発への最初のインプットとなります。Phase3からはこのビジネス要求に従って、具体的にどうやって製品を形作っていくかを検討していきます。

ここで“初期”のビジネス要求と表現したのは、これらはマーケティング観点の要求のみだからです。ビジネス要求は、企業として開発対象となる製品に要求することが含まれるので、社内のステークホルダ、例えば、工場やサービス部門からの要求も含まれます。これらの要求は、Phase3で社内の要望の分析を行い、ビジネス要求に追記されます。ですから、この初期のビジネス要求はPhase3へのインプット情報となり、Phase9のプロダクトアーキテクチャ検討までの間に適宜更新され、常時参照されることになります。

2.4　このフェーズの成果物とチェックポイント

◆ **ビジネス分析結果（3C,SWOTなど）〈中間成果物〉**

□分析はデータに基づいて客観的に行っていますか？（個人の主観は排除する）

□企業の内部と外部の視点のバランス良く分析できていますか？

□分析は最新の情報をもとに行っていますか？　市場は常に変化しています。

◆ **商品戦略書　＜成果物＞**

□事業目標、製品が目指すべき事業目標は明確になっていますか？

□具体的な数値や期限を含んでおり、成否が測定可能な基準となっていますか？

□サクセスストーリー（マーケティング戦術）は明確ですか？　それは実行可能ですか？

◆ **ビジネス要求書　＜成果物＞**

□開発に必要な情報が商品戦略書から抽出されていますか？

□それぞれのビジネス要求の目標値が測定可能な数値で定義されていますか？

□製品コンセプトやMVPが製品のマーケティング戦術と紐づいていますか？

□製品開発に対する制約事項が明確になっていますか？

Phase 3

VoC/VoE収集

ステークホルダの声を集めよう

ISO/IEC/IEEE 15288:2015　6.4.2利害者要求ニーズおよび要求定義プロセス

この章では
- ●ステークホルダの意見や問題の集め方がわかる
- ●収集した多くの意見や問題を整理するやり方がわかる

ビジネス戦略の大枠が設定され、開発にビジネス要求が渡されたら、本格的な開発プロセスへと移行します。ビジネスによるハイレベルなコンセプトから、具体的にどんな機能を積んだシステムを作るべきかの検討をここから開始します。

とはいえ、いきなりシステムの仕様を決めるわけではありません。最初にシステムのあり方に影響を与える人々（＝ステークホルダ）の声を集めることから始めます。本書で言う「声」とは、ステークホルダのすべての発言を意味します。その声の中から、システムの仕様のインプットとなり得る収集意図に適合している声を整理して、「意見」として扱います。意見を整理し、ステークホルダが真に達成したいことを分析することで、具体的な機能を導き出すことができるのです。

Phase3では顧客の声を集める手順とともに、ステークホルダからの意見を効果的に引き出すためのインタビュー手法や、集まった意見の整理法についても詳しく解説します。合わせて、過去の製品やサービスに対する不満や提案を、有益な洞察として取り扱う方法も紹介します。これらのアプローチにより、Phase4で行うステークホルダ要求分析へのインプットを生成することができます。

※本書では、顧客の声を「Voice of Customer（VoC)」、企業内の関係者の声を「Voice of Employee（VoE)」として記載します。

3.1 誰も教えてくれない！実務プロセスチャート

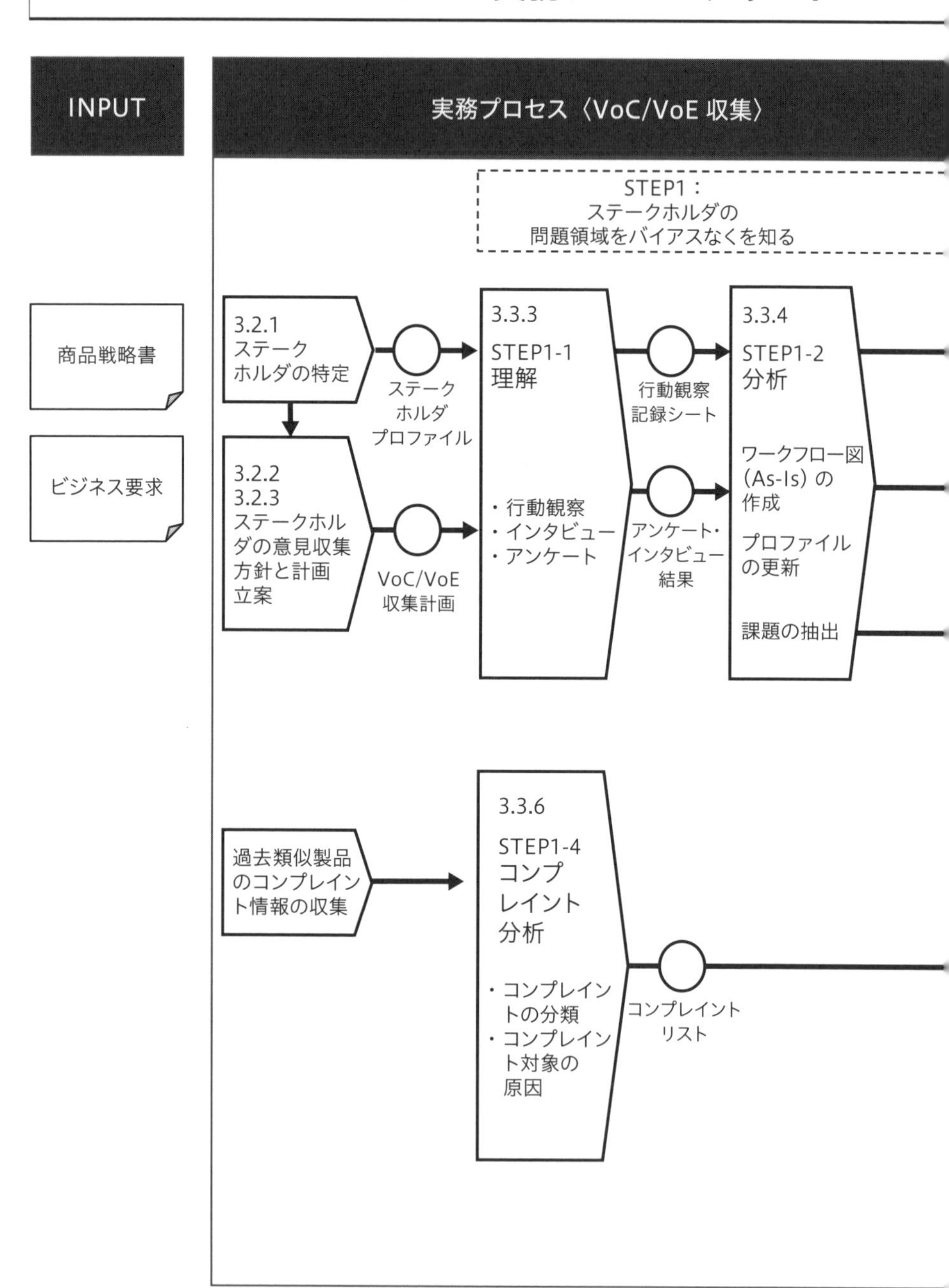

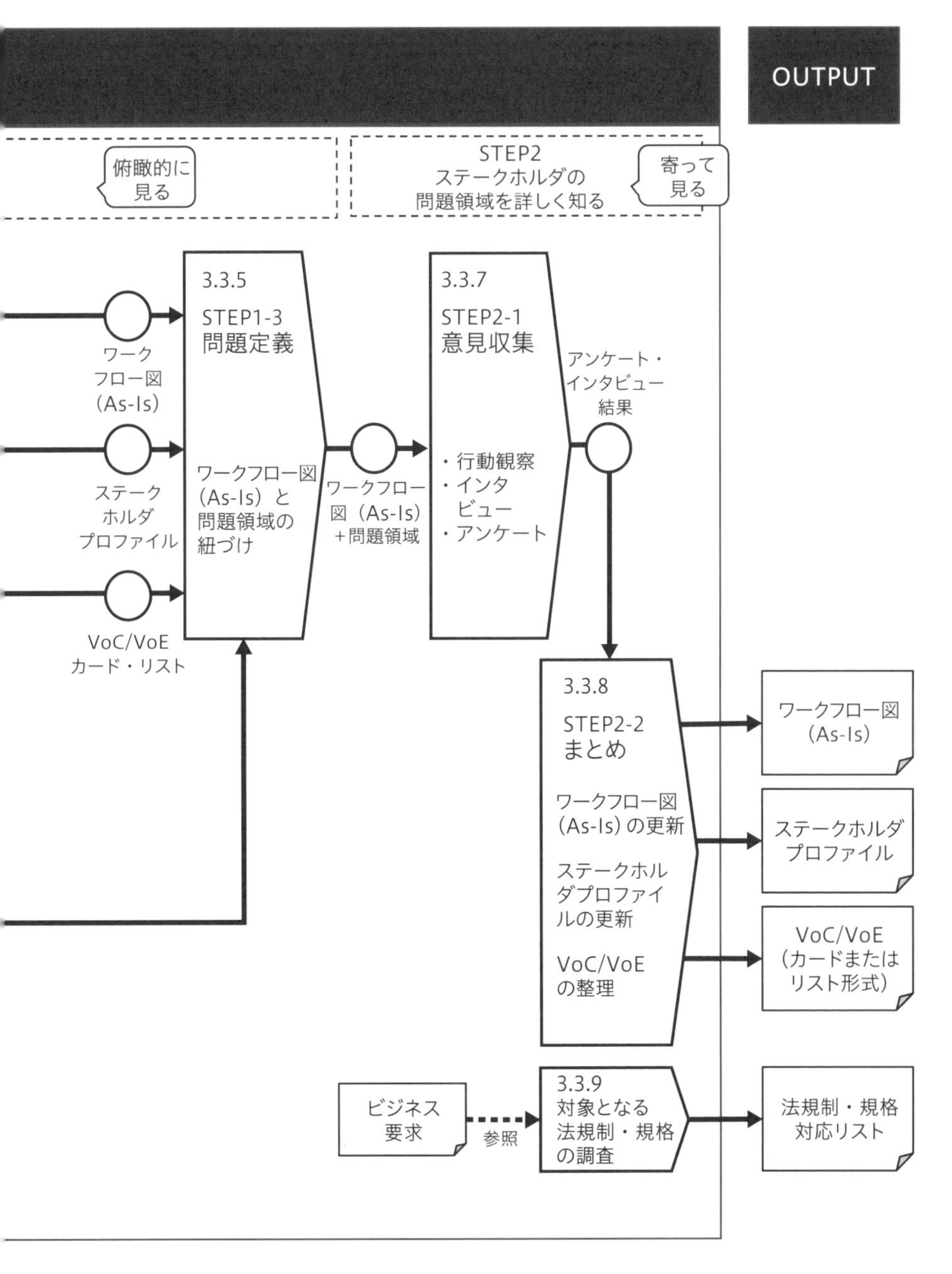

OUTPUT
俯瞰的に見る
STEP2
ステークホルダの
問題領域を詳しく知る
寄って見る
ワークフロー図（As-Is）
ステークホルダプロファイル
VoC/VoE カード・リスト
3.3.5
STEP1-3
問題定義
ワークフロー図（As-Is）と問題領域の紐づけ
ワークフロー図（As-Is）＋問題領域
3.3.7
STEP2-1
意見収集
・行動観察
・インタビュー
・アンケート
アンケート・インタビュー結果
3.3.8
STEP2-2
まとめ
ワークフロー図（As-Is）の更新
ステークホルダプロファイルの更新
VoC/VoE の整理
ワークフロー図（As-Is）
ステークホルダプロファイル
VoC/VoE（カードまたはリスト形式）
ビジネス要求
参照
3.3.9
対象となる法規制・規格の調査
法規制・規格対応リスト

3.2 ステークホルダ意見収集の準備

3.2.1 ステークホルダの特定

ステークホルダの特定とは、システムに影響を与える人々または組織を明らかにすることです。ステークホルダの役割は、システムの主要な要素を決定したり、決定のための重要な根拠を与えたりすることです。例えば、プロジェクトの開発投資、期間、システムの仕様、製造方法、販売方法などに意見を出したり、決定したりすることが相当します。ステークホルダを漏れなく抽出するためには、システムが企画〜廃棄されるまでに、どのような人が関与するかを考えるとよいでしょう。

具体的には**図3-1**のように、ISO15288システムズエンジニアリングの規格を参考にして、

❶システムライフサイクルプロセスから必要な活動を抽出する

❷その活動に関連するステークホルダを抽出する

という手順で考えます。

❶では、初めにライフサイクルのステップから必要な活動を抽出し、不足している活動があれば追加するのがよいでしょう。

❶システムライフサイクルプロセスから必要な活動を抽出する

概念（企画）	開発	製造	運用	サポート	廃棄
●事業戦略立案 ・事業責任者 ・マーケティング ・セールス ●商品戦略立案 ・事業責任者 ・マーケティング ・セールス ・顧客 ●法規制・規格 ・国 ・規格団体	●製品の開発 ・開発 ・工場 ・マーケティング ・セールス ・顧客 ・調達購買 ●法規制・規格 ・国 ・規格団体	●製品の製造 ・工場 ・調達購買 ●商品の梱包輸送 ・工場 ・輸送業者 ●法規制・規格 ・国 ・規格団体	●商品の販売 ・マーケティング ・セールス ・販売代理店 ●製品の使用 ・顧客 ●法規制・規格 ・国 ・規格団体	●製品の点検・修理 ・サービス ・工場 ・調達購買 ・セールス ・開発 ●法規制・規格 ・国 ・規格団体	●製品の廃棄 ・サービス ・解体リサイクル業者 ●法規制・規格 ・国 ・規格団体

❷活動に関連するステークホルダを抽出する

図3-1　システムのライフサイクルプロセスとステークホルダ

表3-1　ステークホルダプロファイル表

ステークホルダ		プロファイル
顧客	印刷業者（小規模）	印刷原稿を受け取り、印刷機を使って印刷物を作成する業者 最小部数は50部程度から取り扱う 年間XXXX部の印刷、製本を手掛ける
	施設の印刷責任者	学校、団体の施設において、生徒、従業員に配布する印刷物を作成する担当者で、印刷機能を利用する 印刷および少ページの中綴じを行う 年間XXXX枚の印刷を行う
セールス	セールスマン	定期的に顧客を訪問し、製品の受注、納品を行う 新製品の紹介を行う

❷では、思いつくままに抽出すると、抜け漏らす可能性があるため、過去のプロジェクトの事例なども参考にしながら、社内、社外の関係者…というようにMECEに抽出する軸を決めておくとよいでしょう。また、抽出対象は人以外も考えてください。例えば、安全や環境などの法規制や規格などです。業種や事業分野によって考えるべき項目は異なるので、漏れのないよう注意してください。

ステークホルダ抽出後は、ステークホルダプロファイル表にまとめます（**表3-1**）。

3.2.2　ステークホルダの意見収集方針を決める

ステークホルダの特定ができたら、VoC/VoEの収集を開始します。最初に方針と収集方法を決めて、それらを計画に落とし込みます。この方針は、Phase2で作成した商品戦略・マーケティング戦術をベースに考察します。

商品の戦略は、大きく分けて4つの種類に分類されると言われています（**図3-2**）。

どの戦略を取るかによって、対象システムの「価値」をどのように高めていくかが決まり、どのような意見を必要とするかも決まります。これが意見収集の方針となります。本書では“既存の市場におけるシステム開発”に絞って説明していきます。

◆ 既存の価値を高める方向の場合

“市場浸透”を選択した場合は、「既存の価値を高める方向」の方針となり、ステークホルダの期待に応えるようなシステム改良のアプローチをとります。

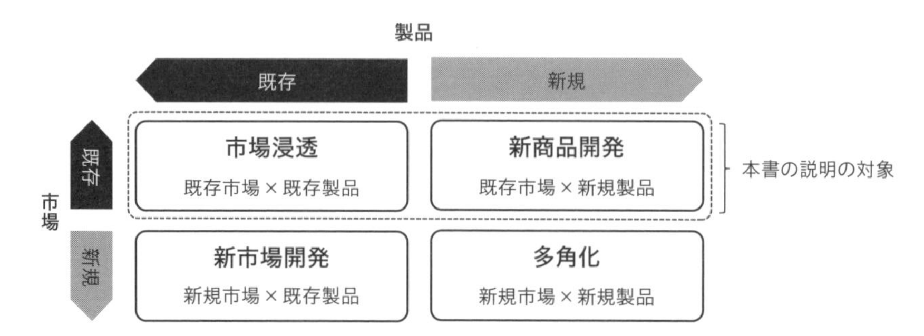

図3-2　事業拡大の種類（アンゾフのマトリクス）

表3-2　ステークホルダーの声の収集方法

種類	特徴と注意	内容
アンケート	特徴	地域別の文化、事業規模や業務分野の違いなどを網羅して、偏りのない意見を集めることができる
	注意点	調査対象を統計学的な根拠に基いて選定しないと有意な結果を得られない
インタビュー	特徴	ステークホルダの意見とともに、理由や背景情報も集めることができる
	注意点	相手の時間を拘束するため、短時間で必要な情報を引き出せる質問設計が必要
コンプレイント収集	特徴	既存製品に対する不満や要望から、改善につながる情報を集めることができる
	注意点	報告した人の視点の偏りや背景情報の欠落などがある
行動観察	特徴	ステークホルダの活動を直接知ることができる 言語化されていないニーズを発掘することができる
	注意点	現場にいる人、モノなどの様子をつぶさにあるがままに記録する必要がある 思い込みなどのバイアスを持ち込まないように意識する

ですから、現行のシステムのどこにユーザーは困っているのか、何をより良くしたいのかという観点の問題をしっかりと掘り起こすことに重点を置きます。

ステークホルダの声を集めるためには、**表3-2**のような方法が代表的です。

◆ 新たな価値を提供する方向

“新商品開発”を選択した場合は、「新たな価値を提供する方向」の方針となり、イノベーション的なアプローチをとります。現在、顕在化している細かいニーズに応えるのではなく、ステークホルダがあきらめている、または気がつ

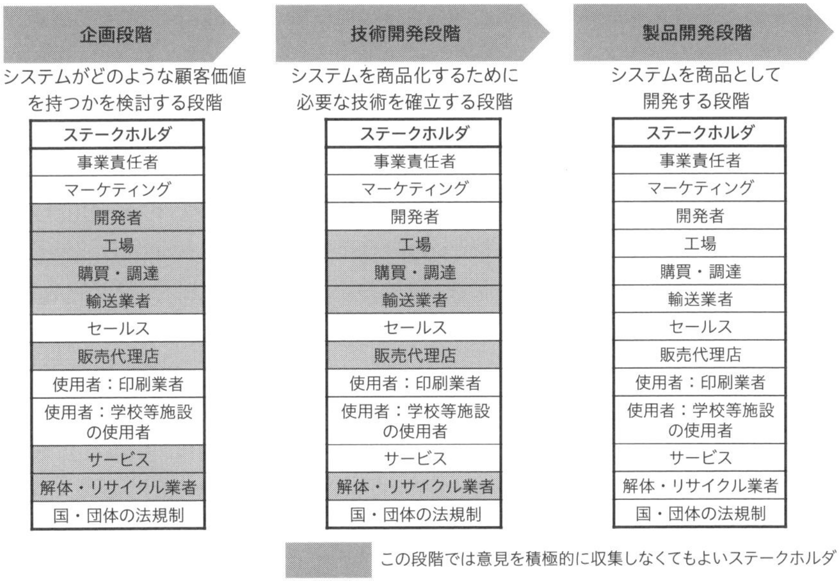

企画段階	技術開発段階	製品開発段階
システムがどのような顧客価値を持つかを検討する段階	システムを商品化するために必要な技術を確立する段階	システムを商品として開発する段階
ステークホルダ	ステークホルダ	ステークホルダ
事業責任者	事業責任者	事業責任者
マーケティング	マーケティング	マーケティング
開発者	開発者	開発者
工場	工場	工場
購買・調達	購買・調達	購買・調達
輸送業者	輸送業者	輸送業者
セールス	セールス	セールス
販売代理店	販売代理店	販売代理店
使用者：印刷業者	使用者：印刷業者	使用者：印刷業者
使用者：学校等施設の使用者	使用者：学校等施設の使用者	使用者：学校等施設の使用者
サービス	サービス	サービス
解体・リサイクル業者	解体・リサイクル業者	解体・リサイクル業者
国・団体の法規制	国・団体の法規制	国・団体の法規制

この段階では意見を積極的に収集しなくてもよいステークホルダ

図3-3　開発段階別に意見を聞くべきステークホルダ定義例

いていない問題を掘り起こして、“抜本的に”解消していくために必要となる情報収集に重点を置きます。そのため、まずはステークホルダの徹底的な行動観察やインタビューを行い、顧客が置かれている状況をつぶさに理解することに注力します。

ステークホルダの声を集める方法は既存の価値を高める方向の場合と同じです。

3.2.3　ステークホルダの意見収集計画を立てる

収集方針と収集方法が決定したら、ステークホルダの声を収集する計画を立てます。ここでいう計画とは、「いつ」「誰に」「どんな方法で」意見を聞くかを決めることです。声の収集は一度にすべてを実施する必要はありません。開発の段階によって、聞くべき対象や内容も変わってくるからです。目的によって、いくつかの機会を設定する必要があるでしょう。**図3-3**は、開発段階別に意見を聞くべきステークホルダの例です。例えば、購買や調達担当部門も重要なステークホルダですが、まだ技術開発が完了していない段階では、「どのような製品を作るか決まっていないので、言えることは少ない」となるでしょう。一方で製品開発段階になれば、部品や材料などが決まるので具体的な意見をもらうことができるのです。

3.3 ステークホルダの意見収集と分析

3.3.1 VoC/VoE収集の２つの段階

計画が定まったらステークホルダにコンタクトを取り、意見収集を開始します。意見収集は、大きく分けて２つの段階に分けて行います（**図3-4**）。

最初が「ステークホルダの問題領域をバイアスなく知る」段階（STEP1）であり、次が、「特定したステークホルダの問題領域を詳しく知る」段階（STEP2）です。

STEP1の「ステークホルダの問題領域をバイアスなく知る」段階では、ステークホルダの問題領域を明らかにすることをゴールとします。ただし、現段階では漠然でも、曖昧でも構いません。その後に実施する「ステークホルダの理解」「分析」「問題定義」「コンプレイント分析」のサブプロセスにて、「どんな問題が」「どこで起きているか」を明らかにするからです。

STEP2の「特定したステークホルダの問題領域を詳しく知る」段階では、明確にした問題領域について、より詳しく調査を行います。「より具体的な困りごと」や「強化が望まれていること」について具体的な意見を収集するとともに、「なぜその問題が解決できないのか」「その問題をステークホルダがどれ

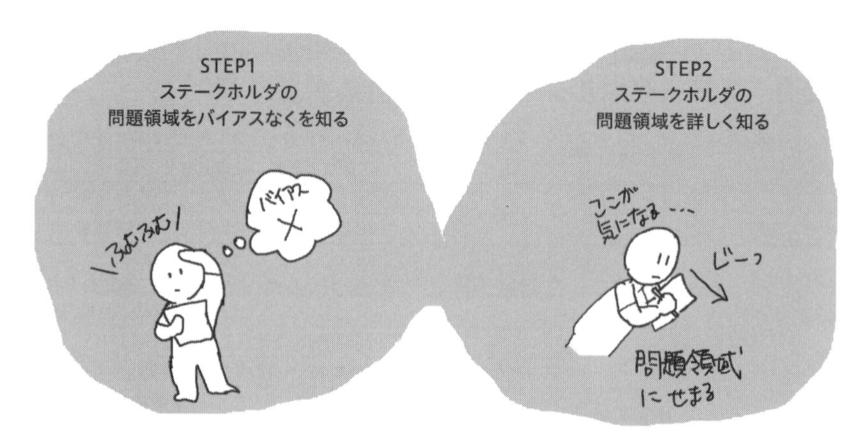

図3-4　意見の引き出しは2段階で行う

だけ重視しているのか」といった背景を考えます。

3.3.2 デザインシンキングの応用

これらの調査で行われる行動観察やインタビューには、デザインシンキングの分析手法が活用されることが多いです。デザインシンキングでは、顧客の観察（共感）からヒントを得て、機能を考え、試作を行い、顧客に評価を受ける（テスト）までを1つのサイクルで実施します。

顧客の未解決の課題単位で機能を考えるこの手法は、ハイレベルなコンセプトメイクや、規模の小さいソフトウェアシステムなどには非常に有用です。しかし、規模が大きく、多くのステークホルダやハードウェアや法規制などが絡むシステム開発で課題単位の対応をすると、システム全体として整合が取れなくなる（取りにくくなる）可能性があります。

こうした問題を回避し、システムズエンジニアリングでデザインシンキングを応用するには、それぞれのステップのアウトプットをシステム全体として取りまとめてから、次のステップに進むようにします（**図3-5**の◆部）。Phase2を例にすると、デザインシンキングの「共感」で使われる手法を活用してステークホルダの行動や声の収集を行い、システム全体としてステークホルダの意見の整理をしてから、「定義」（＝Phase3のステークホルダ要求定義）のステップに進む、という形になります。

3.3.3 STEP1-1 ステークホルダを理解する

それでは、STEP1のステークホルダの問題領域の特定に取り掛かりましょう。最初のステップとして、ステークホルダがどのように業務を行っていて、

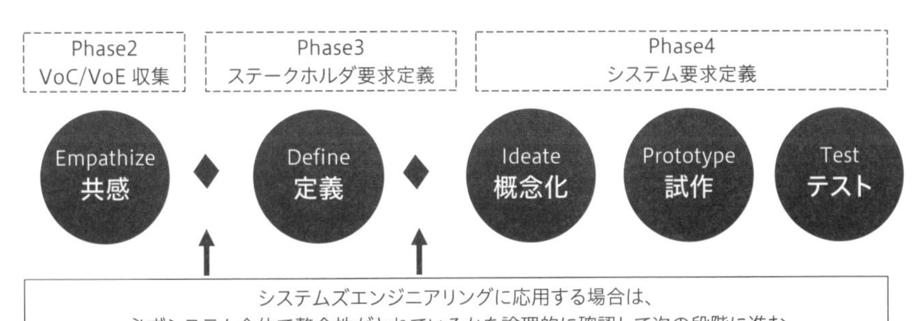

図3-5 デザインシンキングを応用する際のポイント

その中でどのように考え、どのようなことに難渋しているかを理解します。そのためにステークホルダの実際の業務現場に足を運び、行動観察やインタビューを行います。

◆ 行動観察の実施方法

実際に、ステークホルダの業務現場で、行動をつぶさに記録するのが行動観察です。ただ漠然と観察するのではなく、問題領域を見つけるために可能な限り行動を記録し、それらを持ち帰って分析できるようにします。行動の記録には、下記のような記録シートを準備して、現在どのようなことが行われているか、そのままの状況（As-Is）をつぶさに記録していきます（**図3-6**）。

❶行動観察シーン

行動観察の記録を分析しやすくするために、ステークホルダの活動を区切りの良い単位（シーン）ごとに記録します。

ステークホルダの行動は、長時間に及ぶものもあるため、整理しやすく区切

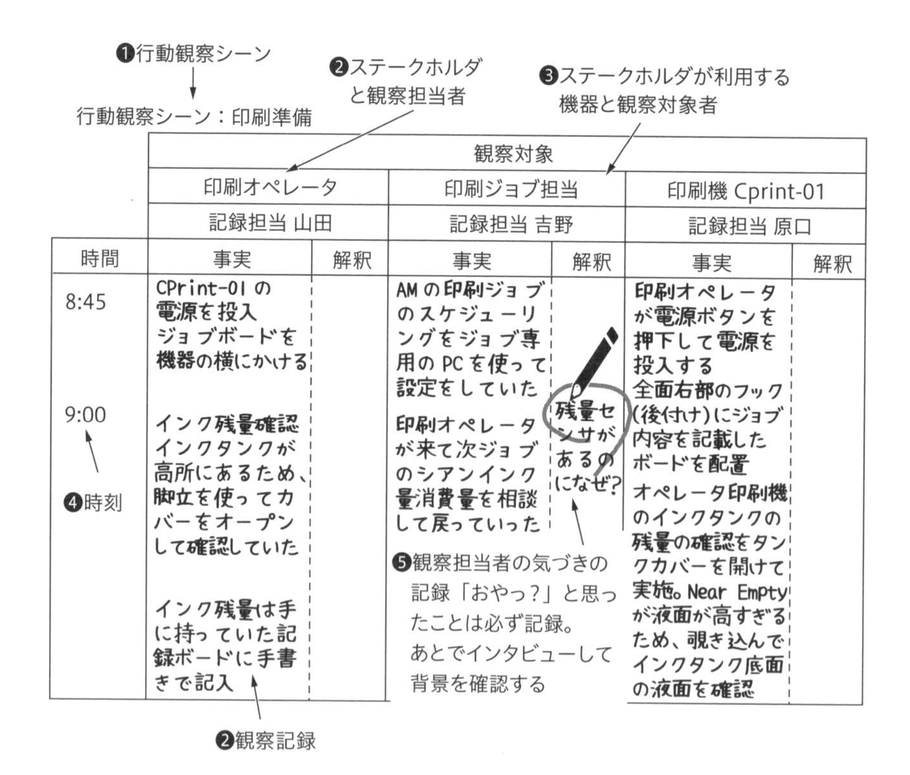

図3-6　行動観察記録シート

ることが重要です。例えば上記の印刷業者の例では、印刷準備、用紙交換、試し印刷、本印刷、スタッキングなどがあります。このような工程単位を一つのシーンとして行動観察を行った方が、比較や整理もしやすくなります。

❷ステークホルダと観察担当者とその観察記録

ステークホルダの行動を確実に記録するために、そのシーンに関わるステークホルダ１名につき、１人の観察者を配置します。観察者はステークホルダの活動を丁寧に書き留めていきます。人の行動に注力しがちですが、それだけではなく、その人が何を目にし、どんな様子で、何をしていたか。その人が扱ったものがどんな状態で残されていたか、など可能な限り背景情報となるものも書き留めましょう。

その際に、行為とその程度（形容詞、副詞）を分けて書くとよいでしょう。例えば「画面を見ながらゆっくり」＋「レバーを操作する」というように記載します。そうすることにより、この後の分析がしやすくなります。

❸ステークホルダが利用する機器と観察担当者とその観察記録

行動観察では、ステークホルダの行動だけではなく、ステークホルダがそのシーンで主に使用する機器についても着眼し、その機器にステークホルダがどう関わっているかも記録します。そのために機器専任の観察者を配置します。

この観察は非常に重要です。多くの場合、これから開発しようとしているシステムがその機器の置き換わりになるか、またはそれと何かしらの連携をしていくことになる可能性が極めて高いからです。そのために、その機器が自社製品であろうと他社製品であろうと、バイアスなしに「現状」どのような使われ方をしていて、どんなところに不便を感じているのか、（あるいは便利に感じているのか）という“事実”をつぶさに観察しておかなければなりません。

❹観察時間

ステークホルダの活動を記録した時間を必ず記載しましょう。複数人で同時に観察しているため、あとでワークフロー図を作成するときの各アクションの前後関係のよりどころになります。

❺観察者の気づきの記録

観察途上で、「おや？ なぜそんなことをするのだろう」「なぜこんな状態にしておくのだろう？」と観察者が思う気づきがあれば、この欄に必ずメモしましょう。行動観察が終了したら、この気づきメモをもとにインタビューを行います。このインタビューは、「なぜこの行動をとる必要があったのか？」「なぜあの状態にしておくのか？」などステークホルダの考えを明らかにするために行います。

気づきは観察者の"解釈"から抽出されたものですが、この気づきが潜在ニーズの発掘にとても寄与します。ステークホルダが「変えられない」と思い込んであきらめ、困りごとにもしていない事柄を抽出できるからです。そういった潜在的な問題を抜本的に解決するところに、イノベーションの芽が潜んでいます。古くから「岡目八目」という言葉があります。当事者よりも第三者の方が状況や損得を客観的に判断できるという意味です。門外漢の気づきなど役に立たないと考えず、積極的に記録をしましょう。

3.3.4 STEP1-2 ステークホルダの問題を分析する

ステークホルダの行動観察を行ったら、その情報を持ち帰り、情報整理します。ステークホルダの活動をワークフロー図として可視化し、その活動の中で気づいた問題領域を抽出していきます。

◆ ワークフロー図の作成（As-Is）

開発者全員が、ステークホルダの活動を正しく理解できるようにステークホルダの行動をアクティビティ図で整理します。これをワークフロー図と呼んでいます。

ワークフロー図は、ステークホルダが「いつ」「どこで」「誰と」「何をしている」か、を一目でわかるようにしたものです。これを作成することで、ステークホルダの問題がどこで起きているかを示すベースの地図が出来上がります。「図3-6の行動観察記録シートの例」で記録した内容をワークフロー図として書き起こすと、**図3-7**および、**図3-8**のようになります。

大きな工程の流れは、図3-7のようにひとまとめにして記載します。それぞれの工程の詳細は別シートで、図3-8のように記載すると全体を俯瞰的に把握できます。このワークフロー図はこれから開発するシステムがまだ介在しない、現在の状況を表したものになるため「As-Isのワークフロー図」と呼ばれます。

As-Isのワークフロー図の中身を説明します。

❶スイムレーン

ステークホルダごとの活動（アクション）を記述する場所です。1つの役割ごとに1つのスイムレーンを使います。スイムレーンに記載するのは、いわゆ

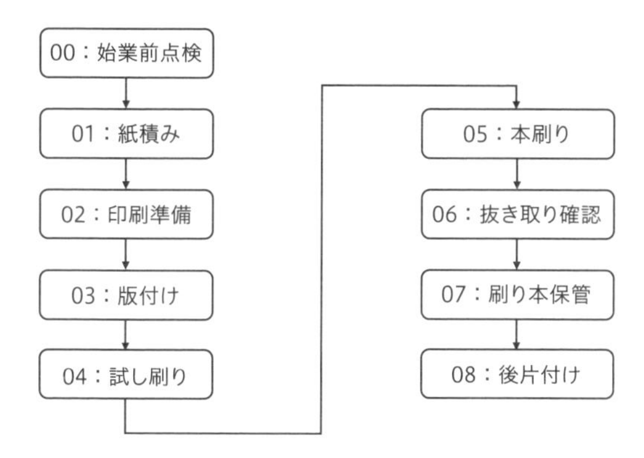

図3-7　As-Isのワークフロー図（作業工程）

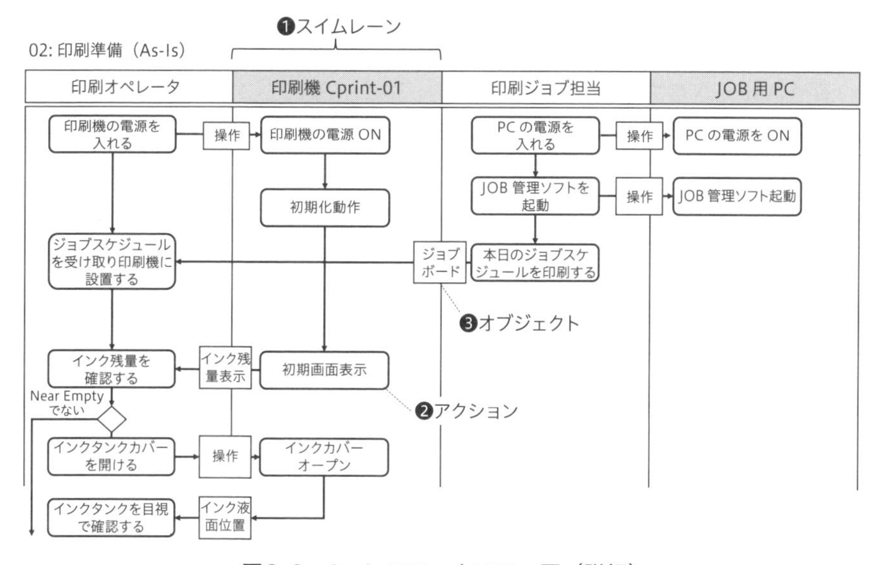

図3-8　As-Isのワークフロー図（詳細）

る「人」だけではありません。ステークホルダが主に使用する機器や機材なども対象となります。

❷アクション

スイムレーンのステークホルダや機器の動きを記載します。あまり細かく書きすぎず、目的単位で名詞＋動詞のシンプルな表現で書くとよいでしょう。「インクカバーを開ける」「インク残量を確認する」などです。また、機器の場合は「機器が起動する」「インク残量を表示する」など、機器の外部から見え

表3-3　ステークホルダプロファイルリスト

ステークホルダ		プロファイル
印刷オペレータ	熟練者	おおむね業務経験が5年以上になると熟練者となる 用紙の紙積み、裁き、風送りが短時間に行える 色濃度合わせの見極めができてヤレ紙も少ない 力が必要となるため男性が多く、高齢者は負担が多い 若手の指導も行う
	若手	おおむね業務経験が5年以下の人 用紙のさばき、風送り技術が未熟で熟練者の指導が必要 色濃度合わせの見極めに手数がかかり、ヤレ紙も多い 熟練者技術伝承を受ける必要があるが、熟練者の離職や工数不足により伝授が難しい

る機能を記載してください。

❸オブジェクト

スイムレーンをまたぐような活動は、「情報」「指令（操作）」「物質」「エネルギー」など必ず何かを引き渡しています。この引き渡している「もの」をオブジェクトと呼びます。これを明らかにしておくと、人と人、人と機器が何を介してやりとりしているかが明確になり、これから作るシステムのユーザーインターフェースの検討や機能安全の分析に役立ちます。人と機器の間のやりとりのあるところにインターフェースが必要となり、一方で人が機器と接することで「危害」が発生する可能性があるからです。

◆ ステークホルダのプロファイルの詳細化

次に、行動観察より得た情報からステークホルダのプロファイルを詳細化します。

行動観察をしていると、同じ作業をやっていても人ごとに作業の速さ、作業の品質が異なることがわかります。つまり、各人で「困りごと」や「何を必要としているのか」が異なるわけです。そのため、同じステークホルダであっても、それぞれに求めるものに違いがある場合、プロファイルを細かく定義していきます。

表3-3は、もともと「印刷オペレータ」と定義したステークホルダを「熟練者」「若手」の2つのプロファイルに分けた例です。

◆ ステークホルダの問題を抽出する

行動観察の中で、見て取れたステークホルダの問題を抽出します。ここでいう問題には、大きく分けて困りごと（＝ペインポイント）あるいは強化したい

表3-4 ステークホルダの問題の種類

ポイント	種類	内容	情報ソース
ペインポイント	顕在化していて困っていること	お金を払ってでも改善したいこと	アンケート・インタビューから得られることが多い
	困っているがあきらめているもの	お金を払ってでも改善したいとは思っているが、あきらめているもの。第三者的には改善すべきことと見えているのに、当事者は「そういうもの」だと思い込んでいるもの	行動観察の分析の気づき（インサイト）によって見出されることが多い
ゲインポイント	顕在化しているもの	今ある状態を強化したら、ステークホルダにメリットがもたらされると期待していること	アンケート・インタビューから得られることが多い
	顕在化していないもの	今ある状態を強化・改善したら、ステークホルダにメリットがもたらされると期待していることであるが、ステークホルダ自身がその価値に気づいていないもの。ソリューションを手にして初めて「これが欲しかった」と気づくもの	ステークホルダの価値観から導出されたり、行動観察の分析の気づき（インサイト）によって見出されたりすることが多い

こと（＝ゲインポイント）があります（**表3-4**）。

また、それぞれに顕在化しているものと、潜在的なものがあります。それぞれについて、内容と情報ソースを明らかにしておきましょう。

◆ VoC/VoEカード・リストの作成

ステークホルダのワークフローとプロファイルが整理できたら、行動観察やインタビュー、アンケートで得た情報を整理、分析して問題を抽出します。この段階の情報は粒度も合っておらず、同じようなことを別の言葉で語られ雑多な状態です。この整理を行うために、行動観察やインタビューなどで集めたステークホルダの声をすべて1件ごとの情報に書き起こします。1件ごとの情報は**図3-9**のようなカード、または**図3-10**のようなリスト形式で作成します。

❶ステークホルダの意見のID

どの意見がもとで、システムや製品の機能につながっていったかというトレースを取るために、一つひとつにIDをつけていきます。

❷問題の種類

問題が困りごと（ペインポイント）なのか、強化してほしいこと（ゲインポイント）なのかを識別します。

❸ステークホルダ

どのステークホルダから収集した意見なのかを記載します。ステークホルダの名称はステークホルダのプロファイルから引用します。

❶ ID：0001

❷<< ペインポイント >>

❸ 印刷オペレータ　熟練

❹ 重量 300kg のロール紙を
交換するときに重い・足腰が痛む

❺ 重量 300kg のロール紙を
運ぶときに力を多く使い、
足腰がつらそうだった

❻ 

❶ ID：0051

❷<< ゲインポイント >>

❸ 印刷オペレータ　若手

❹ 用紙交換ガイドがわかりやすい

❺ 手帳の作業メモを見ながら手
順を確認していた
ガイダンスが表示される作業
は何も見ずに進めていた

❻ 

図3-9　VoC/VoE カードの例

❶ ID	❷ 種類	❸ ステークホルダ	❹ ステークホルダの声	❺ 観察者の補足情報	❻ 状況を説明する図や写真
0001	ペインポイント	印刷オペレータ熟練	重量300kgのロール紙を交換するときに重い・足腰が痛む	重量300kgのロール紙を運ぶときに力を多く使い、足腰がつらそうだった	
0051	ゲインポイント	印刷オペレータ若手	用紙交換ガイドがわかりやすい	手帳の作業メモを見ながら手順を確認していた。ガイダンスが表示される作業は何も見ずに進めていた	

図3-10　VoC/VoE リストの作成例

❹ステークホルダの声

実際に収集したステークホルダの意見を“そのまま”記載します。まとめてしまったり、言い換えてしまったりすると、資料作成者のバイアスが入る可能性があるため注意してください。

❺観察者の補足情報

行動観察時の様子や、インタビューなどから観察者が気づいたことを記載します。直接ステークホルダの意見として語られなくても、観察者が客観的に見て疑問を感じるもの（＝ステークホルダが気づいていない、またはあきらめてしまっていること）があれば❹が空欄でも記載をしてください。

❻行動観察や意見に関連する写真や動画、図

行動観察に参加していない開発者ができるだけ正しく状況を理解できるように、その場の状況を的確に伝えられる写真や動画、図などがあれば添付しま

しょう。

分析はカードとリスト、どちらでも問題の分析を行うことができますが、情報量が多い場合は、俯瞰性が最優先のため、筆者はカードをお勧めしています。カードを壁に貼ってディスカッションすると情報を俯瞰的に見ることができる上に、複数の分析者と気になる点をその場で意見交換をしたり、類似内容のものを重ねて取りまとめたりできるので非常に効率的です。

◆ ステークホルダの意見の整理

カードやリストが完成したら、それらの整理をしていきます。この段階では非常に多くの意見が集まっています。しかし表現が異なっても、同じことを言っているものが多く含まれるため、一つひとつの背景や原因を明確にしながら扱いやすい単位に分類整理をします。通常、この整理作業は数が多いため、分析作業者が分担して行うことが多いです。そのため整理作業に入る前に、行動観察を行った観察者が作成したカードやリストの内容を作業者全員に対して説明し、全員が同じ理解に立った後に開始します。

◆ ステークホルダの意見を工程別に分類する

ステークホルダの問題領域は、業務上のある行為を行うときに、うまくできないからこそ生まれるものがほとんどです。そのため、情報を分類するにはまず、ステークホルダの作業の単位（＝工程別）に取りまとめます。この工程はワークフロー（As-Is）から抽出します。

カードを使って整理している場合は、**図3-11❶**のように工程名を記載したラベルを置き、その周辺に図3-11❷のようにその工程に関連するVoC/VoEのカードを集約します。

◆ 問題の背景を分析し、重複するものをまとめて整理する

別々のVoC/VoEであっても、内容的に見て同じ問題に対する意見を言っているものは1つにまとめて扱うようにします。そのためには、「工程のどの段階で（When）」「どのステークホルダに（Who）」「何が（What）」「どのように（How）」起きていて、それは「どうして（Why）起きているのか？　解消されないのか」といった具合に5W1Hなどを活用して分析をするとよいでしょう。カードを使って整理している場合は、同じ内容は重ねておきます。

まとめる段階で、本当に同じことを言っているか不明瞭な場合は、無理にまとめず個別に扱い、STEP2の意見収集時にステークホルダに確認しましょう。

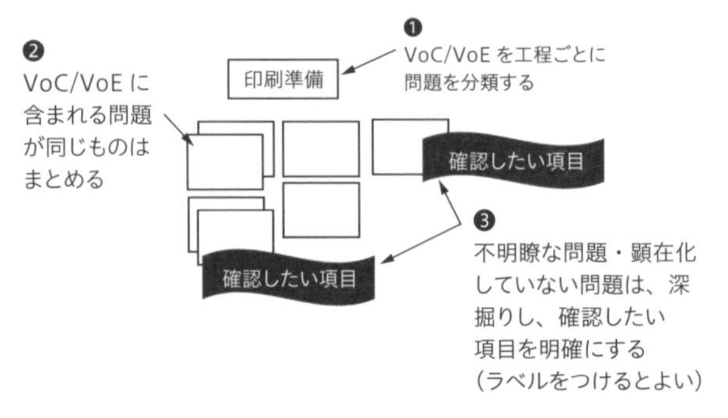

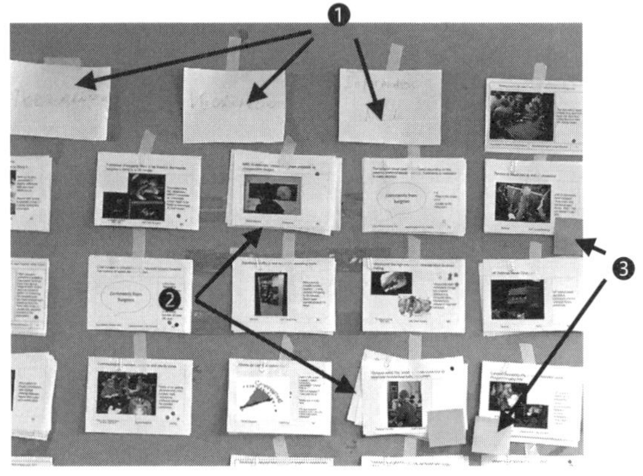

実際の実施例(別製品分野)

図3-11　VoC/VoEカードを使った問題のまとめ方

◆ ステークホルダに確認したい項目を明確にする

問題の背景を5W1Hを使って分析していると、問題が放置されている現状や、顕在化していない問題と思われるものに突き当たります。

例えば、「1日の印刷ジョブのスケジュールをプリントアウトした紙を、印刷機の横に掲示する」というカードについて考えてみましょう。ITが発達した現在であれば、スマホやタブレットで通知した方が簡単です。それなのに、なぜ紙のまま作業をしているのでしょうか。そこには何かの要因が隠れているはずです。

こういった問題がなぜ解消されていないのか、といった理由がわからない場合、図3-11❸のように「ステークホルダに確認をしたい項目」としてカードにラベルをつけておきます。

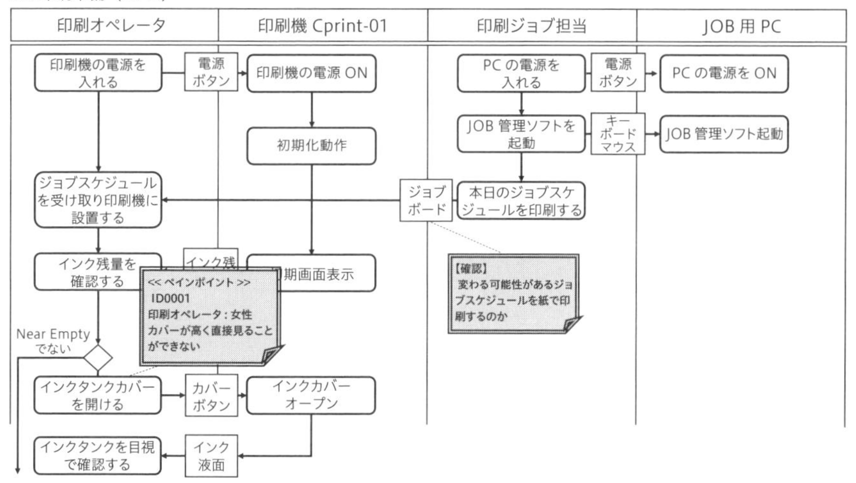

図3-12 問題を追記したワークフロー図（As-Is）

上記の例で問題が解消されないのは、「小さな印刷工場にそのようなシステムは高額で導入できない」「高齢者が多いわが社にそのようなITを入れても担当者が使いこなせない」と考えているかもしれません。

このような問題の背景をステークホルダから引き出すことで、それを解消するソリューションを新たに提供することができる可能性があります。ですから、問題が解消されない原因を確認しておくことは、新商品開発のアプローチに不可欠なのです。

3.3.5 STEP1-3 問題定義とワークフローへの紐づけ

問題の整理が終わったら、**図3-12**のように、ワークフロー図へ紐づけます。これはSTEP2の行動観察やインタビューをするときに、この図を見ながら問題領域をより注目して確認できるようにするためです。

ワークフロー図はステークホルダ別、工程別に記載されているので、ペインポイントやゲインポイント、確認事項がある箇所に追記をしていくことができます。

ここまでできたら、「STEP2ステークホルダの意見収集」に進めますが、既存製品や類似製品がある場合には、その前にコンプレイントの分析も行います。

表3-5　コンプレイントの例

ID	コンプレイント	対策	情報元	プロファイル名
1	用紙送りの設定行った後、元の表示に戻れなくなったが、切り替えメニューがどこにあるかわからないので教えてほしい	メニューの操作手順をヘルプデスクから教えて元の画面に復帰できた。マニュアルのページも連絡して、了解いただいた	ヘルプデスク	印刷オペレータ（熟練工・若手）
2	インクパンの廃液管が目詰まりし、廃液エラーが頻発する。解消法を教えてほしい	インクパン収納時の動作を背面パネルを開けて確認していただき、廃液チューブが座屈しており廃液流量が低減していたことを確認。サービス出動を要請した	ヘルプデスク	印刷オペレータ（熟練工・若手）
3	バッファスタッカの紙揃えが不十分。個体別の問題か、本製品共通の問題か明らかにしてほしい。N社バッファスタッカとの性能比較レポートも入手したい	紙揃え不良の状況を画像で送付いただいた。開発にすぐ問い合わせた開発からスタッカの紙揃えの後、ステープラ機に挿入時にさらに紙揃えが行われるため、スタッカの性能はこのレベルになるとの回答書を送付済。満足はされてなかったが納得されたとのことでクローズ	お客様相談室	印刷オペレータ（詳細プロファイル不明）
4	ベルトプラテンの昇降音がうるさい	昇降ワイヤの摩擦を低減させるため、ワイヤと昇降駆動ユニットを交換し、潤滑剤を塗布	サービス作業記録	印刷機保守担当者

3.3.6　STEP1-4 既存類似製品のコンプレイントの分析

すでに類似製品やシステムを市場に投入している場合、コンプレイント情報はステークホルダの「困りごと」の具体的事例となります。ペインポイントの貴重な情報源になるため、ここからも問題を抽出します。

コンプレイントは主にお客様相談室、サービスやセールスの作業レポート、工場の製造記録、不具合連絡票などに含まれます（**表3-5**）。

これらのコンプレイント情報が提供された時点では、トラブルの解消を最優先にしているため、「これは使いづらい」「前の仕様の方が好みだ」など、特定の個人の主観や事情に基づくものが存在します。ですからステークホルダの貴重な情報源ではあるものの、情報を鵜呑みにせず十分に内容を吟味して利用するようにしましょう。不明な点は無理に解釈せず、STEP2の行動観察やインタビュー、アンケートの中で明らかにしていきます。

◆ コンプレイントの分析

コンプレイントは、表現も抽象度もまちまちな状態で集められています。その

表3-6　除外するコンプレイントを追記したリスト

ID	コンプレイント	❶ コンプレイント整理後	❷ 補足情報	❸ 選定	❹ 除外理由
1	用紙送りの設定行った後、元の表示に戻れなくなったが、切り替えメニューがどこにあるかわからないので教えてほしい	設定メニューがわかりにくく、どこにやりたいことがあるかわからない	2in1画面表示切替	対象	
9	工場調整メニューが多く、吐出タイミングの調整メニューがどこにあるかわからないので教えてほしい	設定メニューがわかりにくく、どこにやりたいことがあるかわからない	吐出タイミング調整	対象	
4	ベルトプラテンの昇降音がうるさい	ベルトプラテン昇降音がうるさい	作業環境30dB以下	対象外	一般的な事務所50dBに対して極めて低い運用環境で特殊のため

ため分析では、ある程度内容表現を揃え、偏った意見などノイズになるようなものは除外していきます。除外というと、ついつい「このコンプレイントは取り上げるべきか否か」という“取り上げる”観点で見てしまいがちですが、ここでは「明らかに扱わないコンプレイントは何か」という観点で分析を行います。

取り扱わないコンプレイントは以下の3つが選定基準となります。

①すでに現行システムで解決済みで、新システムでも改善を不要とするもの

②個人の主観や事情に基づく極端な意見で、少人数しか賛同できないもの

③コンプレイントの数や発生頻度が極めて少ないもの

ただし③については、数が少なかったとしても人や機器、財産などに危害を加えるリスクのあるものは除外せず、必ず取り扱うようにします。

◆ コンプレイントの整理

ステークホルダが「何に困っているか」という観点で整理を行います。**表3-6**のID1と9の例は、「システムのメニューがわかりにくい」というコンプレイントを、それぞれのステークホルダが異なる言い方で伝えてきている例です。

この場合は、同一のコンプレイントであることがわかるように、❶の欄に整理したコンプレイントの表現に書き加え、あとでソートができるようにしておきましょう。また、コンプレイントそれぞれに特殊な状況があれば、❷の補足

情報にまとめておきましょう。その上で、このコンプレイントを取り上げるかどうかを❸の選定の欄に記入し、もし除外するのであれば、その理由を❹に残しておきましょう。

また、コンプレイントの数が多い場合は、図3-9のようなカードを作成して、分類するのも効率的です。

いずれの方法においても、整理をすることは一部の情報が丸められることになるため、何かあった場合にオリジナルのコンプレイント情報を参照できるように、トレースが取れるようにしておくとよいでしょう。

コンプレイントの整理が完了したら、“取り扱わない”コンプレイントを抽出します。

除外するコンプレイントが抽出できたら、それらを除外してもビジネス的にも影響がないか、必ずビジネス部門にも確認を取るようにしましょう。

コンプレイントには重要顧客からの内容も含まれており、たとえ偏った意見であっても取り上げなければビジネス的に不利になるものもあるからです。

除外するか否か迷うものは、この段階では無理して判断せずに残し、必ずSTEP2の行動観察、インタビュー、アンケートで確認を取るようにしましょう。

コンプレイントの分析が終わったら、行動観察などの分析結果と同様にワークフロー図への紐づけを行います。

3.3.7 STEP2-1 ステークホルダの意見収集

STEP1のすべての分析が終わったら、2回目の行動観察・インタビュー、アンケートを行います。STEP2の目的は、分析によって明らかになった問題領域に注目して、より具体的な意見を引き出し、ステークホルダ要求分析のための正式なインプットとなるVoC/VoEリストを作成することです。

◆ 行動観察・アンケート・インタビュー

「図3-12　問題を追記したワークフロー図（As-Is）」を使いながらステークホルダの意見を収集します。このワークフロー図に記載された問題領域に着目し、**表3-7**に示す項目を明らかにします。

具体的な行動観察やインタビューの方法はSTEP1と同様です。

また、STEP2では、問題領域がある程度絞り込めているため、問題の捉え方が地域、事業規模などで違っていないかを確認するために、サンプル数の多いアンケート調査を実施することを強く推奨します。偏りのない意見とそれぞ

表3-7　STEP2で明確にする項目

明らかにする項目	内容
問題領域	ステークホルダの感じているペインポイント・ゲインポイントは何か？ (STEP1の問題分析結果の妥当性を確認する)
問題解消の阻害要因	なぜその状況がまだ解消されていないのか？
問題解消の価値の大きさ	その問題が解決されたらステークホルダの活動の何が変わるのか？　それはお金をかけてでも変えたいことか？

表3-8　VoC/VoEの結果まとめ（カード形式）

ID VoC0001
印刷用紙を運搬するときに重く、体に負担がかかる

問題の種類　ペインポイント
ステークホルダプロファイル
印刷オペレータ熟練

補足情報
印刷用紙の重量 50～300kg
倉庫から機器まで 100m 程度
手持ちまたは油圧ジャッキ使用

改善されない要因（阻害要因）
印刷用紙は印刷種別によって異なり、保管場所も工場によってまちまちのため標準化された設備はない。設備の設置領域もない

課題が改善されたときの価値
準備時間の短縮
熟練工の雇用維持
オペレータの高齢化が進んでおり、重量物の取り扱いを理由に退職する熟練工も多い。適切な解決策が提供できれば、XXX 万円までならコストをかけても導入したい
重要度＝大

れの問題の大きさを把握することが可能になります。

3.3.8　STEP2-2 VoC/VoEのまとめ

2回目の意見収集と分析が終わったら、その結果をまとめます。

表3-8に示すカード形式か、**表3-9**に示すリスト形式のいずれの形式でもよいです。これがPhase2の主たる成果物になります。

可能であれば、モデリングツールなどでモデル化することをお勧めします。この後のPhase3でのVoC/VoEを起点としてステークホルダ要求分析が効率的に行えます。

表3-9　VoC/VoEの結果まとめ（リスト形式）

ID	ステークホルダの意見	問題の種類	ステークホルダプロファイル		補足情報	改善されない要因（阻害要因）	問題が改善されたときの価値	問題の重要度
VoC-0001	印刷用紙を運搬するときに重く、体に負担がかかる	ペインポイント	印刷オペレータ	熟練工	重量50～300kg 倉庫から機器まで100m程度 手持ちまたは油圧ジャッキ使用	印刷用紙は印刷種別によって異なり、保管場所も工場によってまちまちのため標準化された設備はない。 設備の設置領域もない	準備時間の短縮 熟練工の雇用維持 オペレータの高齢化が進んでおり、重量物の取り扱いを理由に退職する熟練工も多い	大 適切な解決策が提供できれば、XXX万円まではコストをかけても導入したい

3.3.9　対象となる法規制・規格の調査

自動車、産業機器はISO26262、医療機器はISO60601など、特定の産業分野には守らないと製品化できない法規制や規格があります。またグローバルな製品展開をしているメーカーにおいては、特定の国だけでなく製品を販売する国の分だけ法規制に適合していかねばなりません。

これらの法規制も、いわゆる国・省庁からのシステムに対する要求事項になります。具体的な要求分析はPhase3で実施しますが、法規制や規格は膨大にあるため、どの規格に適合するべきか、そのために何をするべきかといった調査はこの段階から実施してリスト化しておくとよいでしょう。また規格に準拠すべき製品を開発している企業は、社内に開発標準を持っていることが多いので、このシステムはどの開発標準を適用すべきかという情報も確認し、リスト化しておいてください。

3.4 このフェーズの成果物とチェックポイント

◆ VoC/VoE収集計画 〈中間成果物〉

□「いつ」「誰に」「どんな方法で」意見収集するか明確になっていますか？

□収集の方針は事業戦略に基づくアプローチになっていますか？

◆ **行動観察記録シート 〈中間成果物〉**

□行動観察シーンごとにすべてのステークホルダの活動を記録していますか？

□第三者目線で疑問に思ったことや気づきを記録できていますか？

◆ **アンケート・インタビュー設問と結果 〈中間成果物〉**

□調査対象の国、人数、属性については根拠に基づいて選定していますか？

□質問は恣意的になっていませんか？

◆ **ワークフロー図（As-Is）〈成果物〉**

□すべてのステークホルダをスイムレーンに記載していますか？

□ワークフロー上のどこにステークホルダのペインポイント、ゲインポイントがあるか明記されていますか？

◆ **ステークホルダプロファイル 〈成果物〉**

□行動観察を経て、同じ役割でも属性（熟練度など）によって行動特性が大きく変わる場合には、属性を分類して内容を更新できていますか？

◆ **VoC/VoE（カード・リスト形式）〈成果物〉**

□誰が、何に困っているか。期待をしているか、その理由は何か。という4点が明確に記載されていますか？

□その問題が改善されない阻害要因が記載されていますか？

□その問題が解決されたらステークホルダの何が変わるのか、その大きさはどのくらいかが記載されていますか？

◆ **法規制・規格対応リスト 〈成果物〉**

□現在のコンセプトで想定するシステムが、どのような法規制に対応しなければならないかが一覧化され、特定されていますか？

3.5 このフェーズに現れるモンスター

色眼鏡（いろめがね）モンスター

攻撃技：確証バイアス光線破壊力：絶大
生息地：シェアの大きい企業

◆ 特徴

自分がステークホルダのことを一番知っているという確証バイアスを持っている。長い間、類似の開発に携わっているスキルの高い人がモンスター化しやすい。有識者であることに自分の存在意義を見出している。

◆ 破壊力

確証バイアスが原因で、本質よりも過去の実績や自分の理解をプロジェクトに持ち込もうとする。そのため、実態と伴わないVoC・VoEを集めてしまう。時には「行動観察など不要」という破壊的光線を発する場合もある。ステークホルダの期待していないシステムにしてしまうため破壊力は絶大だ。

◆ モンスターの攻略法

モンスターは、経験値からくる自分の考えを聞いてもらうのが大好きだ。絶対に否定してはならない。とことんモンスターの意見を肯定しつつ、「その考えが妥当であるという論拠の肉付けを一緒にやろう」と提案しよう。その過程で新たな観点に気づいてもらえるだろう。気づいてもらった後は、経験もスキルも豊富なので良い情報や分析をしてくれるはずだ！

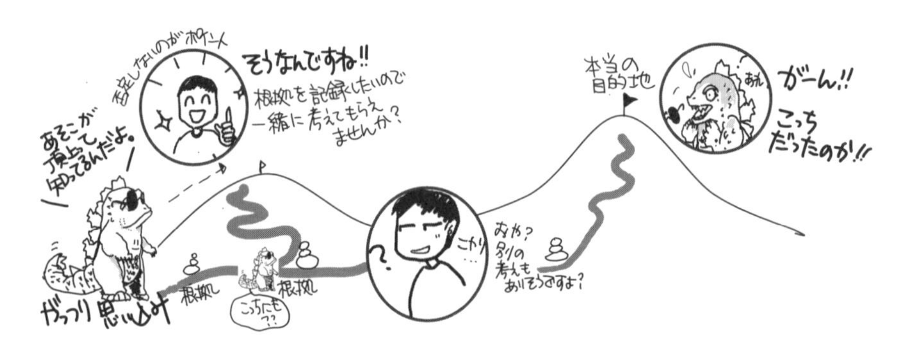

ステークホルダ要求定義

ステークホルダの声を要求にしよう

ISO/IEC/IEEE 15288:2015　6.4.2 利害者要求ニーズおよび要求定義プロセス

この章では

- ●ステークホルダの“声”、“ニーズ”、“要求”の違いが理解できる
- ●ステークホルダの“声”を“要求”に変換する方法がわかる

Phase2 の VoC/VoE 収集では、ステークホルダの声を様々な視点で収集しました。ただ、得られる声の多くは現状の製品を大前提としていたり、言葉で表現できることに制限されています。つまり、ステークホルダの声をそのまま鵜呑みにしても、「そう、これが欲しかった」と思ってもらえる製品になるとは限りません。そのため、それらの声を起点にして、ステークホルダが本当に求めていること＝“ニーズ”を分析し、その水準とともに“要求”として明らかにすることが必要です。これが、ステークホルダ要求定義で成し遂げたいことになります。

本章では、まず VoC/VoE をもとにニーズを階層的に整理します。そしてニーズに対して目標値を設定し、ステークホルダ要求として定義するまでの一連の流れを解説します。

4.1 誰も教えてくれない！実務プロセスチャート

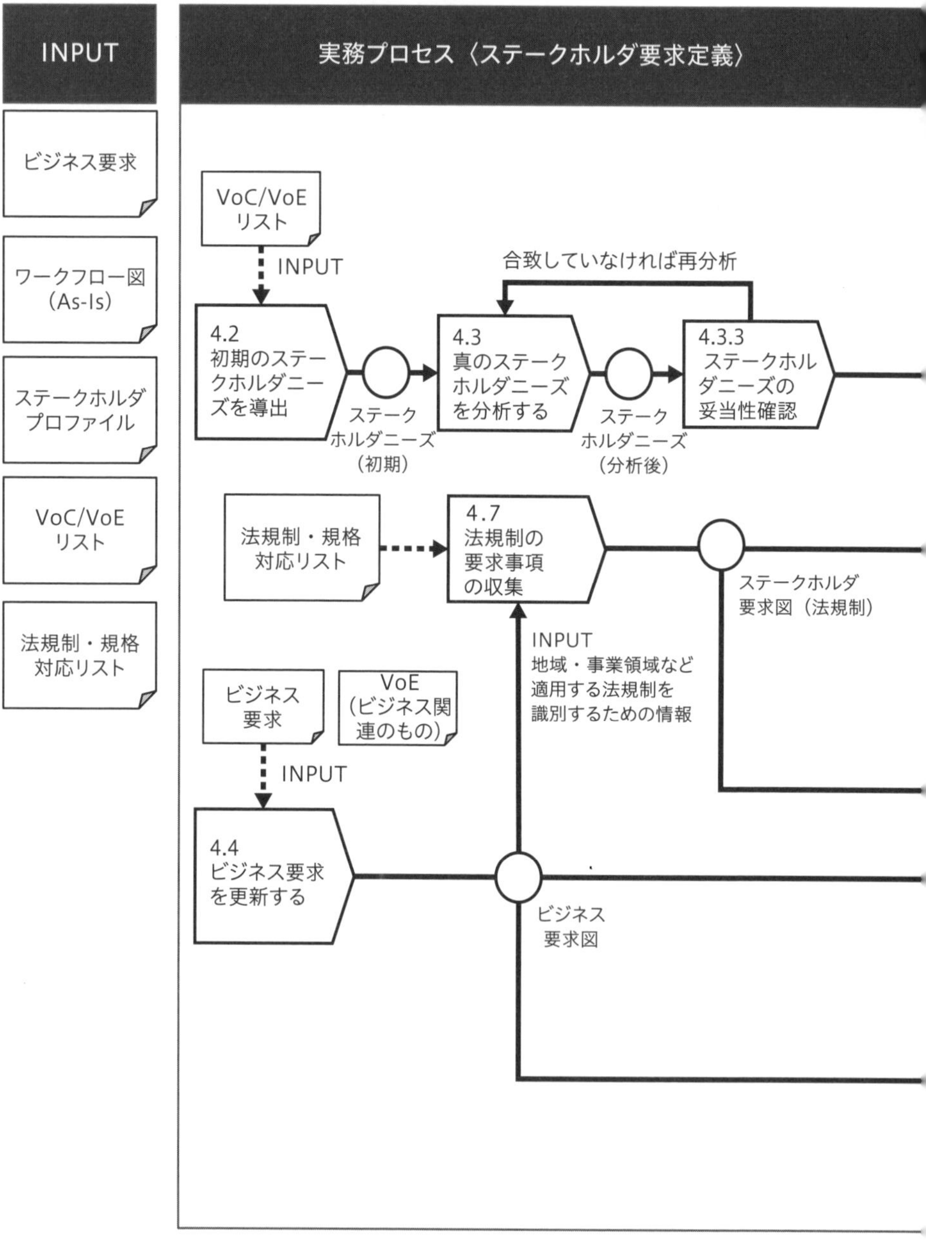

INPUT	実務プロセス〈ステークホルダ要求定義〉
ビジネス要求	
ワークフロー図（As-Is）	
ステークホルダプロファイル	
VoC/VoE リスト	
法規制・規格対応リスト	

VoC/VoE リスト

INPUT

4.2 初期のステークホルダニーズを導出

ステークホルダニーズ（初期）

4.3 真のステークホルダニーズを分析する

ステークホルダニーズ（分析後）

4.3.3 ステークホルダニーズの妥当性確認

合致していなければ再分析

法規制・規格対応リスト

4.7 法規制の要求事項の収集

ステークホルダ要求図（法規制）

INPUT
地域・事業領域など適用する法規制を識別するための情報

ビジネス要求

VoE（ビジネス関連のもの）

INPUT

4.4 ビジネス要求を更新する

ビジネス要求図

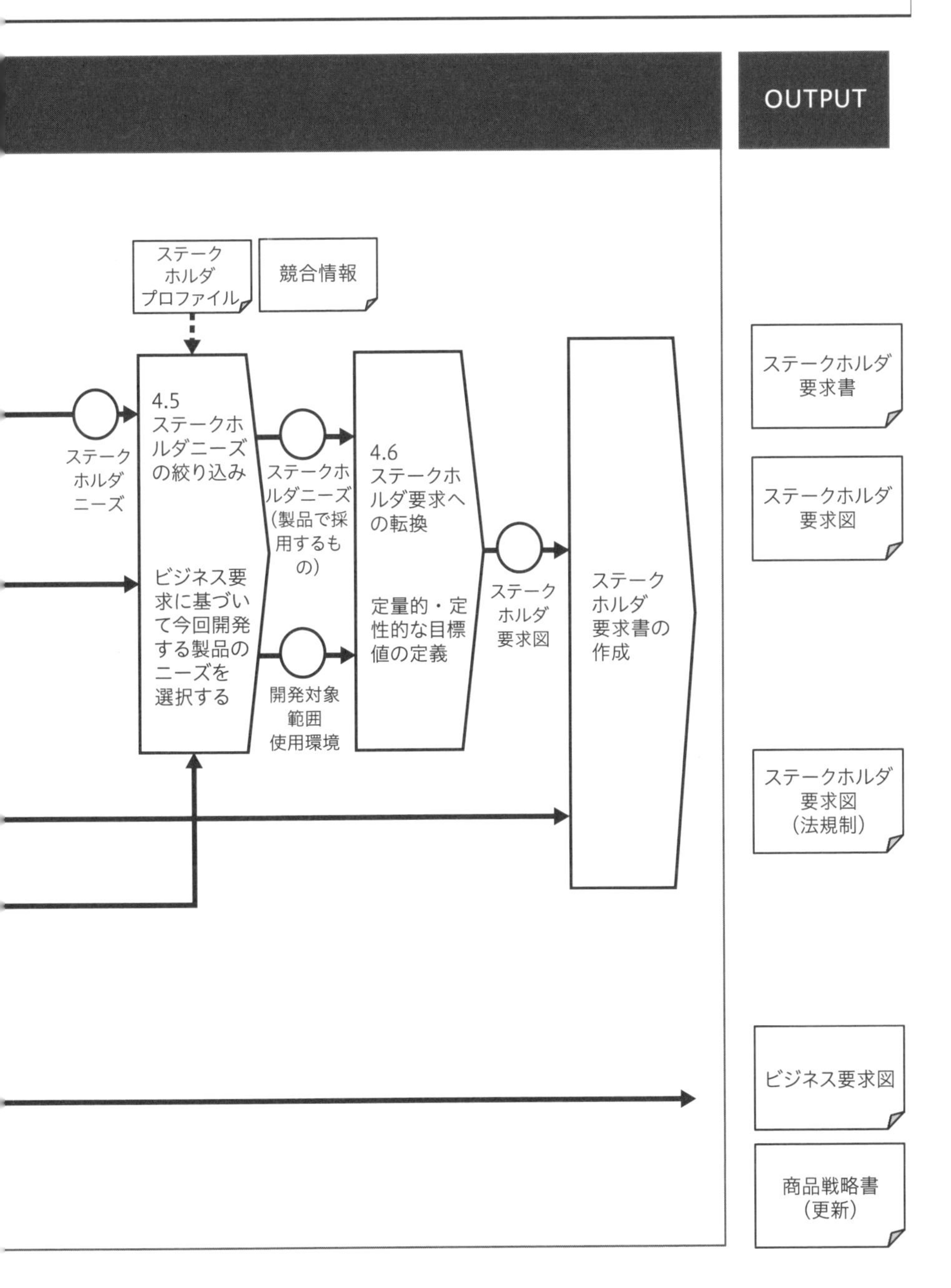
OUTPUT
ステークホルダプロファイル
競合情報
4.5
ステークホルダニーズの絞り込み
ビジネス要求に基づいて今回開発する製品のニーズを選択する
ステークホルダニーズ
ステークホルダニーズ（製品で採用するもの）
開発対象範囲
使用環境
4.6
ステークホルダ要求への転換
定量的・定性的な目標値の定義
ステークホルダ要求図
ステークホルダ要求書の作成
ステークホルダ要求書
ステークホルダ要求図
ステークホルダ要求図（法規制）
ビジネス要求図
商品戦略書（更新）

4.2　初期のステークホルダニーズの導出

4.2.1　用語の整理

具体的な説明の前に、用語の整理をしておきましょう。本書では**表4-1**に示すように、ISO15288の定義に従って「ステークホルダニーズ」「ステークホルダ要求」「システム要求」の3つの用語を区別します。各企業のプロジェクトでは、これらの用語に対して違う解釈をしてきたかもしれませんので、プロジェクトを開始する前に用語の認識を合わせてから進めるとよいでしょう。

4.2.2　ステークホルダの声から初期のニーズへ変換する

では、Phase2で収集したVoCおよびVoEを、ステークホルダのニーズに変換していきましょう。VoCおよびVoEを見て、「ステークホルダは何をした

表4-1　用語の整理

用語	特徴
ステークホルダニーズ	ステークホルダが真に達成したいこと ・ステークホルダの世界の言葉で語られる ・1つのVoC/VoEから複数のニーズが導出されることがある ・抽象度によって3～5階層のニーズの階層化ができることがある 【具体例】 ・ヘッドクリーニング時間を短くしたい ・インクを長持ちさせたい ⇒多くの枚数を印刷したい
ステークホルダ要求	ステークホルダニーズとそれを満たすレベルを定義したもの ・ニーズが満たされたか測定可能でなければならない ・定量的な達成レベルを定義できない場合は、再現可能な形で定性的な定義をしてもよい 【具体例】 ・ヘッドクリーニング時間を短くしたい －クリーニング時間：XXX秒以内 ・1回のインクボトル交換で多く印刷したい －A4 濃度4 高品質印刷　XXXX枚
システム要求	ステークホルダ要求を実現するためにシステムが備えるべき機能とその性能値 【具体例】 ・ヘッドクリーニング時間 －クリーニング時間：XXX秒以内 ・印刷時インク吐出量 －A4 濃度4 高品質印刷　XXnl ・ヘッドクリーニング時インク吸引量 -強　パージ時　XXXnl

かったのだろうか？」と考察してみましょう。そしてそれらを、「(ステークホルダは）XXXXしたい」という達成したいこと（＝ニーズ）の表現に置き換えます。

困りごとに関する声は、「本当はXXXしたいのに、こんなことが起きている。それができなくて困っている」の「困っている」ところだけを表現しているケースが多く見られます。「本当はXXXしたい」の部分をきちんと見つけて、システムで解決すべき“ニーズ”を明らかにしていきます。

図4-1の例で説明します。VoCは、「薄紙だと印刷が裏抜けする（印刷インクが用紙の裏側まで浸透し、透けて見えてしまうこと)」です。これを「ステークホルダは何をしたかったのだろうか？」と考察します。

困りごとの深掘りをすると、「本当は薄紙に印刷したかったけれども、裏抜けが起きるので困っている」と推測できるので、ニーズは「薄紙に印刷したい」となるわけです。

もし、1つのステークホルダの声に2つのニーズが混じっているときは、この段階で1文=1ニーズになるように分解しておきましょう。

ニーズの導出において注意しなくてはならないケースがあります。それは、ステークホルダ自身が勝手に自分の困りごとを解決する手段を決めて、それをVoC/VoEとして挙げているケースです。**図4-2**の例では、ユーザーが「インクヘッドクリーニングのパージカ（インクを絞り出す力）を強くしてほしい」と言っています。しかし、ユーザーがやりたかったことはパージ力を強くする

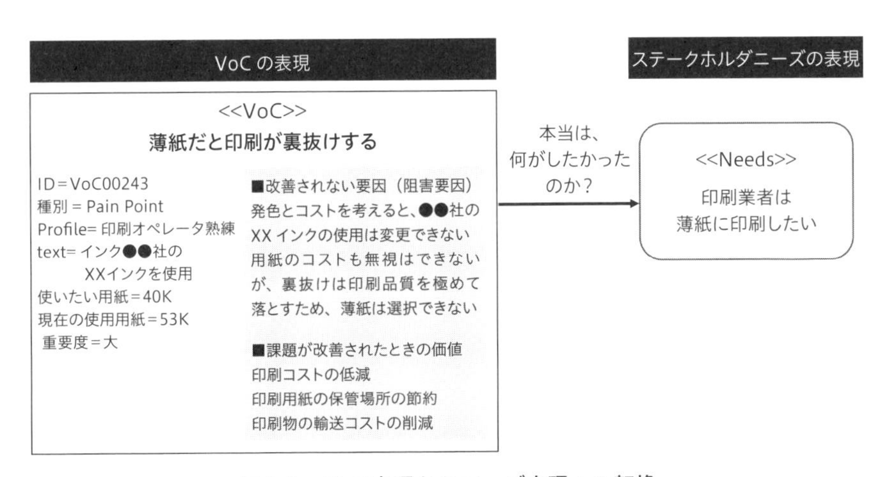

図4-1 VoC表現からニーズ表現への転換

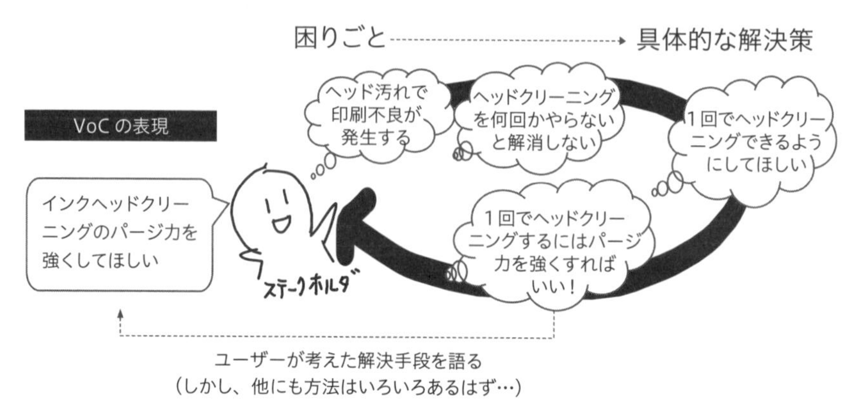

図4-2　ステークホルダが解決案を語っている例

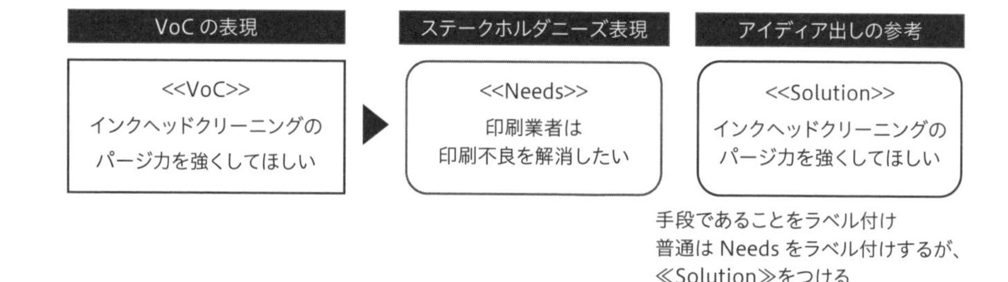

図4-3　手段が含まれるVoC/VoEの扱い方

ことでしょうか。本当の困りごとはヘッド汚れによる印刷不良で、それを解消したいのがニーズです。それが解決できれば、パージ力を強くする以外の方法でもよいのです。

このようにVoC/VoEを真に受けて、そのまま叶えようとすると、十分な技術的検討もなしに実装手段を当てはめることになり、以降それが制約になってしまいます。

システムに最大限の性能を搭載するためには、このような事態は極力避けるべきです。もし、ステークホルダが具体的な手段を語っている場合は、**図4-3**のように「本当は何がしたかったのか」というニーズを遡るとともに、そのVoCが具体的な手段を語っていることを意味する<<Solution>>のラベル付けをして、いったん取り置きしておきます。取り置きしたものは、Phase5のシステム要求定義で実施する機能のアイディア出しの参考情報として扱います。

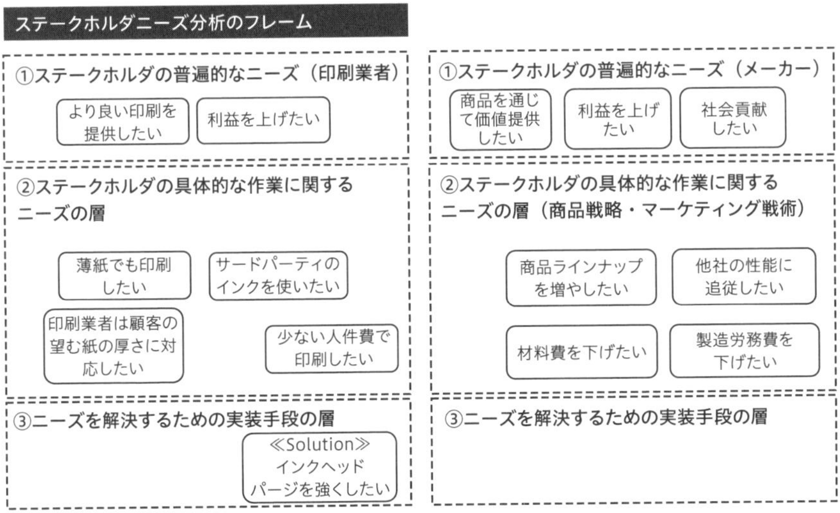

ステークホルダニーズ分析のフレーム

①ステークホルダの普遍的なニーズ（印刷業者）
より良い印刷を提供したい
利益を上げたい

②ステークホルダの具体的な作業に関するニーズの層
薄紙でも印刷したい
サードパーティのインクを使いたい
印刷業者は顧客の望む紙の厚さに対応したい
少ない人件費で印刷したい

③ニーズを解決するための実装手段の層
≪Solution≫
インクヘッドパージを強くしたい

①ステークホルダの普遍的なニーズ（メーカー）
商品を通じて価値提供したい
利益を上げたい
社会貢献したい

②ステークホルダの具体的な作業に関するニーズの層（商品戦略・マーケティング戦術）
商品ラインナップを増やしたい
他社の性能に追従したい
材料費を下げたい
製造労務費を下げたい

③ニーズを解決するための実装手段の層

図4-4　フレームを用いたニーズの分類

システムの開発者がユーザーになり得ないような特殊技能や資格を持つ領域（航空宇宙機器、医療機器など）の製品開発では、「手段の有用な情報」として利用することができます。

というのも、そのような領域については、ユーザーの方が開発者より困りごとを解決するために利用できる手段を知っており、開発者が想定できない解決手段をユーザーが考え得ることがあるからです。逆に、コンシューマー製品のように開発者自身がユーザーになれる場合は、参考情報程度に扱って構いません。

4.2.3　ニーズの分類

VoC/VoEをステークホルダニーズの表現に置き換えたら、それぞれのニーズの特性に合わせて分類していきます。分類には**図4-4**のように、ステークホルダ分析用のフレームを活用するとよいでしょう。それぞれの枠について簡単に説明をします。

①ステークホルダの普遍的なニーズ

ステークホルダの存在目的でもある普遍的なニーズを配置します。例えば印刷業者であれば、「より良い印刷を提供したい」「利益を上げたい」などが考えられます。メーカーも、「自社の製品を通じて社会に価値提供していきたい」

「利益を上げたい」「社会貢献をしたい」などが挙げられます。ステークホルダごとに普遍的なニーズは違うので、それぞれにフレームを用意してください。どんなニーズであっても、遡れば必ずここにたどり着きます。

②ステークホルダの具体的な作業に関するニーズ

ステークホルダの実際の作業場で発生するニーズをまとめます。製品開発におけるニーズは、主にこの枠のニーズに着目して分析していきます。ニーズの数が多い場合は、この枠の中でもさらに「ワークフロー別」などに階層分けして整理するとよいでしょう。

③ニーズを解決するための実装手段

ステークホルダがVoC/VoEなどで何かしらの解決手段を語っているものは、いったんこの枠に取り置いておきます。

4.3 真のステークホルダニーズを分析する

4.3.1 ユーザーが本当に達成したいことを分析する

ニーズの分類が完了すると、初期のニーズが整理された状態になっているはずです。初期のニーズは、ユーザーのやりたかったことを表現はしていますが、それ自体が“本当に達成したい”ことであるかは、もう一歩踏み込んだ分析が必要です。

通常、ステークホルダは普段使用している既存システムなどを念頭に置いて、そのシステムで満たされない自分の要求を「改善要望」や「改善するためのソリューション」の形で語る傾向が強く、本来やりたかった真の要求を直接語ることは少ない場合がほとんどです。そのため、真の要求を明らかにするには、「なぜこのニーズを必要とするのか？」を遡って考える必要があります。

遡る作業は至ってシンプルで、真の要求に向かうためには「それはなぜ？」の問いかけをすればよいだけです。

図4-5の例で見ていきましょう。「印刷業者が薄紙に印刷したい」のはなぜでしょうか。いくつかの理由が考えられますが、薄紙であれば「1ページ当たりの印刷コスト」が安くできるからです。なぜ、「1ページ当たりの印刷コスト」を安くしなくてはならないのでしょうか。それは、印刷料金を安くして「集客したい」からです。

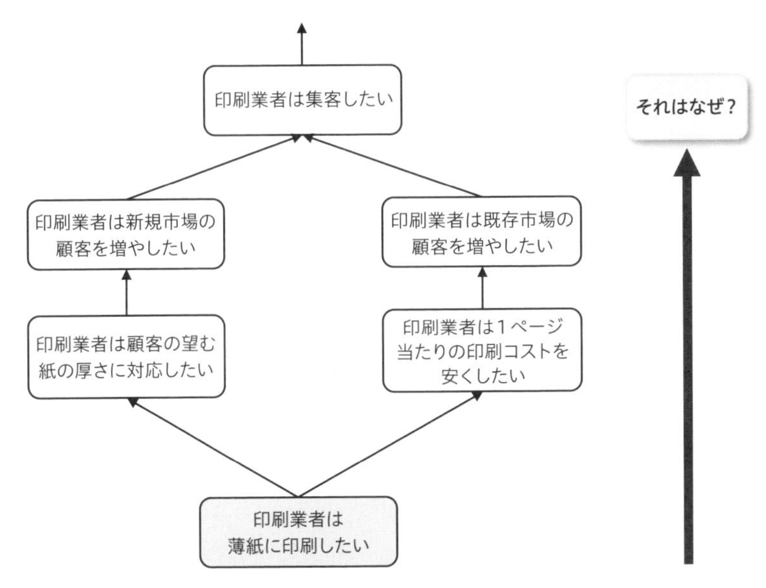

図4-5 真のニーズの導出の仕方

このように階層的にニーズを導出していきます。現段階では開発者の仮説で構いません。実際にこの仮説が正しいかどうかは、次のステップ「ステークホルダ要求の妥当性確認」で、直接ステークホルダに確かめます。ですから、ここでは「あなたがやりたかったことは、こういうことですか？」と質問ができるように、図を使いながらしっかりと仮説を論理的に立てておくことが重要です。

「どこまで階層を遡ればよいか？」という質問をよく受けます。回答は「ステークホルダの普遍的なニーズが出てくるところまで」です。

例えば印刷業者をステークホルダとすれば、印刷業者は企業活動をしているわけですから、企業として「収益を上げること」が大きな存在意義になります。その収益を上げるために自分たちの顧客を増やし、売上を上げるとともに、余計なコストを削減していく活動が必要になるでしょう。このような誰しもが行き着く普遍的なニーズまで遡ったところで分析は終了です。

4.3.2 見落としているニーズを見つけ出す

ステークホルダの初期のニーズから真のニーズの仮説を導き出すことができましたが、一方でこの分析のスタート地点となっているVoC/VoEの中で、ステークホルダはすべてのニーズにつながる意見を語ってはいないことに注意してください。つまり、顕在化しているニーズ以外を見落としている状態にあります。

これらを見つけるためには、先ほどの分析とは逆にトップダウンでニーズを再度分析する必要があります。この分析では、「上位のニーズを満たすために、ステークホルダはどんなことがしたいか？」「上位のニーズを満たすために、他にはどんなことがしたいか？」と問いかけをしていきます。

図4-6の「印刷業者は集客したい」というニーズを例に見ていきましょう。印刷業者は「既存市場の顧客を増やす」ことを実現するために、発注元が希望する「印刷条件に対応」し、「1ページ当たりの印刷料金を安く」して、顧客満足度を上げることが求められるでしょう。ただ、それだけが集客するための道筋でしょうか。

“もっと”集客するためには、印刷業者の周辺地域の顧客だけでなく、「地域外からの顧客を取り込みたい」といった要望が隠れているかもしれません。ネットプリントが当たり前に利用されている現状を考えると、容易に想像できます。そういった要望に応える機能がシステムに必要になるかもしれません。

また、「顧客が望む印刷条件に対応したい」の要望も、最初に出てきた「薄紙」といった用紙の厚さだけでなく、用紙のサイズや、凹凸加工印刷もあるかもしれません。「当たり前だから」や「言いそびれた」といった理由で、要望が語られないことがよくあります。ですから、トップダウンで改めて要求図を見直し、上位の要求を満たす「そのためには」、何を必要と考えているのか、同じ観点で「他には」要望がないのかを分析することが必要です。

「トップダウンの分析はどこまれやればいいか」という質問も多いです。回答は、「いくつかのニーズを集約できる手段が出たかが終了の目安」です。 いくつかのニーズを集約する手段が出るということは、つまりシステムが持つべき能力そのものになるからです。図4-6では、中段の複数ニーズを集約し、「印刷業者は薄紙に印刷したい」=「システムは薄紙に印刷できる（システムが持つべき能力）」が出せたため、ここで終了としました。

複合プリンタでは、末端のニーズが3,000個以上になります。このため、要求図のツリーが大きくなってしまい、1つのダイアグラムで管理がしにくくなります。このようなケースでは、ダイアグラムを分割して検討するべきです。分割したダイアグラム間をリンクさせ、簡単に参照するようにするにはモ

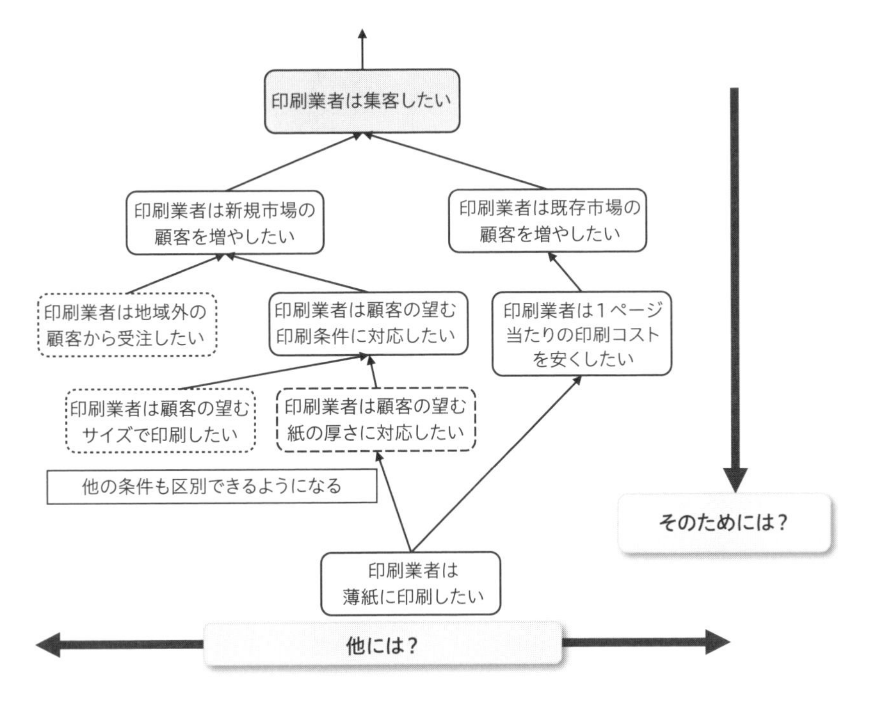

図4-6　見落としているニーズを見つけ出す

デリングツールの利用が必要となるでしょう。

4.3.3　ステークホルダニーズの妥当性確認

これまでの段階で、ステークホルダが求める真のニーズを「仮説」として要求図にまとめることができました。次のステップは、この「仮説」が妥当であるかを検証することです。最も効果的な検証方法は、ステークホルダに直接接触し、対面インタビューやアンケートを通じて確認することです。

ニーズの分析が論理的に行われているため、多くのケースでステークホルダは「その通り」と反応することが多いです。しかし一部は、「そう考えていない、このようなニーズがある」というようなフィードバックをもらうことがあります。この妥当性確認を通じて、初めてステークホルダの真のニーズが確定されます。

ニーズの確認をする場合は、**図4-7**のように上層のニーズから確認するよりも、下層のニーズから確認をするとよいでしょう。下層のニーズの方が具体的でイメージをしやすいからです。インタビューやアンケートの結果により、

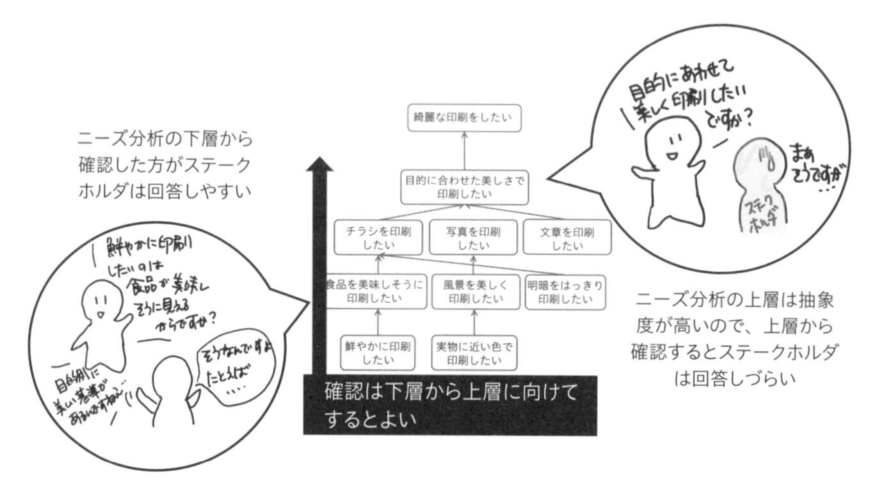

図4-7　ニーズの確認の仕方

仮説が違っていた場合はニーズのツリーを修正します。複数のステークホルダで意見が異なった場合は、いったん両方の意見を反映させます。どのニーズをシステムへ反映させるのかは、この後の「ステークホルダのニーズの絞り込み」で行います。

妥当性の確認は、ステークホルダに直接確認することを推奨しますが、業界的にどうしても難しい場合は、マーケティング部門などステークホルダと接点を多く持つ人に確認するとよいでしょう。

妥当性検証が終わると、**図4-8**のようなステークホルダ要求図が完成します。この分析は、「ニーズの量が多くて工数がかかる、やり切れない」と思うかもしれません。ただ皆さんが開発するのは、「顧客が望む」「売れる」システムです。そのために、ニーズの確認は必須の作業です。たとえ量が多くても、基本的には手を抜いてはいけない作業です。優先度別にイテレーションを組んで進めるなどの工夫もするとよいでしょう。

4.3.4　ステークホルダニーズが失われている場合には

既存製品の中には、長い開発の歴史の中でステークホルダニーズの記録が失われ、システムの機能と性能だけが受け継がれているものがあります。その製品の主機能などがその傾向にあります。このような場合は特に性能の根拠がわからないため、新たに変更をかけていいのか判断ができず、既存踏襲をし続け

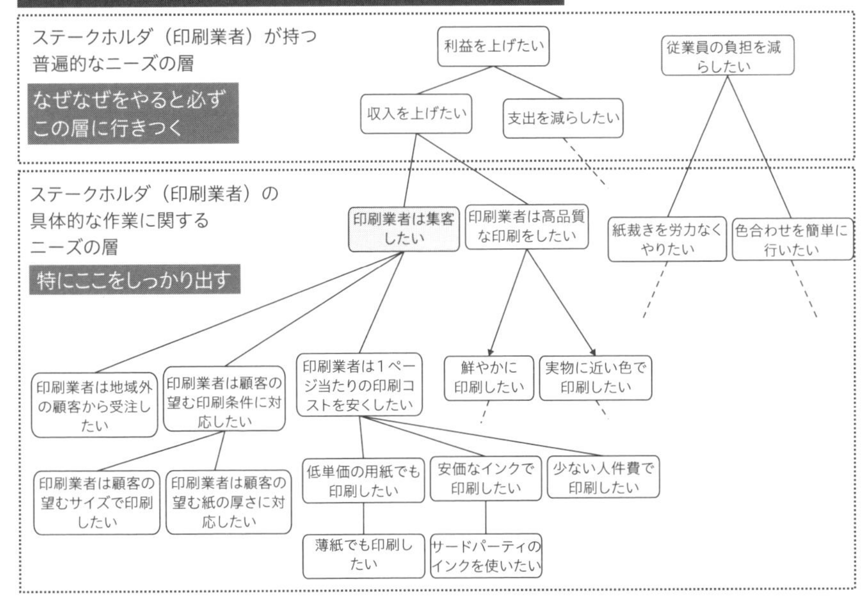

図4-8　ステークホルダ要求図

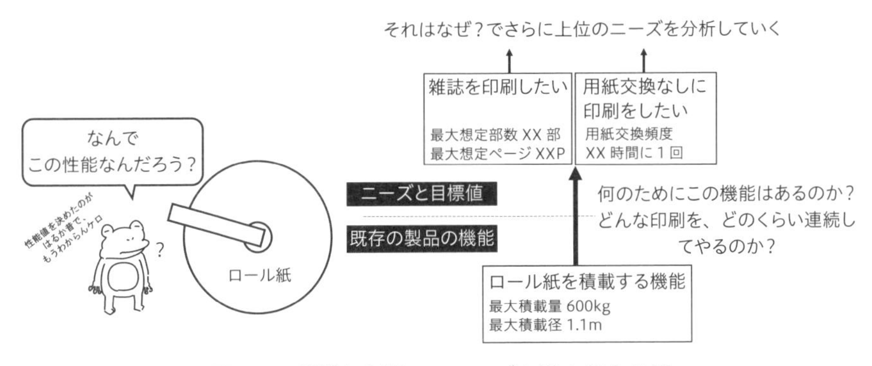

図4-9　機能から遡ってニーズを出す場合の例

ることがあります。その結果、新たな機能の更新や性能の向上ができず、競争力が低下する事態になる可能性があります。また逆に、変更してはならない性能値を変更してしまい、市場で不具合を起こす可能性もあります。このようなことを避けるため、この段階で改めてステークホルダニーズを再定義しておくとよいでしょう。基本的には既存製品の機能が何のために使われているか、ということを遡りながら考察してニーズを出します（**図4-9**）。

性能の根拠がわからない場合には、そのニーズがどのレベルで求められているかの仮説を立てます。仮説が出しにくい場合は、既存製品を使っているステークホルダが製品をどのようなことをするときに、どんなレベルでその機能を使っているかを調査します。その利用シーンがニーズになり、使い方のレベルがニーズの目標値になります。

既存の機能のニーズを遡る場合には、必ず調査のサンプル数を多くしてニーズの妥当性確認を行ってください。すでに市場に出ている製品は多くのユーザーがいるため、それだけ利用のシーンや使い方のレベルに幅があるからです。「なんで仕様を変えたんだ！」というクレームに発展しないように十分な調査が必要です。

4.4 ビジネス要求を更新する

自社のビジネスに関する要求図は、顧客などの社外のステークホルダのものとは別にツリーを作った方がよいでしょう。ビジネスに関するニーズは、他のステークホルダのように自分の業務の困りごとや強化したいことからくるニーズではなく、企業が事業目標を達成するためにシステムに求めるニーズだからです。このビジネス要求の原形は、Phase1で作成をしました。Phase1ではビジネス部門が事業の戦略を達成するために、どのように顧客に訴求して売上を上げるかという点を重視したものでした。Phase4では、売上原価や販管費に関係する工場、サービス、セールスなどの部門のVoEもニーズに展開するため、より具体的な内容が追加されます。

例えば、Phase1で販売価格や売上原価目標を定義しましたが、具体的な企業側のVoEが収集できていませんでした。VoEを収集して真のニーズを分析すると、**図4-10**のように製造のコストを下げるために「他機種と共通部品を使いたい」であったり、製造経費を削減するために「新たな設備投資なしに製造ができるようにしたい」であったりと、具体的なニーズが導出されます。これらのニーズを遡ると、Phase1で定義した「売上原価を低減したい」に紐づけられます。

これらビジネス要求は、企業が成長していくために必要なこととして達成しなければいけないことです。ですから、それに紐づく、工場やサービスのニーズも、「他機種と共通部品を使いたい（＝部品は統一するように設計せよ）」

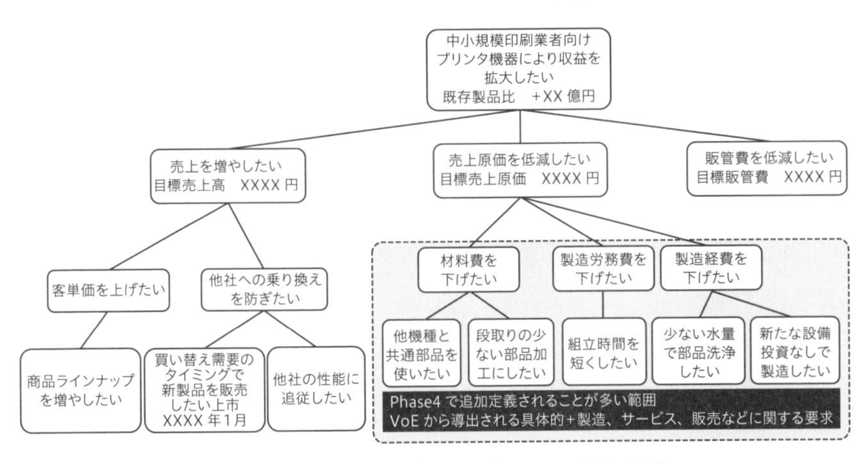

図4-10　ビジネス要求図とPhase4の追加部分

「組立の時間を短縮したい（＝簡単に組み立てられる構造にせよ）」など、開発に対する「制約」としての意味合いが強くなります。

ビジネスに関するニーズを要求に転換するときの目標値は、上層のビジネス要求の目標値から分配されることになります。その源となる商品戦略・マーケティング戦術が明確な数値目標を持ち、それが戦術レベルまで固まっていることが必要です。もし、ビジネス要求の元となるこれらの戦略や戦術が十分に練られていない場合、この段階までにビジネス部門に完成してもらうようにしてください。

マーケティング戦術が十分に練られていない場合、市場で戦うための最小構成（MVP：Minimum Valuable Product）につながるニーズの取捨選択や優先度をつけることができず、漫然と「あれもやりたい、これもやりたい」と「なんでもかんでもシステム」を作ることになりかねません。また、要求が定

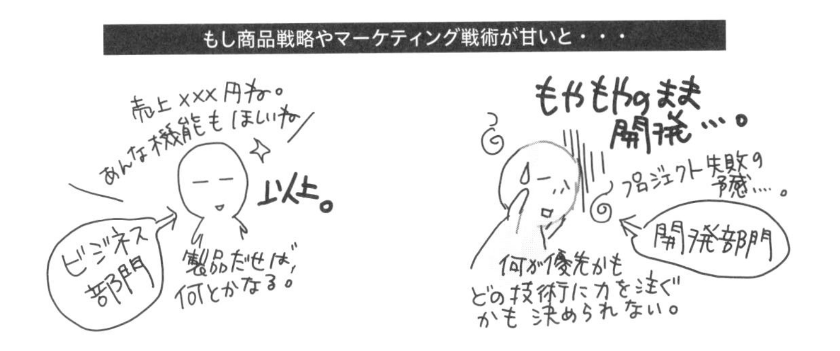

まらないので、上市日程までにシステムを実現できるかも不確実になります。つまり、事業目標達成に対して大きなリスクを負うことになるのです。

戦略、戦術が弱くなるケースは、シェアの高い製品を持っている企業に比較的多く見られます。綿密な戦略・戦術を持たなくても製品を出せば売れてしまうため、短期的に見れば事業が成り立ってしまうからです。ただ長い目で見れば、徐々に製品競争力を落とす方向に進みます。その結果、プロジェクトの混乱が起きやすくなり、市場での戦い方も弱くなります。このようなことにならないように、常に商品戦略やマーケティング戦術をしっかりと定めて進むようにしましょう。

4.5 ステークホルダのニーズの絞り込み

ステークホルダのニーズとビジネス要求が定義できたら、本システムで取り上げるステークホルダニーズを絞り込みます。ビジネス要求と照らし合わせて、最もビジネスの要求を満たすことができるニーズを拾い上げます。ニーズの絞り込み作業によって一部、商品戦略や、マーケティング戦術を変更することもあります。この作業の実施者はビジネスの責任部門になります。

4.5.1 システム化する範囲を定義する

まず初めに、ビジネス的にシステムの開発対象（System of Interest）とする範囲を明らかにします。表現を変えて、「開発対象としないもの」を明らかにするという方が正しいかもしれません。**図4-11**の例では、JOBの生成を扱う部分と製本部分をシステムの対象外にしています。この背景には、例えば製本システムは自社の製品ポートフォリオにはなく、すでにシェアの高い他社がいるため連携した方がビジネス的に有利である、という判断によるものであったりします。外部のシステムとして扱うものを<<External>>と表記して区別します。

また、どのような環境でシステムが使用されることを前提にするのかも明らかにします。**図4-12**に示すような使用環境の温度や湿度、騒音、代表的な機器とその使用者の配置例などを記述した使用環境定義図を作成するとよいでしょう。この情報はステークホルダ要求だけでなく、システム要求での動作環境定義のインプットにもなります。

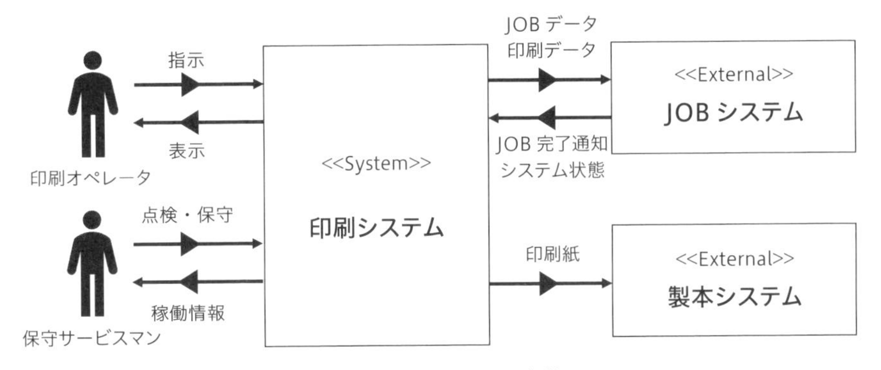

図4-11　システムの対象範囲

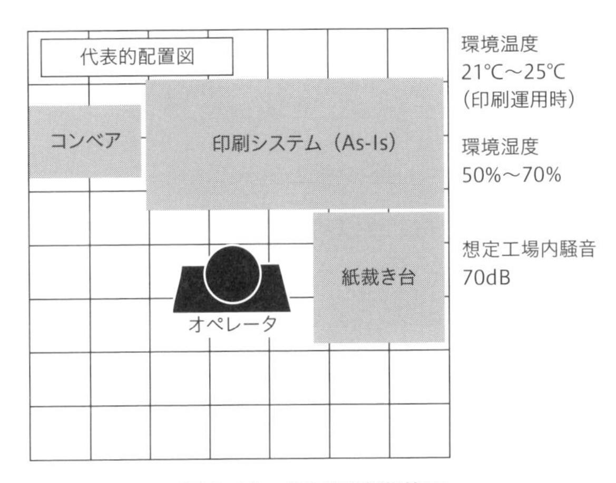

図4-12　使用環境定義図

4.5.2　システムの革新レベルに基づくニーズの取り上げ方

階層化したステークホルダニーズのうち、どのニーズをシステムの対象として取り上げるべきかということは、「システムの革新レベル」と「ビジネスの要求」の両面から決めていきます。「システムの革新レベル」とは、「どのくらいシステムを変えていきたいか」という意味です。全く新規のシステムは、すべてゼロから考えればよいのですが、既存のシステムがある場合は考察が必要です。今のやり方や仕組みを大きく変えずに改善・改良をする場合には、下層のニーズを取り上げてください。これまでのやり方に依らず、抜本的にステークホルダのニーズを叶えたい（＝イノベーション的なアプローチ）場合は、上

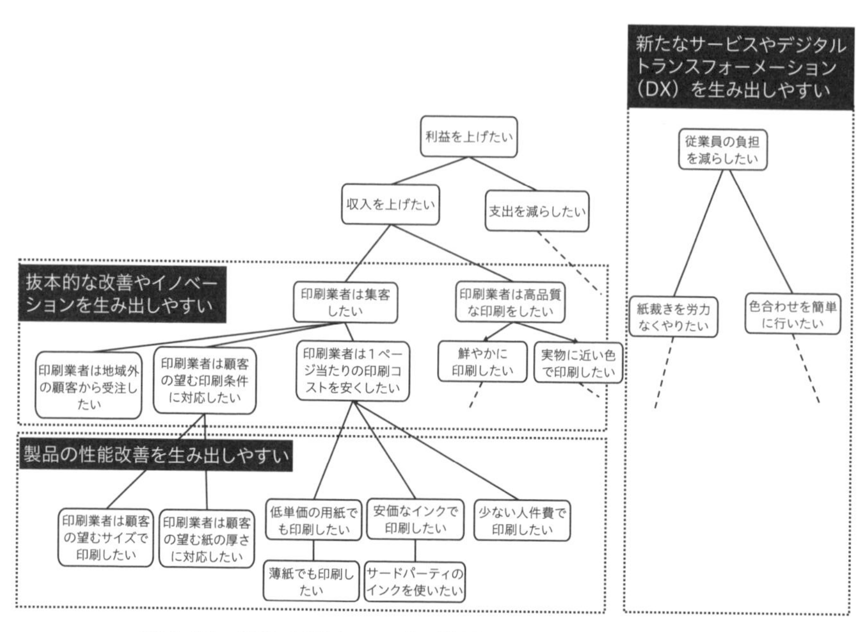

図4-13　取り上げるニーズの階層とシステムの特徴の関係

層のニーズを取り上げるとよいでしょう。

ステークホルダニーズは、上の階層になればなるほど本質的なニーズになり、下の層へなればなるほど目の前の直接的な業務や作業に対するニーズになるからです（**図4-13**）。また、モノからコト売りに変えていく場合は、ステークホルダ自身の仕事のあり方を変えていくようなニーズのツリーを取り上げるとよいでしょう。

例えば、「1枚当たりの印刷コストを安くしたい」というニーズを考えます。今までのインクや紙に印刷する仕組みを変えない改善系のシステムを開発する場合、「インクコストを下げたい」「単価の安い用紙で印刷できるようにしたい」など現状の仕組みを前提とした下層のニーズを取り上げます。

一方で、ステークホルダの問題を抜本的に解決するイノベーション的な製品を開発するならば、「1枚当たりの印刷コストを安くしたい」という上層のニーズを取り上げるとよいでしょう。今までのインク＋紙という仕組みにとらわれずに、新しい技術や仕組みを導入して世の中の印刷のあり方を変えるシステム（電子ペーパーなど）を考えることになるでしょう。

また、システムを利用するステークホルダの負担や効率性に関するニーズを

表4-2　ステークホルダニーズの絞り込み表

ステークホルダニーズを帳票形式に変換　　ビジネス要求から評価軸を抽出

第1階層	第2階層	第3階層	第4階層	第5階層	ニーズの強さ	戦略との適合性				収益性	競合他社対抗	
						低コスト印刷	ネットワークプリント	オペレータ負担軽減	高画質		A社	B社
綺麗な印刷をしたい												
	目的に合わせた美しさで印刷したい				①		②			③	④	
		チラシを印刷したい										
			食品写真を美味しそうに印刷したい									
				暖色系の発色を良くしたい								
			1枚当たりの単価を安くしたい									
				単価の安い紙に印刷したい								
				1枚当たりのインク費用を安くしたい								
				裏抜けなく印刷したい								
		パンフレットを印刷したい										
			特殊加工つきの印刷をしたい									
				疑似エンボス加工印刷をしたい								
				型抜き加工をしたい								
				箔押し印刷をしたい								

取り上げると、いわゆるデジタルトランスフォーメーション（DX）に関連するソリューションも見つけやすくなります。

4.5.3　ビジネス要求に基づくニーズの絞り込み

もう一つは、ビジネス要求にどれだけ合致しているかという観点です。

ビジネス要求は、市場で勝てる商品戦略、マーケティング戦術を元に作成されています。つまり、ビジネス要求に合致しているニーズを取り上げることで、自社が描いた事業の成功のストーリーに合ったニーズを選ぶことができるのです。代表的な3つの評価項目を下記に示します。

この分析は、要求図よりもリストの形態が適しています。ツールの機能を使って、リストに変換出力するとよいでしょう。リストに変換したら、絞り込みのための評価項目との二元表を作成します（**表4-2**）。

①ニーズの強さ

それぞれのステークホルダ要求がどれだけ強いか、ということを評価します。3段階または5段階で評価します。

強さの評価軸は多々ありますが、「図2-5　課題とソリューションのバブルチャート」で紹介した、課題の大きさ×ソリューションの必要度×その課題に直面する頻度といった評価軸を用いるのも一つの方法です。

②商品戦略・マーケティング戦術との適合性

各ニーズと商品戦略・マーケティング戦術との適合性を評価します。評価は、複数ある戦略、戦術の項目の中から、優先度の高い5項目程度との関係性を確認するとよいでしょう。例えば、他社ユーザーを取り込むための突破口として「低コスト印刷」を戦術の要とした場合、この目標に合致するニーズの「単価の安い紙に印刷したい」や「インク費用を削減したい」を選択します。もしオペレータの負担軽減を要とするならば、「用紙交換の手間を減らしたい」や「印刷機の操作を容易にしたい」といったニーズを重視します。

③収益性

そのニーズを持っているステークホルダが「どれだけいるか」、そしてステークホルダがこのニーズを解決したら「どれだけの支払いをしてくれるか」という収益性を評価します。この評価は顕在的なものだけでなく、潜在的な規模も対象に入れてください。いくら商品戦略と適合していても、規模と価値が小さければ収益性は見込めず、そのニーズを取り上げないということも想定されます。

④他社競合製品

他社製品との差を比較します。特に他社が差別化を謳う機能に関係するニーズは、市場での立場を維持するために、商品戦略との適合性や収益性がなくとも取り上げる必要があるかもしれません。

しかし、他社に追従せずとも市場での優位性を確保することもできます。それも戦術です。競合製品との差別化とどう向き合うかの戦術を十分に練って、どのニーズに応えるかを決定してください。ここで比較する競合も、3社程度にすると分析しやすいでしょう。この作業には、QFD（品質機能展開）の品質企画も参考になります。他社の実力値と比較しながら、設定するのもよいでしょう。

◆ 絞り込みにおける注意点

ニーズの絞り込みは、ビジネス部門の責任で実施してください。よくある話として、「ニーズの数が多いため、検討工数が足りない」などの理由により、担当者が検討をする範囲を勝手に“狭めてしまう”ことがあります。ニーズの絞り込みは、ビジネスに関わる重要な検討です。個人の裁量で勝手に決めるのは絶対にやめましょう。

4.5.4 ステークホルダ要求図、商品戦略・マーケティング戦術の更新

ニーズの絞り込みが終わったら、各ドキュメントや図の更新をかけます。ここでは、ステークホルダ要求図、商品戦略書およびそこに含まれるマーケティング戦術、ビジネス要求が該当します。商品戦略とマーケティング戦術については、ニーズの絞り込み作業を行った結果、当初考えていた市場での戦い方やロードマップに変更が生じた場合に更新します。この場合、ビジネス要求にも差分が生じるので合わせて更新しましょう。

上流の考え方が変わった場合は、常にトレーサビリティを取るように、ドキュメントや図のメンテナンスを心がけてください。

4.6 ステークホルダの要求に転換する

ステークホルダ要求とは、ニーズに測定可能な目標値を定めたものです。この目標値は、この先のシステム要求定義の性能値へのインプットになるだけでなく、出来上がったシステムがステークホルダの望んだものになっているか検証（Validation：妥当性確認）をする際の判定基準として用いられます。

4.6.1 定量的な目標値

ステークホルダ要求は、可能な限り定量的な目標値を設定してください。この目標値が決まっていないと、ニーズをどんなレベルで達成するかがわからず、システムで実現すべき機能の性能値も定まりません。その結果、システムが完成しても「こんなレベルのものが欲しかったわけではない」と言われることになりかねません。このようなことがないように、「これだったら、ニーズを満たせている」と判定できる測定可能な目標値を定める必要があるのです。この目標値は「システムが持つ性能値（システム要求）ではない」ことに注意をしてください。あくまでもステークホルダが達成したいことの「度合い」です。したがって、ステークホルダの世界の言葉で定義しなければなりません

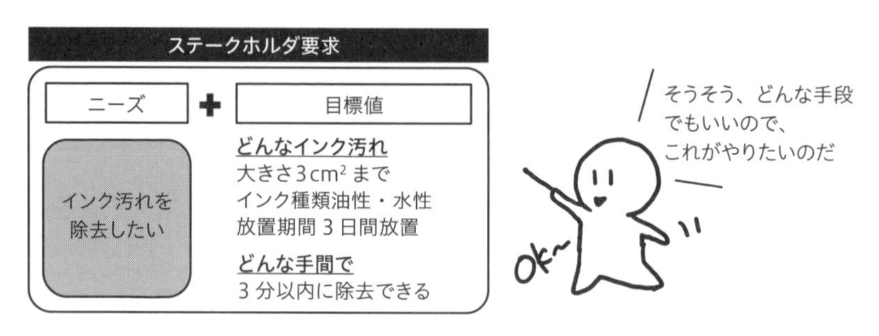

図4-14　目標値はステークホルダの世界の言葉で定義する

（**図4-14**）。

この目標値は、インタビューやアンケート、ハンズオンを通じて定めることが一般的です。そのため、決定までには準備期間も含めて時間がかかります。すぐに決められない場合は、T.B.D.としておいてもよいです。ただし、Phase5のシステム要求定義開始時までには確実に定量化を完了させておきましょう。

4.6.2　定性的な目標値

確実に定量化を完成させようといっても、必ずしもすべてのニーズを定量化できるわけではありません。見栄え、音質、臭いなどの人の五感に基づくニーズや、条件がいくつも絡み合うようなニーズは定量化することが難しいようです。こうした場合は、定性的な目標値を定めることがあります。定性的であってもニーズを満たしているか否か評定できるように、可能な限り再現性がある形で定めてください。

図4-15に示されている例では、「風景写真を鮮やかに印刷したい」というニーズに対する目標値を定性的に設定しています。画質は複数の要素が複雑に絡み合っているため、定量的な評価が困難です。このような状況で、「鮮やか」という要素を定性的に分解すると、「色合いが鮮明である」「ザラツキがない」といった具体的な指標が洗い出されます。これらの指標に基づいてサンプルを用意し、目標値を設定します。

評価は定性的なものになるため、評価者間のバラツキを最小限に抑える必要があります。このため、評価者の資格要件を明確に設定し、それを満たす複数の評価者によって目標とする画質を持つサンプル画像を確定します。このような場合、より良いものがよい＝目標となる傾向があります。このため、目標だ

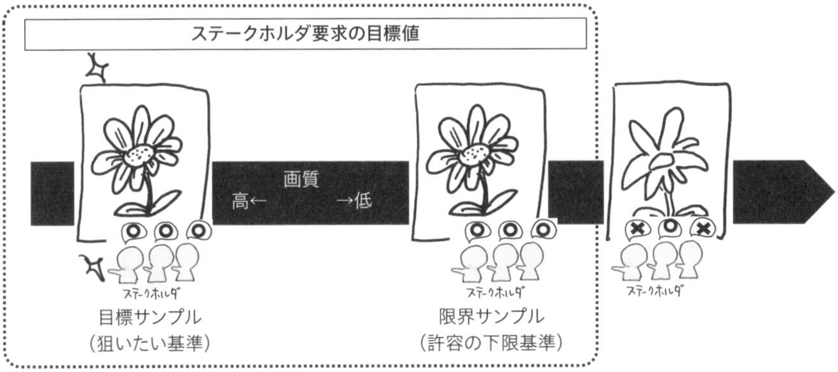

図4-15　ステークホルダ要求の例（定性的目標値）

けでなく、上下の限度も合わせて定めてください。これを限界サンプルと呼びます。

目標サンプル、限界サンプルと比較しながら、システムがステークホルダの要求を満たしているかを判断できるようにしましょう。

4.7　法規制の要求

忘れてはならない要求の一つに、法規制があります。航空宇宙、自動車、産業機器、医療機器などでは、製品利用者の安全を守るために各国で厳しい法規制が定められています。こうした法規制にどのようにして対応していくかは、各企業の専門部署が全体方針を出し、管理をしていくことが必要です。

システムとしての要求分析では、その全体方針に基づいて法規制項目をリスト化します（**図4-16**）。法規制の番号と項目を引用し、本文は、原文を参照するようにしましょう。転記ミスは致命傷になりかねませんので、細心の注意やダブルチェックが必要です。

これらの法規制要求は、プロダクトのライフサイクルを通じて継続的に対応すべきものも多いでしょう。そのため、どの設計段階でどこまでの検討を進めるか、検討体制をいつまでに準備しておくか、などをプロジェクト計画時に整合しておくとよいです。また、それぞれの法規制項目に対して、今回のシステムではどのようにそれを解釈するかについても補足するとよいでしょう。この解釈が基本的な原則となってこの後の検討で参照され、設計に反映されていき

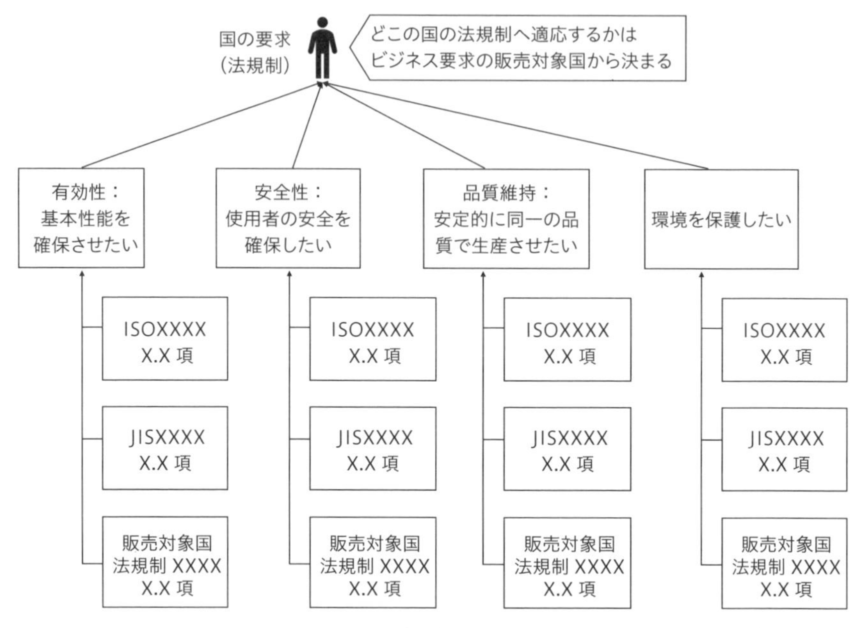

図4-16　法規制要求リスト

ます。

法規制対応はやっかいな「ドキュメント仕事」であり、できれば「最小限の労力」で済ませたいと考える人が多いでしょう。しかし、法規制はユーザーや使用環境など守るためにある最重要な事項です。ですから、リストには“なぜその法規制を遵守するのかという取り組みの本質”を関係者が認識できるように、最上位階層に法規制の目的を記述するとよいでしょう。

【コラム】ちょっとした工夫で時間を創る！

世の中には様々な開発手法が存在しています。その起源をたどると、モノづくりの技術の原点は三大管理技術にあると言われています。IE（Industrial Engineering)、QC（Quality Control)、VE（Value Engineering）です。それぞれ、能率向上、品質管理、価値向上の目的で、テーラー、シューハート、マイルズによって生まれたものですが、最終目的はすべて“資源の有効活用”です。以降、様々な開発手法が少しずつ目的をずらして、日々生まれています。ここではお勧めする手法を紹介します。

◆ 特性要因図（石川馨、日本）

QC7つ道具の一つです。一般的には5M＋1Eの視点で要因を挙げていくものです。時間の要素を加えて、対象とするライフサイクルごとに中骨を作り、関係するステークホルダーを紐づけていくと網羅的な検討が可能になります（図4-17)。

◆ KJ法（川喜田二郎、日本）

日本生まれの創造技法で最も有名なものです。ユーザーニーズをまとめる際に活用するのも効率的です。実施手順は①テーマに関する情報を集めてカード

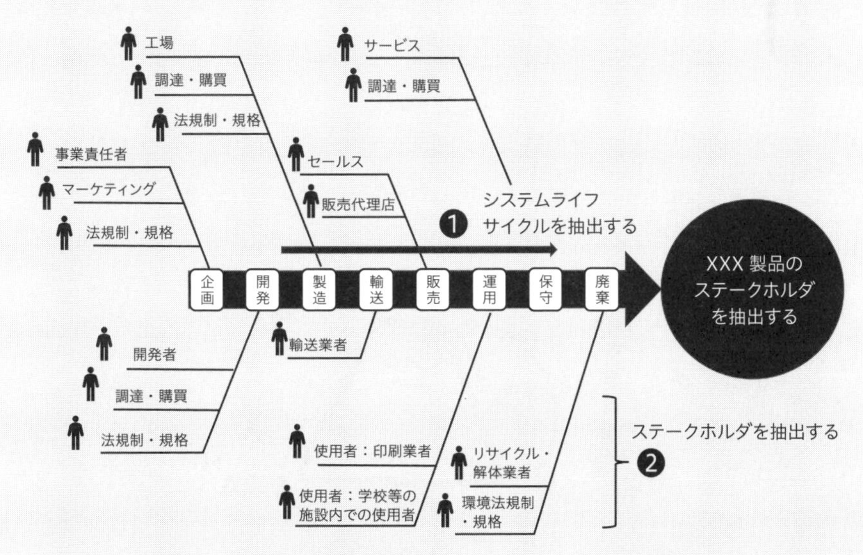

図4-17　特性要因図を応用したステークホルダの抽出

化する、②似たカードを束ねる、③束ねたカード群に表札をつける（分類）です。③の表札を考える行為は、上位のニーズの抽出に役立ちます。また、一度まとめた後に、違うまとめ方がないか再考してみるのもよいでしょう。新たな表札（ニーズ）が見つかるかもしれません。私たちには“こだわり”や“とらわれ”の思考がありますから、複数のメンバーで様々な視点で観ることや対話を交わすことは重要です。

◆ **ブレイクスルー思考（G・ナドラー、米）**

“あるべき姿（究極の理想、目的展開）”を考えてから、実際の制約条件を考慮しつつ、なるべく理想に近いレベルで解決しようという考え方です。要求展開ツリーのもう一段上や、中階層をあえて作成すると、別の手段を考える余地が生まれます。ここをきっかけにして、新たなニーズ（潜在）を探ることができます。KJ法は下から積み上げ、ブレイクスルー思考は上から下るイメージです（**図4-18**）。

◆ **問題階層探索ツール**

アイディア出し手法として紹介されているTRIZのツールの一つです。「なぜこれをやるのか？」をSTEPに沿って明らかにしていくものです（**図4-19**）。ポケットに入っているモノをすべてテーブルに出して眺めてみるように、各自の考えを一度紙に書き出します。すると、様々な情報が出てくることに驚くと思います。これらを共有し、対話（議論ではないですよ）によって深掘りすると、「なぜこの製品が必要か？」の意思統一にもつながります。ただし、すべての項目で実施するのではなく、新たなブレイクスルーが必要な新規開発部分や不具合が多い部分、昔からの設計で思想が曖昧な部分などの検討に絞るとよいでしょう。

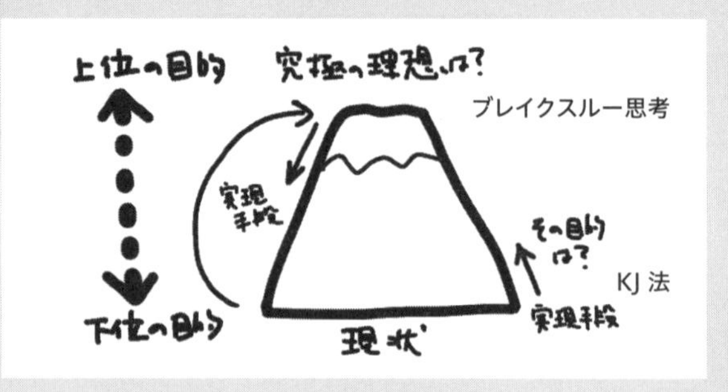

図4-18　下から行くか上から行くか（KJ法とブレイクスルー思考を模式）

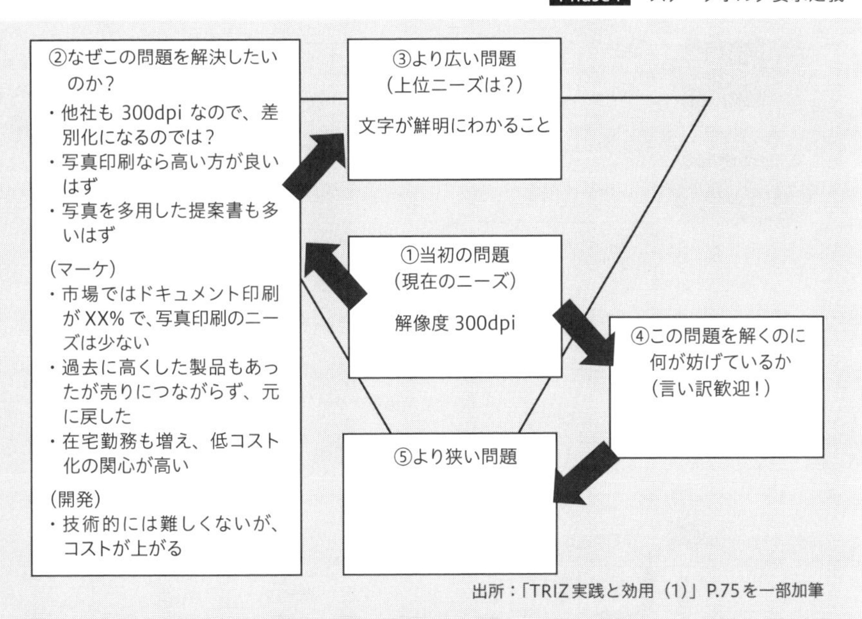

出所：「TRIZ実践と効用（1）」P.75を一部加筆

図4-19 問題階層探索ツール

◆ 機能属性分析

こちらもTRIZのツールの一つです。ブロック図とも近いのですが、この手法は、製品改良のケースなど現在のシステムの問題を起点に、解決策を考える際に特に有効です。機能を発揮させるために必要な構成要素と、それらの属性との関係を確認しながら、問題の根本原因を見つけていきます。「名詞一動詞一名詞のシンプルな関係記述をする」ことを念頭に置き、①構成要素の特定、②有用な機能的関係の定義、③有害・不十分・過剰な機能的関係の定義、④属性の記述、の手順で進めていきます。

図で書き表すことで、全員で共有、議論がしやすくなり、有識者の知見を引き出すという点でもお勧めな手法です（**図4-20**）。

◆ QFD；品質機能展開（赤尾洋二/福原證、日本）

設計品質を展開していくプロセスです。しかし、一番の特徴は、品質企画の部分だと思っています。マーケティング、開発などの関係者が一堂に会して、各情報を俯瞰しつつ製品の企画を作っていく部分です。大きなシステムになると、情報が膨大になるためツールがないと難しいですが、部分的な検討や小規模製品はシステムズエンジニアリングでなくてQFDでも十分です。全体と部

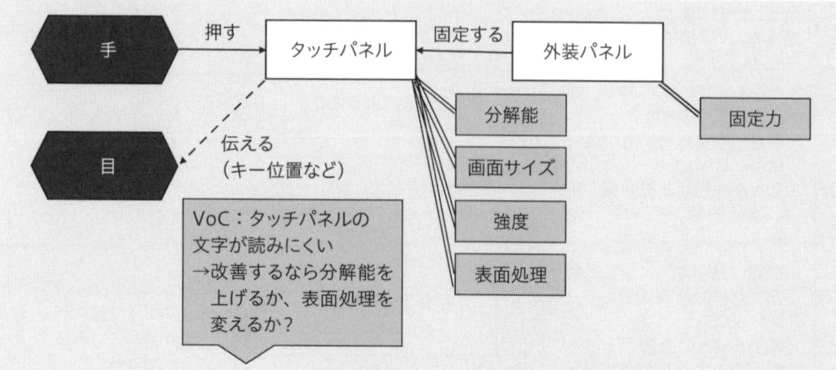

出所：株式会社アイデア社の機能属性分析シートを一部加筆

図4-20　機能属性分析

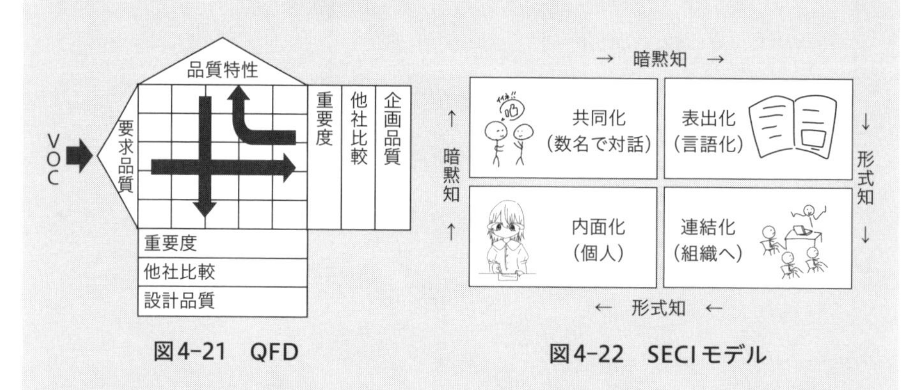

図4-21　QFD

図4-22　SECIモデル

分で手法を使い分けるのもよいでしょう（**図4-21**）。

◆ SECIモデル（野中郁次郎、日本）

製品コンセプトを関係者で理解しながら製品設計を進めるプロセスや、新たな手法を導入する際に参考になる考え方です。他者がいくら良いと言っても、技術者はそのまま受け入れようとしません。受動的でなく主体的でありたいという表れです。こういった段階はSECIモデルの共同化や連結化に当たり、一足飛びに進めるのは難しいということです。言葉で伝える、教えるだけでなく、一緒に共同しながら理解を深めていくことが重要です。急がば回れということですね。SECIとは、Sicialization（共同化）、Extenalization（表出化）、Combination（表出化）、Internalization（内面化）の頭文字を取ったものです（**図4-22**）。

4.8 このフェーズの成果物とチェックポイント

◆ ステークホルダ要求図　＜成果物＞

□VoC/VoEとニーズの間でトレーサビリティが取れていますか？

□ニーズは「ステークホルダは～したい」という表現になっていますか？

□ニーズは「それはなぜ」「そのために」「その他には」と網羅的、論理的に分析できていますか？

□ステークホルダ要求の目標値は、評価と再現可能な定量値ですか？

□ステークホルダ要求の目標値が定量的に定義できない場合、「目標サンプル」「限界サンプル」などで要望の度合いが定義できていますか？

◆ システム対象範囲・使用環境定義図　＜中間成果物＞

□開発対象のシステムと、システム外部との関係性が明確になっていますか？

□使用時のユーザーや周辺装置の位置、温度環境、湿度環境、騒音環境などが図表を用いて明確に定義されていますか？

□使用環境は複数のユースケースをもとに、網羅的に定義できていますか？

◆ ビジネス要求図　＜成果物＞

□商品戦略・マーケティング戦術の内容と一致していますか？

□マーケティング戦術はサクセスストーリーが十分に練られていますか？

上記ができていない場合、システムズエンジニアリングを進めることはできません。ここでいったん立ち止まり、やるべきことを実施してください。

◆ ステークホルダ要求図（法規制）　＜成果物＞

□システムの対象領域に必要な法規制がすべて抽出されていますか？

□開発ライフサイクルの中で、どのタイミングで何に対応するかがプロジェクト管理上明確になっていますか？

◆ 商品戦略書（更新）　＜成果物＞

□ステークホルダ要求の絞り込みを通じて、商品戦略・マーケティング戦術の更新ができていますか？

□更新内容とビジネス要求図の内容は一致していますか？

4.9　このフェーズに現れるモンスター

せっかちモンスター

攻撃技：短絡歪曲スパーク
破壊力：絶大
生息地：日程がひっ迫しているプロジェクト

◆ 特徴

ステークホルダ要求の作業をとにかく早く終わらせるために、深く考察せずステークホルダ要求を量産する。業務に追われている環境では集団発生しやすい。手段先行型と思考停止型がある。

手段先行型：ステークホルダの要求ではなくシステムの要求を作ってしまう。

思考停止型：真の要求を分析せず、VoC/VoEをそのまま要求表現に置き換えただけのものを作ってしまう。

◆ 破壊力

真の要求を分析するという目標を見失って短絡的に作業を進めてしまうため、価値につながらない要求を定義し、「このようなものはいらなかった」とステークホルダが後々言うような時限爆弾を埋め込んでいく。発動までの時間が長いものほど破壊力が大きく、プロジェクトに深刻なダメージを与える。爆弾が発動しなかった場合でもステークホルダの価値が置き去りになり、システムを作ることが目的になってしまい、「何のために自分たちは製品開発をしているのか？」とプロジェクトのメンバーの精神にもダメージを与えることがある。

◆ モンスターの攻略法

多くの場合、プロジェクトの進行に焦りを感じて短絡的な行動をとるため、冷静に判断することができるように落ち着いて考えられる環境を提供してあげよう。ステークホルダの要求を飛ばして、システムの要求を決めるような勇み足については、逆効果であることを客観的に示すことが有効である。最も効果のある呪文は「急がば回れ」である。

Phase 5

システム要求定義

システム要求はどうやって作るの？

ISO/IEC/IEEE 15288:2015　6.4.3システム要求事項定義プロセス

この章では

- ●システム要求の出し方が理解できる
- ●システム要求の性能値の定義のやり方が理解できる
- ●システム要求の妥当性検証のやり方が理解できる

ここまでの議論で、システムが実現すべきステークホルダの要求が明確化されました。開発者の使命は、ステークホルダの要求に最も応えるシステムを作ることです。そのため、「この方法しかない」との固定観念にとらわれず、「もっと良い方法はないか？」と広くアイディアを出してみましょう。検討の途上では、ステークホルダに定期的にアイディアを提示し、「そうそう。そういうものが欲しいんだよ！」との合意を引き出していきましょう。システム要求の定義は、焦らず、急がず、丁寧に進めることが重要です。

本章では、ステークホルダ要求から生み出されるシステムが実現すべき外部仕様（＝システム要求）の定義とその妥当性検証の方法を解説します。

5.1　誰も教えてくれない！実務プロセスチャート

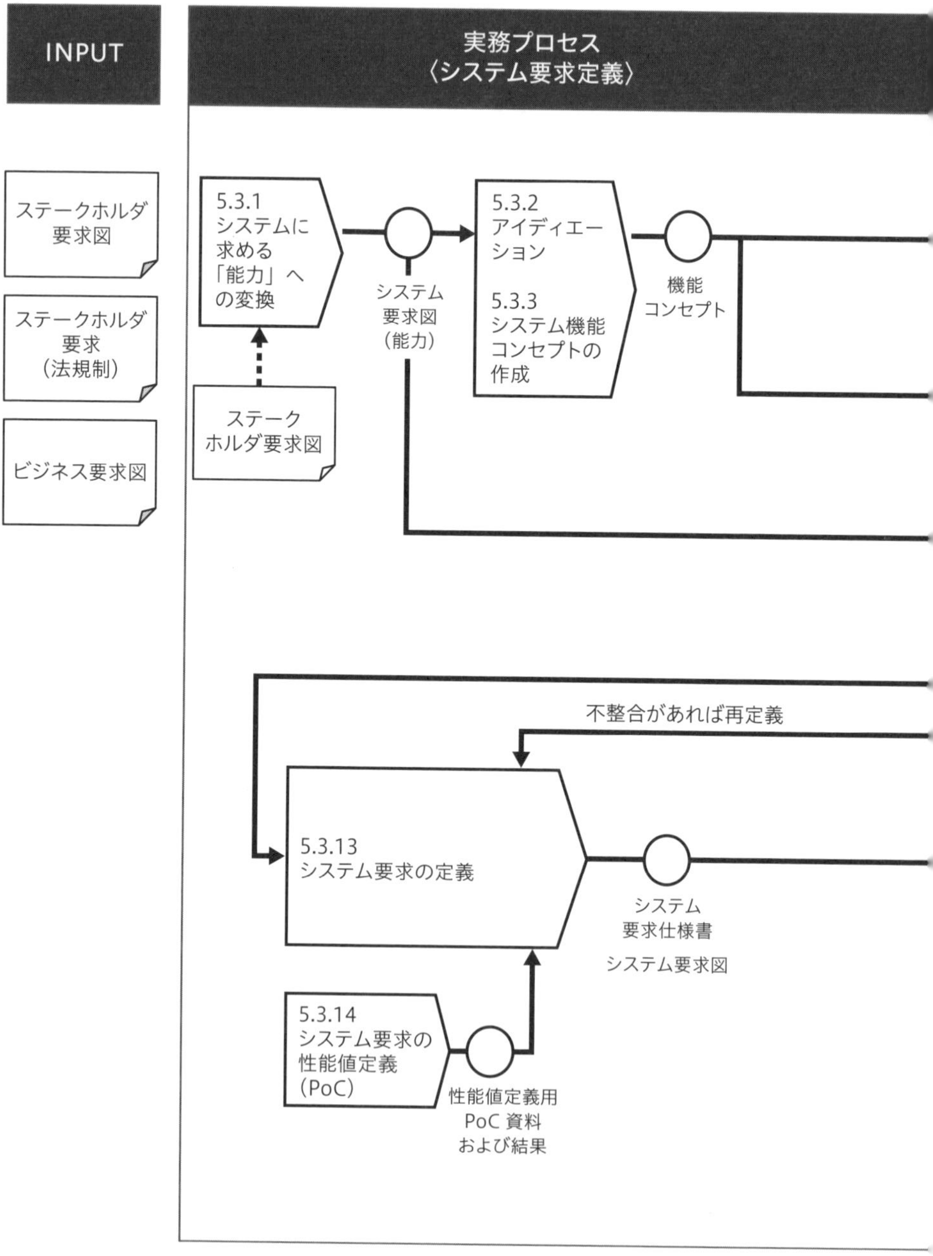

INPUT

ステークホルダ要求図

ステークホルダ要求（法規制）

ビジネス要求図

実務プロセス
〈システム要求定義〉

5.3.1
システムに求める「能力」への変換

ステークホルダ要求図

システム要求図（能力）

5.3.2
アイディエーション

5.3.3
システム機能コンセプトの作成

機能コンセプト

不整合があれば再定義

5.3.13
システム要求の定義

システム要求仕様書

システム要求図

5.3.14
システム要求の性能値定義（PoC）

性能値定義用PoC 資料および結果

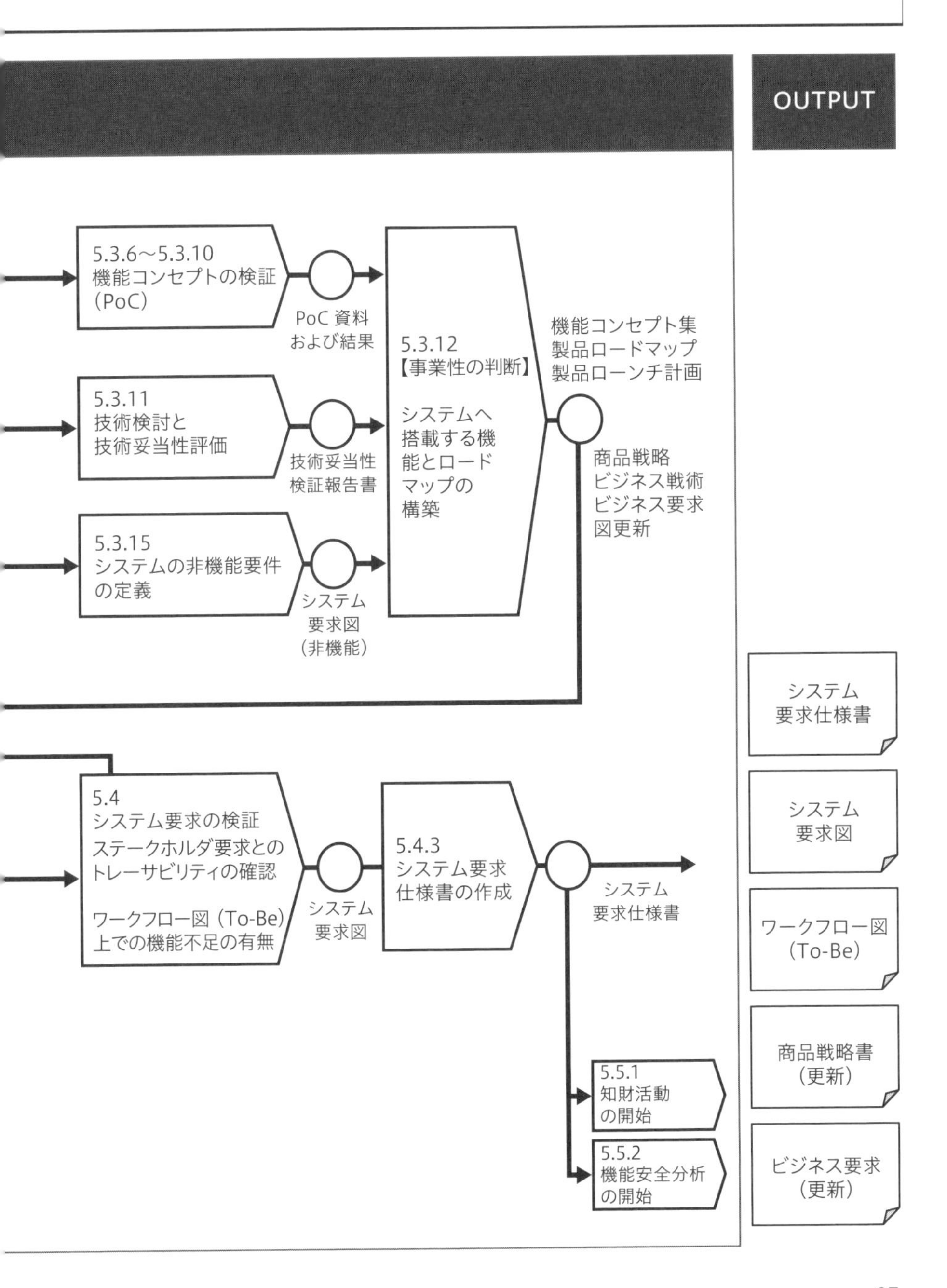
OUTPUT
5.3.6～5.3.10
機能コンセプトの検証
(PoC)
PoC 資料
および結果
5.3.11
技術検討と
技術妥当性評価
技術妥当性
検証報告書
5.3.15
システムの非機能要件
の定義
システム
要求図
(非機能)
5.3.12
【事業性の判断】
システムへ
搭載する機
能とロード
マップの
構築
機能コンセプト集
製品ロードマップ
製品ローンチ計画
商品戦略
ビジネス戦術
ビジネス要求
図更新
5.4
システム要求の検証
ステークホルダ要求との
トレーサビリティの確認
ワークフロー図 (To-Be)
上での機能不足の有無
システム
要求図
5.4.3
システム要求
仕様書の作成
システム
要求仕様書
5.5.1
知財活動
の開始
5.5.2
機能安全分析
の開始
システム
要求仕様書
システム
要求図
ワークフロー図
(To-Be)
商品戦略書
(更新)
ビジネス要求
(更新)

5.2 ステークホルダ要求とシステム要求の関係

システム要求とは、ステークホルダの要求を実現するためにシステムが持つべき機能と非機能のことです。システム要求を表現する場合、主語は「システム」となり、「(システムは) XXXする」と表現されます。XXXするという部分は自動詞で表現し、システムを外から見た機能（＝外部仕様）を意味しています。

システム要求は、ステークホルダ要求からいきなり導出されることはありません。**図5-1**に示すように3つの段階を踏みます。

最初が、ステークホルダ要求を達成するためにシステムで実現すべき「能力」を定義する段階です。「(システムは) XXXできる」と表現されます。よくこれをシステム要求と捉える人がいますが、これはまだ要求ではありません。あくまでもシステムの要求は具体的な機能と、その性能値でなければならないからです。

そのため2段階目では、その「能力」を具現化します。この段階では方式検討（アイディエーション）を実施します。これによって具体的な機能が決まるため、3段階目ではその機能をシステム要求として定義します。

ここでは機能の性能値、非機能を定めます。

5.3 ステークホルダ要求からシステム要求への転換

5.3.1 システムに求める「能力」への変換

システム要求定義の最初の一歩は、ステークホルダ要求をシステムが持つべき「能力」の表現に置き換えることです。これは非常に簡単で、ステークホルダ要求の裏返しの表現にすればよいだけです。ステークホルダが真に達成したいことを実現するのがシステムの役割ですから、当然、それを叶える「能力」を持っていなければなりません。**図5-2**のようにステークホルダ要求が「ロール紙の交換時間を3分以内にしたい」である場合、システムが持つべき能力は、ほぼその裏返しの「システムは用紙交換時間を3分以内にできる」になります。

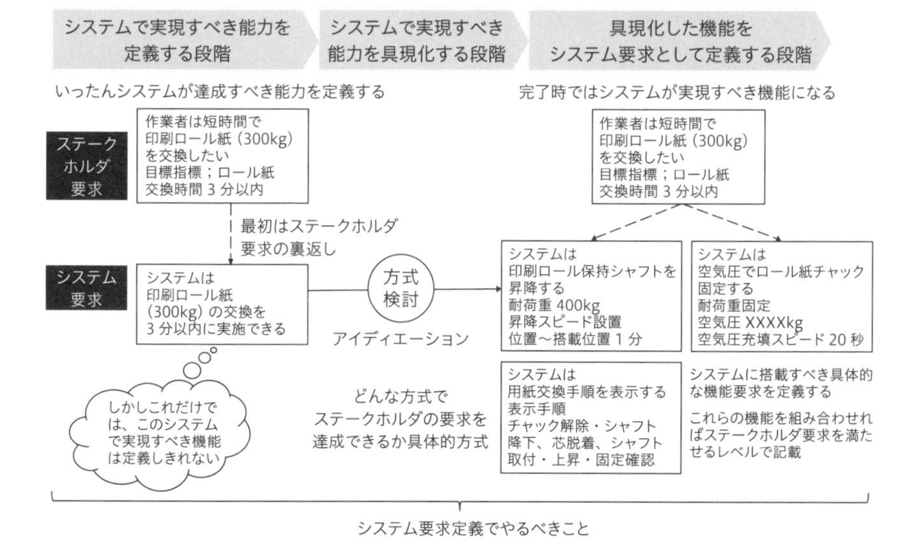

図 5-1　システム要求は分析で段階的に具体化される

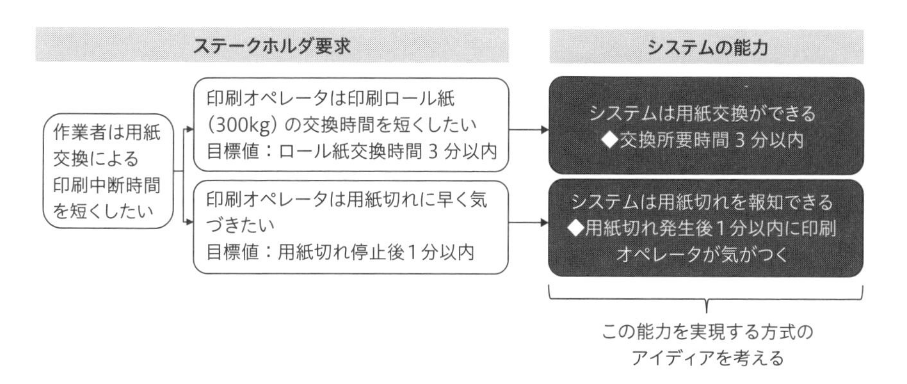

図 5-2　ステークホルダ要求とシステムが持つべき「能力」の関係

5.3.2　アイディエーション

システムに求められる能力が定義できたら、それらの実装手段を考えていきます。これがアイディエーションです。

アイディエーションは創造的な活動であり、様々な視点から物事を捉えて、多様な意見を出していくことが必要です。

そのために以下の２点を意識してください。

1. 参加人数

多様な視点を取り入れるため、複数人で行いましょう。１つのチームは３人から５人程度がよいです。それ以上になると、発言しない人が出てくるからです。多くの人数で検討をしたい場合は、複数のチーム編成をしてもよいでしょう。

2. ディスカッションの心がけ

様々な観点で考え、柔軟に自由にアイディアを出し合いましょう。「批判や否定をしない」「思い切った発想を歓迎する」「質より量を重視する」「アイディアに便乗して発展させる」というブレインストーミングの４つの原則が参考になります。発想の質を高めるアイディア出しのフレームワークも活用しましょう（116ページのコラム参照）。

アイディエーションは以下の４段階で進めます。

①能力の構成要素の分析

②能力発揮の方式の立案

③機能コンセプトの作成

④機能コンセプトの自己チェック

アイディエーションの過程を図5-2の事例を用いて説明します。

◆ 能力の構成要素の分析

システムに求められる能力を発揮させるためには、まず能力がどのような構成要素から成り立っているかを明らかにする必要があります。その構成要素に対して、何らかの能力発揮の方式を当てていく必要があるからです。

図5-3の「用紙切れを報知してから、作業者が１分以内に用紙交換作業を開始できる」を事例に考えてみましょう。まず「用紙切れ検知」〜「作業者が報知して駆けつけるまで」を分解します。「用紙切れに気がつくまで」と「駆けつけるまで」と「交換道具を準備する」の時間が構成要素となります。これらに対して時間短縮の手段を見出せば、今まで以上に能力を発揮することができそうです。

これだけでは抽象度が高いので、さらに各項目を深掘りしていきます。「用紙切れに気がつく」には、「誰が（Who)」が「どうやって（How)」気がつくのでしょうか。この例の場合、「印刷オペレータが気づく」場合と「印刷システムが気づく」の２通りがあります。少なくとも印刷オペレータと印刷システ

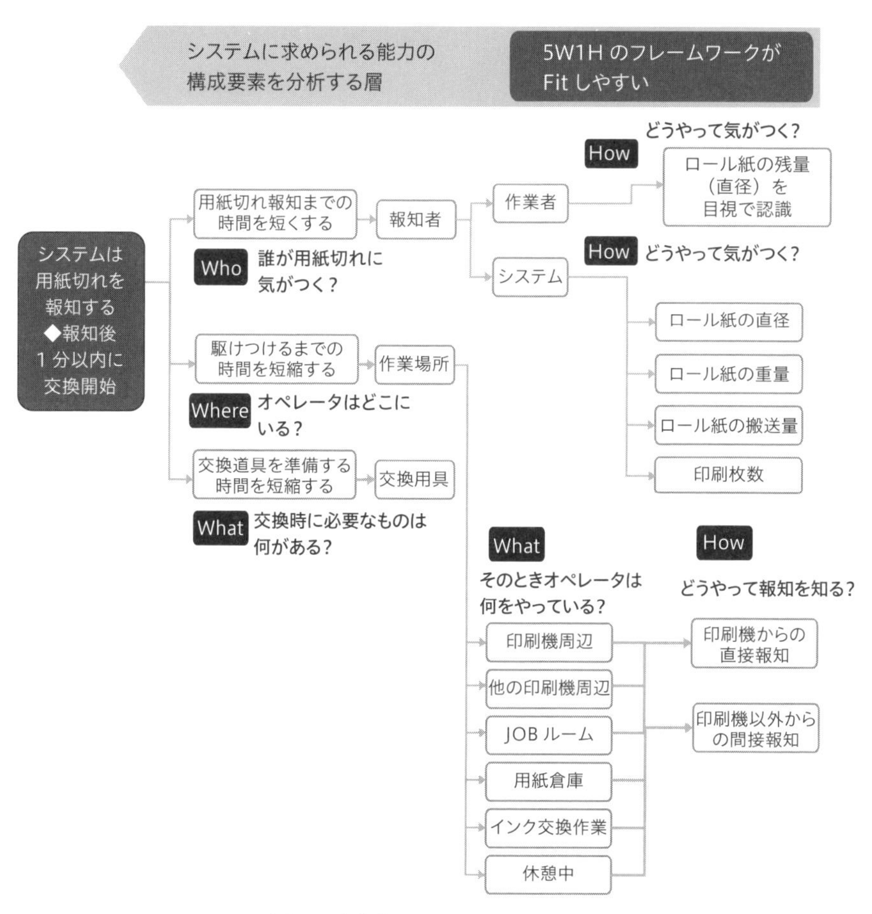

図5-3　用紙切れを報知して駆けつけるまでの構成要素

ムに対しては、これまでより早く気づける手段を考えねばならないことがわかります。例えば従来、印刷オペレータが「ロール紙の直径を目視して」残量を予測している場合、それをよりわかりやすくするか、別の手段でもっと早く気がつくようにしなければなりません。

また、用紙切れが起きそうなときに、印刷オペレータはどこ（Where）にいるでしょうか。印刷システムの傍と、離れた用紙倉庫にいるときなどでは、用紙切れへの気づき方は変わります。このようにしてシステムに求められる能力に関連する仕組みを、5W1Hのフレームワークを使って網羅的に分析します。こうすることで、方式を考える際の要素を出すことができるのです。

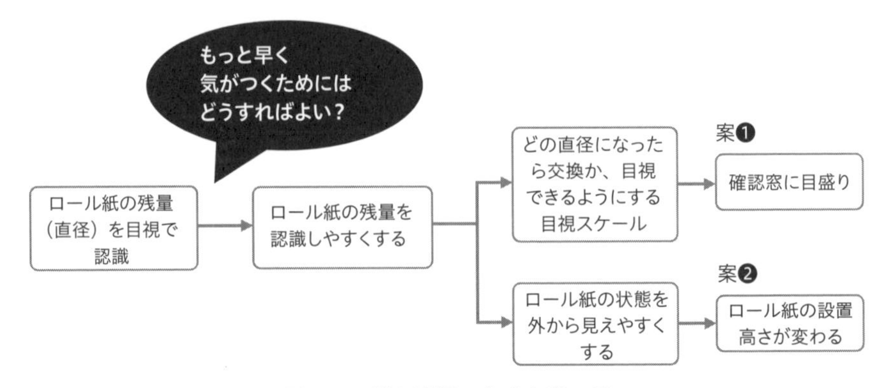

図5-4　能力発揮の方式立案の例

◆ 能力発揮の方式の立案

能力の構成要素が洗い出せたら、2つ目のステップ「能力発揮の方策の立案」に進みましょう。能力の構成要素に対して、要求を満たすためには何をしたらいいかを考えていきます。

図5-4の例では、作業者が「ロール紙の直径を目視して交換時期を推定している」ことに対して、「それをもっと早く気がつくためにはどうすればいいか？」を考えます。ロール紙のマウントユニットに、「ロール紙直径や残り時間がわかる目盛り付きの窓を取り付ける」でもよいでしょう。もっと離れたところからロール紙の残量が目視できるように、「ロール紙の設置高さが残量に応じて変わる」という案も考えられます。

アイディアは文章だけでは表現しきれないため、必要に応じてスケッチを用意するとよいでしょう。精緻に書く必要はなく、**図5-5**のようにアイディアが正しく伝われば手書きでも問題ありません。技術的な実現性はこのあと評価していくので、この段階では世の中の技術を広く見渡して、自由な発想で解決手段を導出してください。

重要なのは認知バイアスを除去することです。「これまでのシステムがこうだったから」といった考えに引っ張られないことが重要です。例えば、用紙残量の報知をする方法として視覚的な報知だけでなく、聴覚、触覚、嗅覚、味覚など人が感知できる手段も考えてみましょう。味覚なんて…と思うかもしれませんが、そこをきっかけに新たなアイディアが浮かぶ可能性もゼロではありません。コラムで紹介しているフレームワークなどを活用し、軸をもって検討しましょう。**図5-6**は解決手段の検討の結果例です。

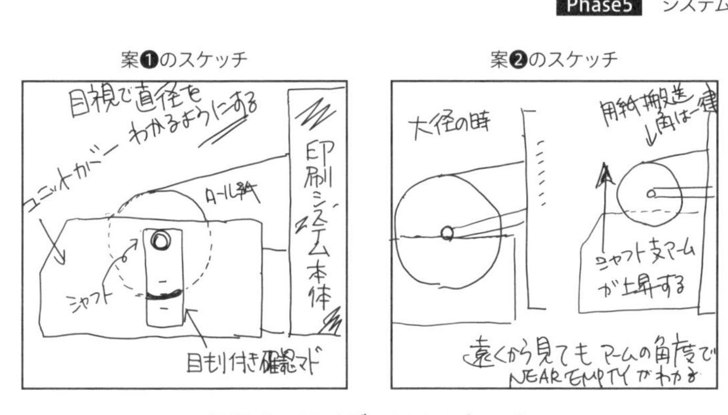

図5-5　アイディアのスケッチ

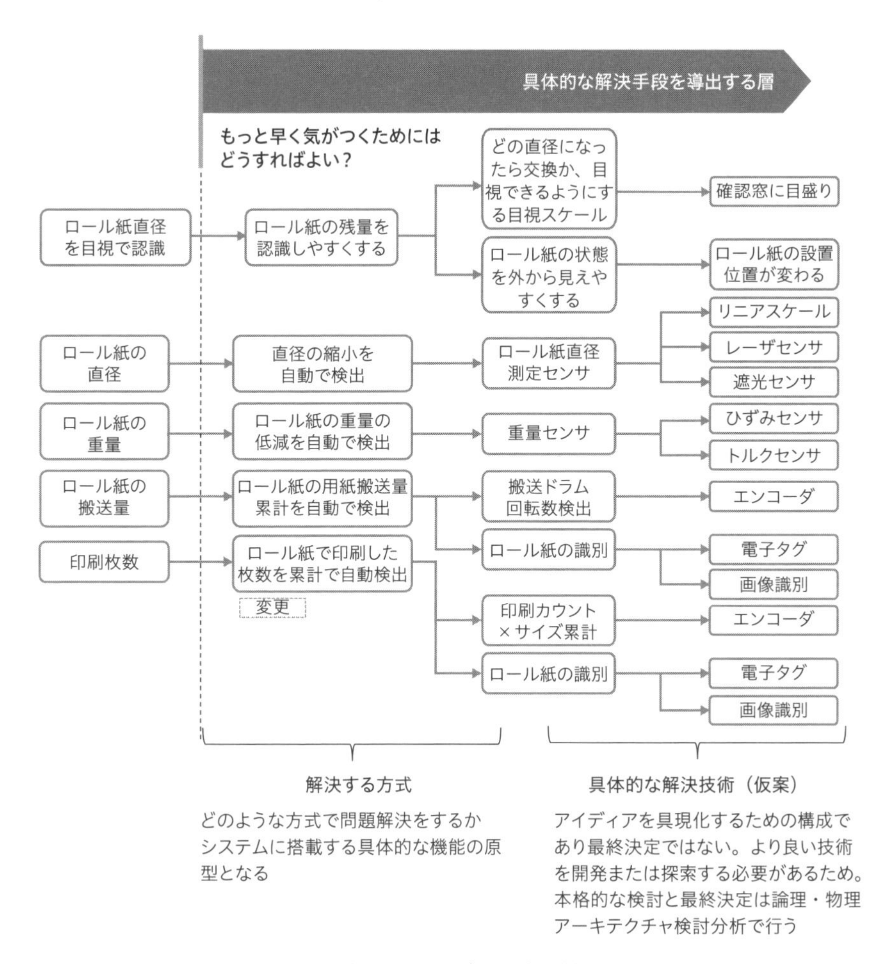

図5-6　方式のアイディア出し結果の例

5.3.3　システムの機能コンセプトの作成

システムの能力を満たすために様々なアイディアを出してきました。これらを統合して、システム要求の原案である機能コンセプトにしていきます。この機能コンセプトは、この先のステップでシステムに搭載すべきものとして絞り込まれ、確定するとそれがシステム要求になります。

これまでのアイディア出しの結果は、求められる能力単位で検討をしてきたので、システム全体として見ると重複や類似しているものが含まれています。これらを「機能」として整理していきます。これを、「第1の統合」と呼びます。第1の統合により、システムのアウトラインである「機能コンセプト」が見えてきます。例で紹介します。**図5-7**では、以下3つのアイディアがあります。

これらのアイディアの中では、それぞれに「電子タグ」を用いたロール紙の個体識別や、「カメラ」を用いたロール紙の搬送状況を把握する方法がとられています。

それらをそのままシステムのコンセプトとすると、「斜行検出用のカメラ」や「用紙異常検出用カメラ」などシステムの中に、いくつもカメラを仕込むことになってしまいます。これは現実的ではないため、同じ目的や類似の仕組みを持つものを1つのものとして統合して、システム外部仕様として整合性のあるようにしていきます。

このような作業を経ることで、アイディアがシステムの機能コンセプトへとなっていきます。アイディアをどのように組み合わせるかでシステムの機能は多様に変化します。この多様性こそ、「より良い方法を生み出す」大事なポイントになります。

アイディアを統合する場合は、統合したものがどのシステムに求められる能力に紐づくか、ひいてはどのステークホルダ要求に紐づくかのトレースを失わないようにしましょう。

図5-8は複数のアイディアを統合した機能コンセプトの例です。機能コンセプトはこの段階では1つに絞る必要はなく、同じ達成したい能力に対して複数の機能コンセプトがあった方がよいでしょう。様々な機能の案ができたらいったんこれを「機能コンセプト集」としてまとめ、現段階のシステム機能の素案として開発プロジェクト全体で共有しましょう。

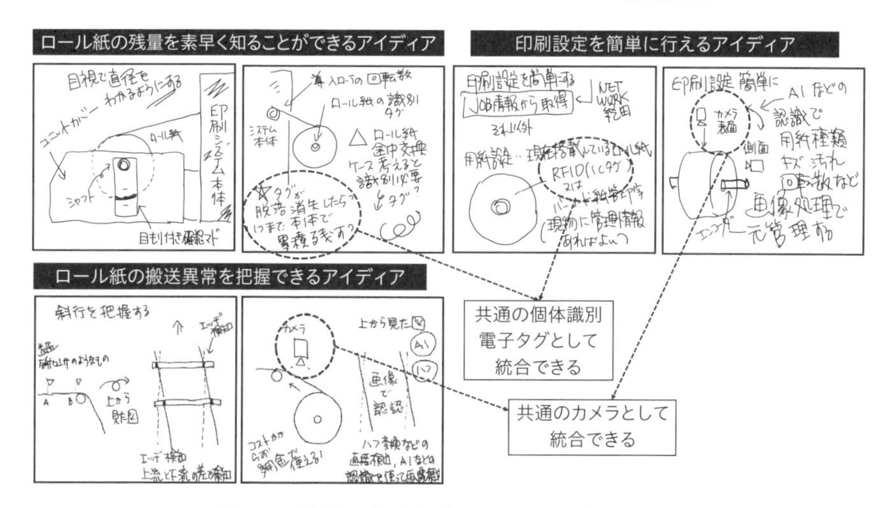

図5-7　複数の能力を満足するアイディアの例

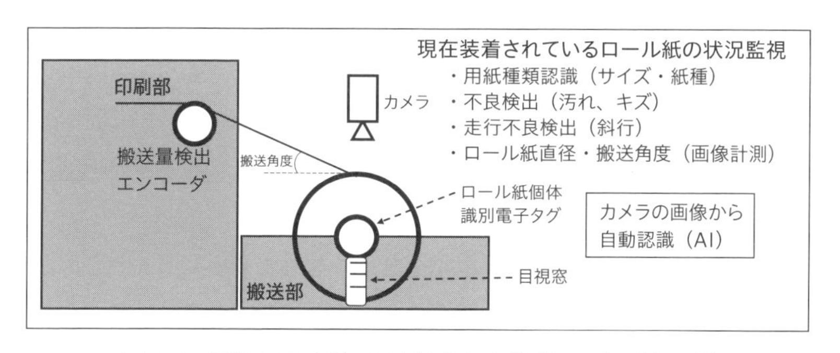

図5-8　複数のアイディアを統合した機能コンセプトの例

どの機能コンセプトを選択するかは、この次の機能コンセプトの検証で行います。その際に、ステークホルダにどの案が適しているかというインタビューやアンケートを取ることになるため、機能コンセプトはコンセプト1つにつき1シートで作成し、PowerPointなどのプレゼンができる形式でまとめておくと再利用しやすくなります。**図5-9**に最低限記入すべき項目を挙げておきます。

5.3.4　機能コンセプトの自己チェック

この時点で、システムに搭載する機能の原形となる機能コンセプトが出来上がりました。ここで機能コンセプトが適切なレベルで考えられているかを、

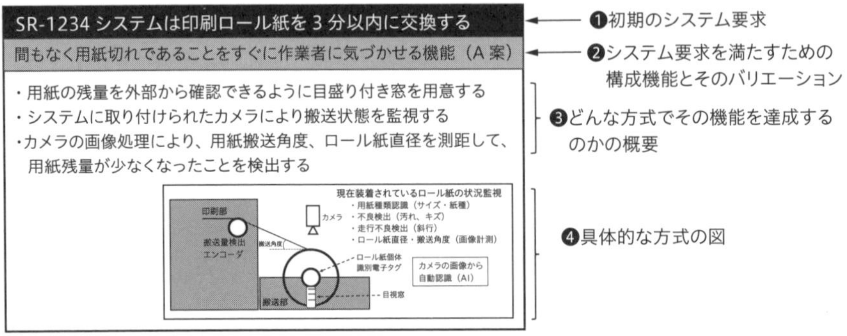

SR-1234 システムは印刷ロール紙を 3 分以内に交換する ← ❶初期のシステム要求

間もなく用紙切れであることをすぐに作業者に気づかせる機能（A 案） ← ❷システム要求を満たすための構成機能とそのバリエーション

・用紙の残量を外部から確認できるように目盛り付き窓を用意する
・システムに取り付けられたカメラにより搬送状態を監視する
・カメラの画像処理により、用紙搬送角度、ロール紙直径を測距して、用紙残量が少なくなったことを検出する

❸どんな方式でその機能を達成するのかの概要

現在装着されているロール紙の状況監視
・用紙種類認識（サイズ・紙種）
・不良検出（汚れ、キズ）
・走行不良検出（斜行）
・ロール紙直径・搬送角度（画像計測）
印刷部
搬送量検出エンコーダ
搬送角度
カメラ
ロール紙個体識別電子タグ
カメラの画像から自動認識（AI）
目視窓
搬送部

❹具体的な方式の図

図5-9　機能コンセプト集の例

いったんチェックします。チェックは3つの観点で行います（**図5-10**）。

①ステークホルダ要求とトレースがとれているか

考えられた機能コンセプトは、すべてステークホルダの要求に紐づくものでなければなりません。ステークホルダ要求→システムに求める「能力」→「機能コンセプト」のトレースがとれているかを確認しましょう。

自社のシーズベースの機能コンセプトの場合は、事業の達成のために必要と考えたもので、ステークホルダ要求の代わりに、ビジネス要求に紐づいているはずです。

もしも技術的理由で、ステークホルダの要求を満たす機能コンセプトが見出せなかった場合は、必ずビジネス部門の判断を仰いでください。重要なものであれば開発投資を行ってでも技術開発を行うでしょうし、そうでなければビジネスの再試算をして、ステークホルダ要求を見直すこともあるからです。

②荒唐無稽な機能コンセプトになっていないか

アイディエーションの段階では、発想を広げるために思い切って振り切った発想もしてみましょうと伝えました。そのため、機能コンセプトの中には、現在の科学技術では実現できない方式のものも含まれている可能性があります。「ドローンで300kgの重いロール紙を運ぶ」などが相当します。費用対効果が非現実的なものも該当します。そのようなものは除外するようにしてください。

③機能コンセプトはステークホルダ要求を満足できるか

ステークホルダ要求とトレースがとれている機能コンセプトだからといって、それがステークホルダを満足させるものかどうかは、この段階ではわかりません。これらを確認するためには、機能コンセプトをステークホルダに見せ

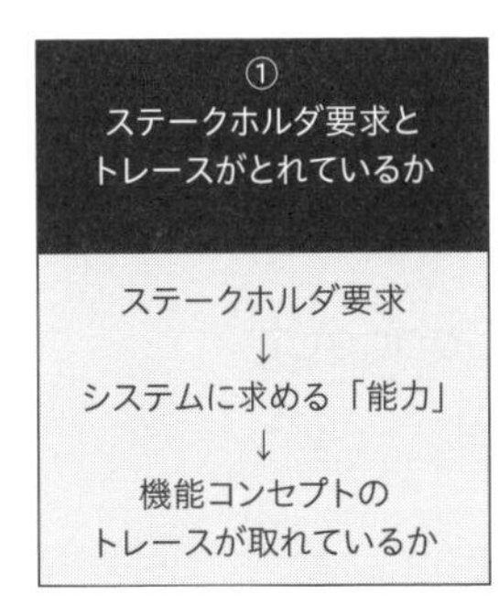

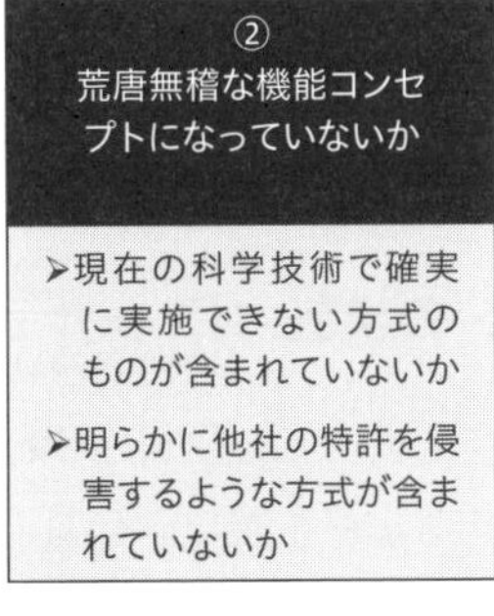

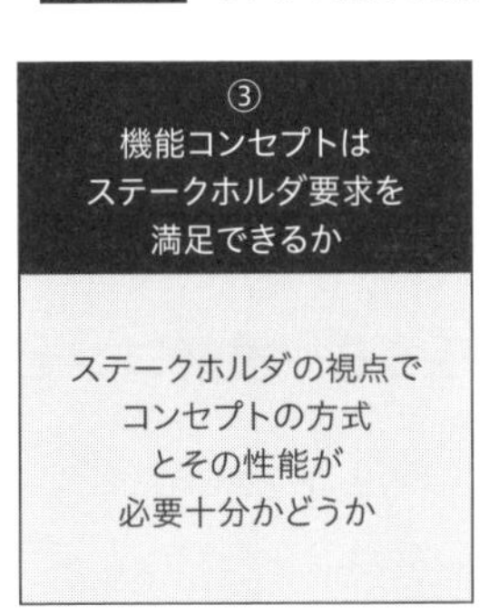

図5-10　機能コンセプトのチェックポイント

て、価値を感じるかどうかを検証することが必要です。このやり方は5.3.6項以降で説明します。

5.3.5　機能コンセプトの段階で物理手段を出すべきか

ここまでのステップで、よく寄せられる質問に触れておきましょう。「論理・物理アーキテクチャの検討を始める前に、機能コンセプト作成段階で物理的な実装手段を出している。これは正当なアプローチなのか？　技術書の中には、物理的な実装手段はアーキテクチャ検討時まで決定しないよう勧めているものもあるが？」という疑問です。

回答としては、「この段階で物理的な実装手段が出てくることは問題ない」となります。なぜならば、ステークホルダの要求をどんな方式で解決するのかということは、システム要求定義の段階で決めなければならないからです。例えば、「用紙残量が少ないことを検出できる」というシステムの能力を実現する場合、ロール紙の重量を常に計測する方法と、画像検出によってロール紙の直径を計測する方法が考えられます。これらは、物理的な構成要素を含めて方式が全く異なり、当然、システムのアーキテクチャも異なります。この段階で方式を決めておかないと、アーキテクチャ検討で何を対象とするべきかが曖昧になってしまいます。

注意してほしいのは、この時点ではあくまでも“方式”を選択しているのであり、方式を実現する物理的な実装手段（例：センシング手段や詳細なメカ機構など）の最終決定ではないということです。あくまでもアイディエーションで選択した方式の説明のための「仮の実装手段」として扱ってください。

正式な実装手段が決定されるのは、システムレベルであれば「システム物理アーキテクチャ定義（Phase7）の後であり、プロダクトレベルであればプロダクトアーキテクチャ定義（Phase9）の後となります。

5.3.6　機能コンセプトの検証（Proof of Concept）

機能コンセプトが立案できたら、インタビュー、アンケートなどにより、その機能コンセプトがステークホルダを満足させるものなのかを検証します。これをProof of Concept（PoC）と呼びます。PoCをすることにより、複数案ある機能コンセプトからシステムに搭載すべき案を絞り込むことができます。

PoCではステークホルダにアイディアを提示しながら、以下を確認します。

1. 機能コンセプトの必要性
2. 機能コンセプトがどのくらいステークホルダ要求を充足しているか
3. 複数の機能コンセプトのうち、どの実現案がよいか

5.3.7　PoC資料の作成

PoCでは機能コンセプトを示した資料を用います。**図5-11**に具体的な資料の例を示します。

❶ステークホルダ要求

機能コンセプトが紐づくステークホルダ要求を明記します。PoCではこの

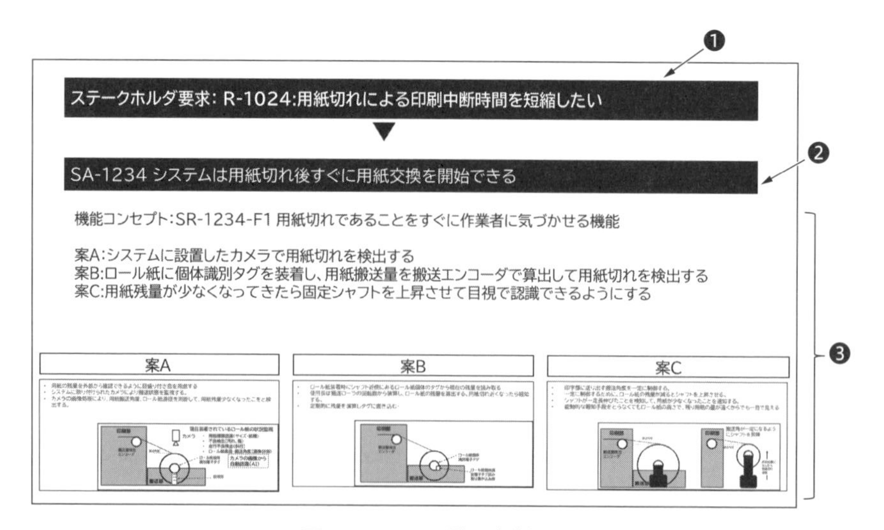

図5-11　PoC説明資料の例

資料を使ってステークホルダに説明をするため、開発者用語を使わず、どのステークホルダにとってもわかりやすく、同じように理解できる表現で記載してください。

❷システムに求められる能力

ステークホルダの要求を満たすために、システムが提供すべき能力を記載します。1つのステークホルダ要求に対して、複数の能力が連携して実現する場合は、**図5-12**のように連携するシステムに求められる能力と機能の全体像も示しましょう。

❸機能コンセプト

システムが提供する機能コンセプトを具体的に提示します。複数のバリエーションがある場合、それらを併記します。

各案の代表的な方式や特徴だけでなく、理解を促す詳細図や写真などを用いて説明します。開発の初期段階ではまだ実物のシステムはありませんから、この図を見てステークホルダが機能コンセプトを理解できるように工夫しましょう。動画や個別説明資料、簡単に作成できるならモックアップなどを補助資料として用意するのもよいでしょう。

5.3.8　機能コンセプト以外の確認項目

PoCを実施する際には、機能だけでなく、非機能も確認をしてください。

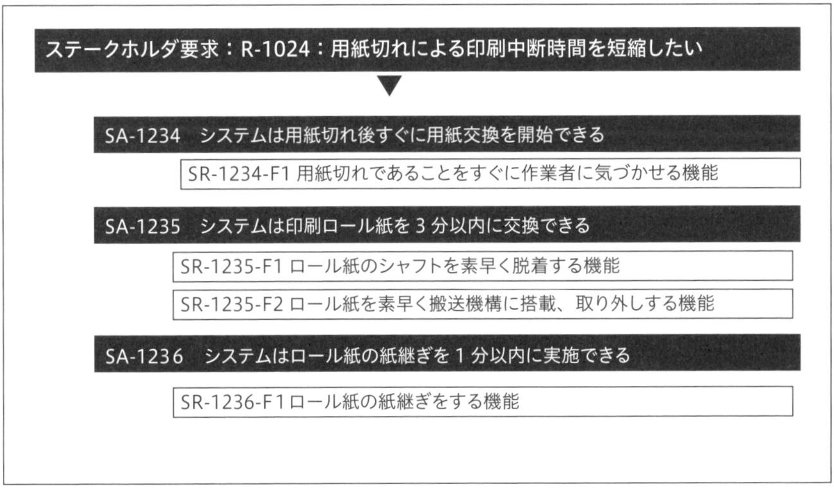

ステークホルダ要求：R-1024：用紙切れによる印刷中断時間を短縮したい

▼

SA-1234　システムは用紙切れ後すぐに用紙交換を開始できる

SR-1234-F1 用紙切れであることをすぐに作業者に気づかせる機能

SA-1235　システムは印刷ロール紙を 3 分以内に交換できる

SR-1235-F1 ロール紙のシャフトを素早く脱着する機能

SR-1235-F2 ロール紙を素早く搬送機構に搭載、取り外しする機能

SA-1236　システムはロール紙の紙継ぎを 1 分以内に実施できる

SR-1236-F1 ロール紙の紙継ぎをする機能

図5-12　全体像の説明例

表5-1　ISO25010　システムの品質特性

システム品質特性	副特性
機能適合性	機能完全性、機能正確性、機能適切性
性能効率性	時間効率性、資源効率性、容量満足性
互換性	共存性、相互運用性
使用性	適切度認識性、習得性、運用操作性、ユーザーエラー防止性、ユーザーインターフェース快美性、アクセシビリティ
信頼性	成熟性、可用性、障害許容性（対故障性）、回復性
セキュリティ	機密性、インテグリティ、否認防止性、責任追跡性、真正性
保守性	モジュール性、再利用性、解析性、修正性、試験性
移植性	適応性、設置性、置換性

例えば、耐用年数や障害発生時の稼働継続目標などです。このような非機能を出すためには、**表5-1**に示すシステムの品質特性の分類（ISO25010）を活用するとよいでしょう。ただ、システムレベルの場合は、検討が進んで詳細度が上がらないと定義できないものもあるため、その場合は非機能の性能値を定めず方針だけ決めておき、プロダクトレベルへ検討を申し送ることもあります。

5.3.9　PoCの実施

PoCの実施時には、前述の説明資料を説明した後にステークホルダの意見を収集します。いくつかの機能コンセプトの中から「どれが良いですか？」だけでなく、ステークホルダ要求を満たしているかどうか、どのステークホルダに必要とされるのかを含めて確認してください。ステークホルダ要求定義から機能コンセプト立案までの過程は、開発メーカー側の「仮説」で進めてきたので、この「仮説」の確からしさも併せて確認する必要があるのです。

PoCはQAシートを作成し、質問をしていきます（**図5-13**、**図5-14**）。

❶機能コンセプトのステークホルダ要求充足度

機能コンセプトがステークホルダの要求を満たしているかを確認します。要求を満たしていないと回答された場合、その理由を確認します。これが再度、機能コンセプトをアイディエーションするときのインプット情報になります。

複数の機能コンセプトが1つのステークホルダ要求を満たしている場合は、図5-12のシートを使い、全体像を説明した上で、各機能コンセプトが担うステークホルダ要求について満足しているかを確認しましょう。

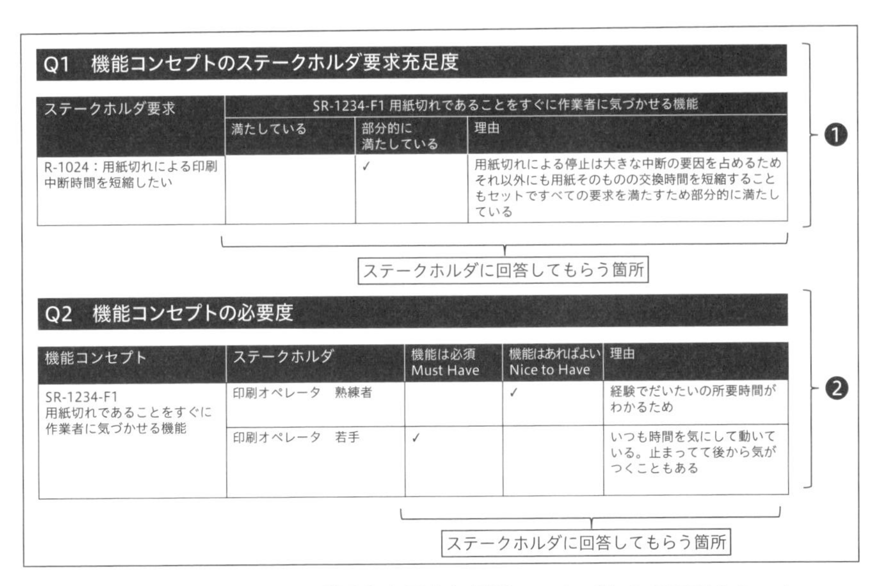

Q1　機能コンセプトのステークホルダ要求充足度

ステークホルダ要求	SR-1234-F1 用紙切れであることをすぐに作業者に気づかせる機能		
	満たしている	部分的に満たしている	理由
R-1024：用紙切れによる印刷中断時間を短縮したい		✓	用紙切れによる停止は大きな中断の要因を占めるためそれ以外にも用紙そのものの交換時間を短縮することもセットですべての要求を満たすため部分的に満たしている

ステークホルダに回答してもらう箇所

Q2　機能コンセプトの必要度

機能コンセプト	ステークホルダ	機能は必須 Must Have	機能はあればよい Nice to Have	理由
SR-1234-F1 用紙切れであることをすぐに作業者に気づかせる機能	印刷オペレータ　熟練者		✓	経験でだいたいの所要時間がわかるため
	印刷オペレータ　若手	✓		いつも時間を気にして動いている。止まってて後から気がつくこともある

ステークホルダに回答してもらう箇所

図5-13　ステークホルダ要求充足度と機能コンセプトの必要度のシート

Q3　機能コンセプトのバリエーション別必要度

SR-1234-F1　用紙切れであることをすぐに作業者に気づかせる機能				
案	機能コンセプトのバリエーション	必要度	目標とするコンセプト	理由
案A	システムに設置したカメラで用紙切れを検出する	✓	✓	最も好ましい。確実に検出できるだけでなく、他の機能も実現できるため
案B	ロール紙に個体識別タグを装着し、用紙搬送量を搬送エンコーダで算出して用紙切れを検出する	✓		
案C	用紙残量が少なくなってきたら、固定シャフトを上昇させて目視で認識できるようにする	✓		

ステークホルダに回答してもらう箇所

❸

図5-14　機能コンセプトのバリエーション別必要度シート

❷機能コンセプトの必要度

機能コンセプトの必要度を確認します。「必須」「あればよい」「不要」の3段階で確認するとよいでしょう。

ヒアリングをするステークホルダによって、回答が異なるため注意してください。例えば、作業をガイドする機能は、「熟練者」には不要でも「初心者」には必要とされるでしょう。印刷オペレータとジョブ担当者といった役割が異なるステークホルダでも、必要度は異なるでしょう。このように、ステークホルダのプロファイル別に必要度を確認してください。

❸機能コンセプトのバリエーション別必要度

機能コンセプトのバリエーションごとに必要度を確認します。基本的にはA案、B案…のうちのどれが良いかを確認しますが、ただ単に「どれが良いか」と質問するのではなく、「ステークホルダが価値を感じる範囲」、つまり許容範囲を確認してください。

ステークホルダは、これらの機能にかかる費用や開発の難しさはあずかり知らぬことです。ですから、単純に「各案のうちどれがいいですか？」と確認すると、より高機能、高性能なものを回答することが多いです。

しかし、より良いものを提供したいことには変わりありませんが、現時点では開発が始まっていないので、それらの案がコスト的にも技術的にも実現可能かは確実ではありません。この段階で一番良い案だけを確認すると、もしその案の実現が難しくなった場合、取り得る選択がなくなってしまいます。そのために目標とする案だけでなく、ボトムラインとなるレベルを確認することが重要です。

図5-15の例では（理解を促すために案αと案βを追加）、案A～案Cまでは必要と回答しています。案Aには劣るものの、案Bでも案Cでも受け入れられそうです。一方で、案αはステークホルダにとっては不要との回答でした。「やりすぎ」「そこまでしなくてよい」という理由です。必要以上な開発コストを投入しないためにも、「やりすぎ」や「価値が頭打ちになる」領域も見極められる案を用意しておくことは必要です。

案βでは、提供する機能レベルが低く、価値はない、必要がないものと判断されました。このように必要度の幅で質問することにより、案Aの開発がコストや技術の面で難しくなったとしても案B、案Cというバックアッププランの採用で製品を成り立たせることができます。このように、必ず“幅”で確認するようにしましょう。

5.3.10　アンケートによるPoC

インタビューでのPoCだけでは調査数が少なく、母数を増やすためにアンケートによるPoCも並行して実施します。基本的な調査内容はインタビューと同じですが、調査対象数と範囲を広げられるため偏りの少ない調査が行えます。

Q3　機能コンセプトのバリエーション別必要度

SR-1234-F1　用紙切れであることをすぐに作業者に気づかせる機能				
案	機能コンセプトのバリエーション	必要度	目標とするコンセプト	理由
案α	ドローンが印刷工場内を循環監視して用紙切れを検出する	不要 Too much		
案A	システムに設置したカメラで用紙切れを検出する	✓	✓	最も好ましい。確実に検出できるだけでなく、他の機能も実現できるため
案B	ロール紙に個体識別タグを装着し、用紙搬送量を搬送エンコーダで算出して用紙切れを検出する			
案C	用紙残量が少なくなってきたら、固定シャフトを上昇させて目視で認識できるようにする	✓		
案β	ロール紙設置ユニットに測定窓をつけて目視で測定できるようにする	不要 Not Enough		用紙が切れていることはわかるが、すぐに気がつくことができないため

図5-15　ステークホルダが感じる価値の幅

事前のインタビュー結果からステークホルダの回答傾向を確認し、より回答しやすい質問や選択肢を作成したり、調査対象を検討したりしてから調査をするのがよいでしょう。ただし、アンケートは現在考えている機能コンセプトを広く開示することにもなるので、新機能が特許性を持つものである場合にはアンケートを実施せず、秘密保持契約を締結したステークホルダにインタビューで確認するようにしてください。

◆ PoC実施の注意点

PoCは、自分たちが苦労して技術開発してきた機能を盛り込んだ、アイディアの評価を受ける場となります。ですから、ステークホルダに「良い」と言ってもらいたいものです。特に「これなら！」と、肝入りで長期にわたり検討してきた技術なら尚更でしょう。そのため以下のようなことが発生することがあります。

- 肯定的な回答を誘導するような質問構成にする
- 検討内容に肯定的なステークホルダのみに意見を聴取する
- 調査結果の良いところだけを切り取って解釈する

しかし、私たちが作るべきものは「ステークホルダに価値を感じてもらい、使い続けてもらえる商品」です。主役はあくまでもステークホルダです。PoC実施時には“真の意見を引き出す”、“誘導しない”に注意し、良い結果も悪い結果も客観的に分析して、次の検討に活かしていきましょう。

5.3.11　技術検討と技術妥当性の評価

機能コンセプトを絞り込むには、技術的な実現性の評価も必要です。いくらステークホルダが「欲しい」と言っても、システムの開発スケジュールにミートしなかったり、コストがオーバーしたりするような機能コンセプトの採用はできません。そのために、各案に必要な技術開発項目を洗い出し、採用する予定の技術がいつ、どのレベルに到達できそうかを技術の妥当性評価表を作成して評価します（**図5-16**）。これは、機能コンセプトを実現するために必要となる技術開発項目を抽出して、それが自社開発なのか、他社からの技術導入なのか、それぞれの技術が、1年、3年、5年後にどうなっているのかをまとめたものです。

例えば、図5-16の1段目は、「用紙種類自動判別機能」に必要な技術開発項目について記載されています。この機能は用紙の表面をカメラで撮影し、その映像から用紙の種類をAIによって自動識別する方式を採用しています。そのため、画像による用紙種類識別ができなければ、機能を実現することは不可能です。その技術開発がどのように進んでいくのか結果を見て、この方式を採用することが妥当かどうかを他社性能との比較なども含めて判断していきます。同様に、他の機能に関しても評価をしていきます。

システムの量産開始を5年後と置いた場合、技術開発は3年後までに完了していなければなりません。3年後の完成度を見ると、「用紙種類自動判別機能」は商品化できそうですが、「可変高精細印刷機能」が難しそうです。この機能は、構造が複雑なヘッドシフト機構を採用していて、システムに組み込める1アクチュエータでの実現は5年後の見込みです。ですから、このヘッドシフト機構はあきらめざるを得ず、コンセプトや機構の再検討が必要になりそうなことが見えてきます。

ただし、最終的にどの案にするかは、ビジネス性を考慮して決める必要があります。「可変高精細印刷機能」が画期的で、他社を凌駕するほどのアピールができるのならば、販売を思い切って2年延ばす方が中長期的に有利かもしれません。このような判断をするために、技術妥当性評価表を作成してビジネス部門と共有します（この後の事業性判断で説明します）。

上記の例は社内の技術にスコープを当てて検討をしていますが、これ以外に

機能コンセプト	技術開発が必要な項目	Make or Buy	1年後	3年後	5年後
用紙種類自動判別機能	用紙種類認識(AI)	自社開発	テクスチャのはっきりした用紙の種類が識別できる	テクスチャなしの用紙種類でも識別できる	種類だけでくメーカーごとの型番まで識別できる
可変高精細印刷機能	ヘッドシフト機構	他社技術導入(アクチュエータ技術)	2アクチュエータで42.3μm駆動	2アクチュエータで21.2μm駆動	1アクチュエータで21.2μm駆動
XXXXX機能	XXXX技術	自社開発	達成レベルXXXX	達成レベルXXXX	達成レベルXXXX
XXXXX機能	XXXX技術	他社技術導入	達成レベルXXXX	達成レベルXXXX	達成レベルXXXX
XXXXX機能	XXXX技術	他社技術導入	達成レベルXXXX	達成レベルXXXX	達成レベルXXXX
XXXXX機能	XXXX技術	基礎研究	達成レベルXXXX	達成レベルXXXX	達成レベルXXXX
XXXXX機能	XXXX技術	自社開発	達成レベルXXXX	達成レベルXXXX	達成レベルXXXX

図5-16　技術の妥当性評価表

競合との性能比較なども考慮するとよいでしょう。

5.3.12　事業性の判断

機能コンセプトと搭載機能、それらの実現時期の見通しがつきました。ここでビジネス部門に以下の資料を示してどの機能を搭載していくかを判断してもらいます。

ビジネス部門に共有する資料

- 機能コンセプト集
- PoC結果
- 技術妥当性評価結果
- 開発として推奨する機能コンセプトリスト（もしあれば）

ビジネス部門に判断してもらいたいこと

- 商品戦略、マーケティング戦術に基づいたシステム搭載機能の選択
- 技術開発達成度を考慮したシステムのロードマップとローンチ計画

● 機能コンセプトを踏まえた開発投資額や原価の上限

開発投資額や原価は開発進捗とともに精度を上げていくため、ここではビジネス的な利益や損益分岐点の時期などから概算での上限を示してもらいます。この値は商品戦略立案時に算出されていますが、機能コンセプトの内容や、技術妥当性検証の結果を踏まえて改めて算出をしてもらいましょう。

ここまでの流れを**図5-17**にまとめます。理想的には機能コンセプトを立案し、PoCを行った後となります。絞り込まれた機能コンセプト案に対して技術の妥当性を確認し、ビジネス判断によって最終決定されます。技術の調査や

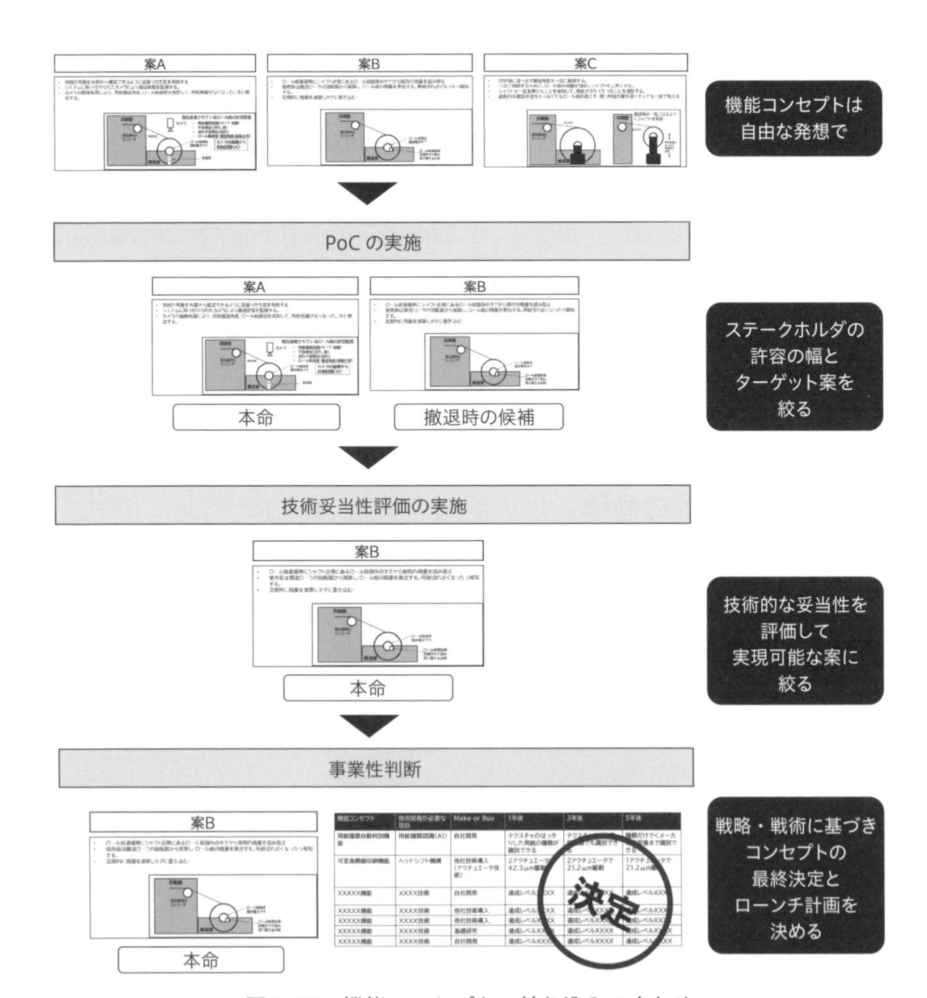

図5-17　機能コンセプトの絞り込みのまとめ

場合によっては技術の簡単な試行も必要なので、特に社内保有していない技術を適用する可能性のある案については、PoCの実施と並行して技術調査を進めるとよいでしょう。

5.3.13 システム要求の定義

システムにどの機能コンセプトを搭載するかが決定したら、機能コンセプトをシステム要求の形に展開していきます。

具体的には、機能コンセプトを「システムはXXする」という機能表現で表し、さらにその性能値を定義します。性能値はステークホルダ要求同様に、測定可能な定量値であることが要です。システム要求はシステムを外から見た機能ですから、性能値もシステムをブラックボックスとしたときに測定できるも

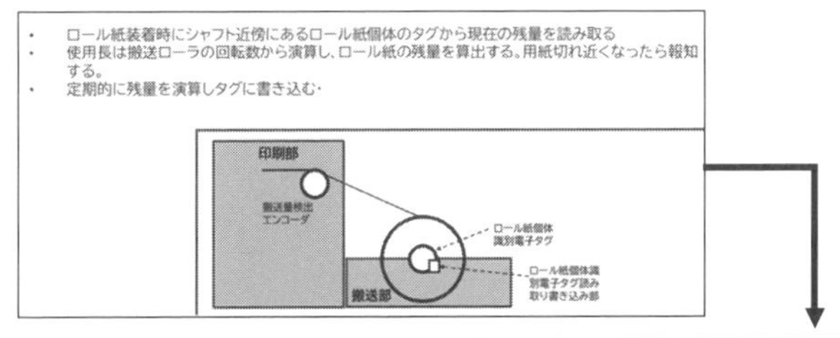

この機能コンセプトに必要なシステムの外部仕様とそのを定義する

システム要求	性能値
システムは用紙の搬送長を検出する	最小検出性能：0.5mm
システムはロール紙に取り付けられた電子タグの値を読み取る	読み取り可能期間：ロール紙停止時 読み取り情報：ロール紙の固有ID 累積搬送長：最大10,000m累積　最小単位mm
システムはロール紙に取り付けられた電子タグに搬送長を書き込む	書き込み可能時間：ロール紙停止時 書き込タイミング：搬送停止後1秒に書き込み 書き込み情報：累積搬送長　最大10,000m累積　最小単位mm 書き込み成否判断：あり　書き込みリトライ3回後　エラー報知
システムは用紙切れを音声で報知する	音声：ブザー鳴動（鳴動パターンA）
システムは用紙切れを画面上で報知する	操作パネル上で用紙切れ報知
システムはJOBシステム上で用紙切れを報知する	JOB管理ソフトウェア上の画面で報知
システムは用紙切れ報知を消去する	消去トリガー：操作者の操作パネル操作 消去トリガー：操作者のJOB管理ソフトウェア上の画面操作

図5-18　システム要求の定義

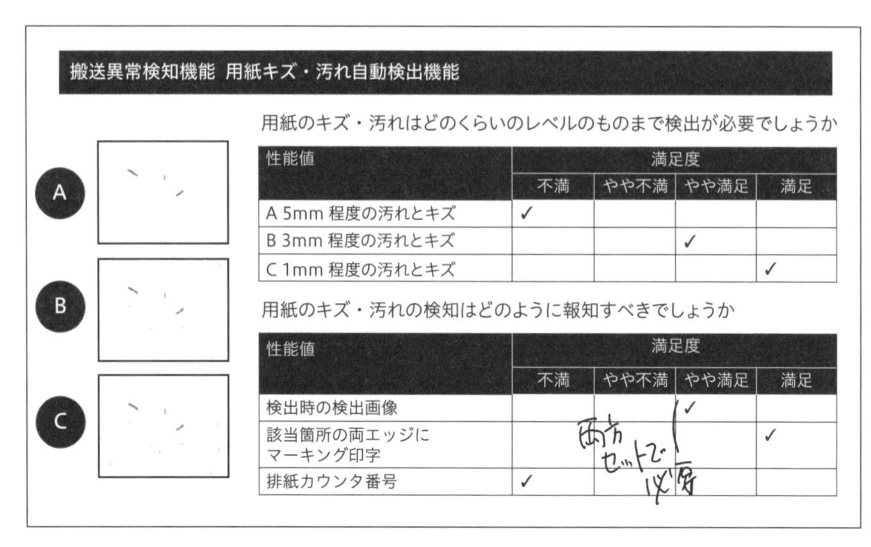

性能値	満足度			
	不満	やや不満	やや満足	満足
A 5mm 程度の汚れとキズ	✓			
B 3mm 程度の汚れとキズ			✓	
C 1mm 程度の汚れとキズ				✓

性能値	満足度			
	不満	やや不満	やや満足	満足
検出時の検出画像			✓	
該当箇所の両エッジにマーキング印字				✓
排紙カウンタ番号	✓			

図5-19　性能値を確認するPoCの実施例

のが対象です。このシステム要求が次のアーキテクチャ検討のインプットとなり、またシステムが出来上がった際のシステム評価の合否判定基準になります。

図5-18にシステム要求の定義例を示します。

5.3.14　システム要求の性能値定義（PoC）

システム要求の性能値は、機能が決まれば自動的に決まるわけではありません。性能値は機能コンセプトより詳細度が上がるため、もう一段踏み込んだPoCを行うことが必要です。**図5-19**の例では、搬送異常検知機能でどのくらいのキズまでを検出する必要があるか、報知はどのような情報を通知すればいいか、などをステークホルダに確認しています。こういった詳細な情報を得ることで、検出性能や検出時の通知内容などの性能値を決めていくことができるのです。ここでのPoCでは、実際のシステムと同じ状態を示す方が正確に数値を確認できるので、可能な限りシミュレータやプロトタイプを使いながら行うとよいでしょう。

狩野モデルを参考にして、システム要求の種類を「魅力的品質」「一元的品質」「当たり前品質」の3つに区別し、性能値の振り幅を決めるのも有効です。

5.3.15　定量化が難しいシステム要求性能値の定義

システム要求はステークホルダ要求と違い、可能な限り定量化をする必要があります。例えば、“画質”についてのステークホルダ要求の場合、目標値を定量的に設定することは難しいため、限界サンプルなどを用いて定義することを推奨しました。しかしシステム要求は、システム設計を進める上で必要な情報ですので、基本は「定義できる」ことが前提となります。画質であれば色温度、明度、彩度などであり、音であればdBなど、様々な測定器を駆使すれば定量化できることも多くあります。組み合わせが多いものや、軟性体の挙動など線形化がし難いものであっても、一定の前提条件を設けて定量化することは必要です。

定義し難いものは「既存機種と同等」と曖昧に定義しがちですが、それでは「何をもって同等とするか」がわかりません。そうすると設計へのインプットも、完成後の検証も「なんとなく」「個人の裁量」の基準で判断されてしまいます。定義しにくいものだからこそ、知恵を絞って定量化にチャレンジしてください。

5.3.16　システム全体としての性能バランスを確認する

機能単位での目標性能値にある程度目処がついたら、その機能の上位の大きな機能の性能値を満たしているかも確認します。単機能としては良い性能であっても、単機能が相互で連携し合って上位の機能を実現する場合には、性能が出ない場合があるからです。**図5-20**の例で言えば、用紙を交換する機能がいくら素早くても、その仕組みが複雑でその後に行う紙継ぎが難しくなる、などが相当します。

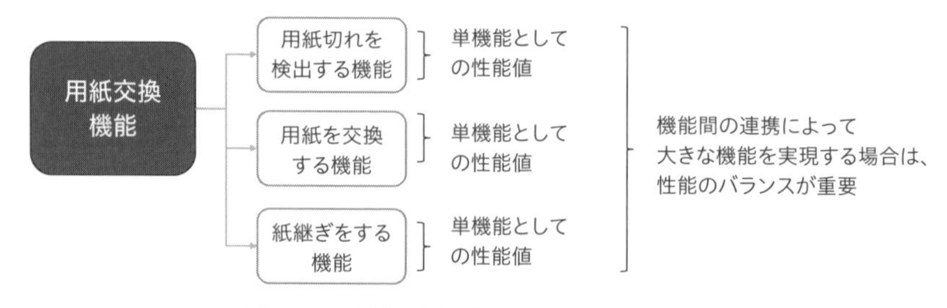

図5-20　性能値を確認するPoCの実施例

機能コンセプトの立案時にシステムの能力を実現させるため、複数の機能コンセプトに分割した場合は、性能バランスを確認して適切な範囲になるように調整を行ってください。

5.4　システム要求を検証する

5.4.1　ステークホルダ要求とシステム要求のトレーサビリティの確認

ステークホルダ要求がすべてシステム要求化されているかを確認するために、ステークホルダ要求とシステム要求との関係性を示すシステム要求図を作成します（**図5-21**）。

この図を使って、システム要求が紐づいていないステークホルダ要求が残っていないかどうか、ステークホルダ要求がどのシステム要求で満たされているかを確認します。また、次のアーキテクチャ設計では図を使った検討が多くなるため、この段階でシステム要求とその性能値を図として作成しておくことで、次のPhaseの検討の準備にもなります。

システム要求図は、図5-18で示したドキュメント形式のシステム要求と全く同じ情報を使って作成します。

5.4.2　ワークフロー上で必要な機能が漏れていないかを確認する

システムの主たる機能が決まり、システム要求として定義できました。最後にシステムとシステム外（使用者、システムの外にある連携機器など）とのイ

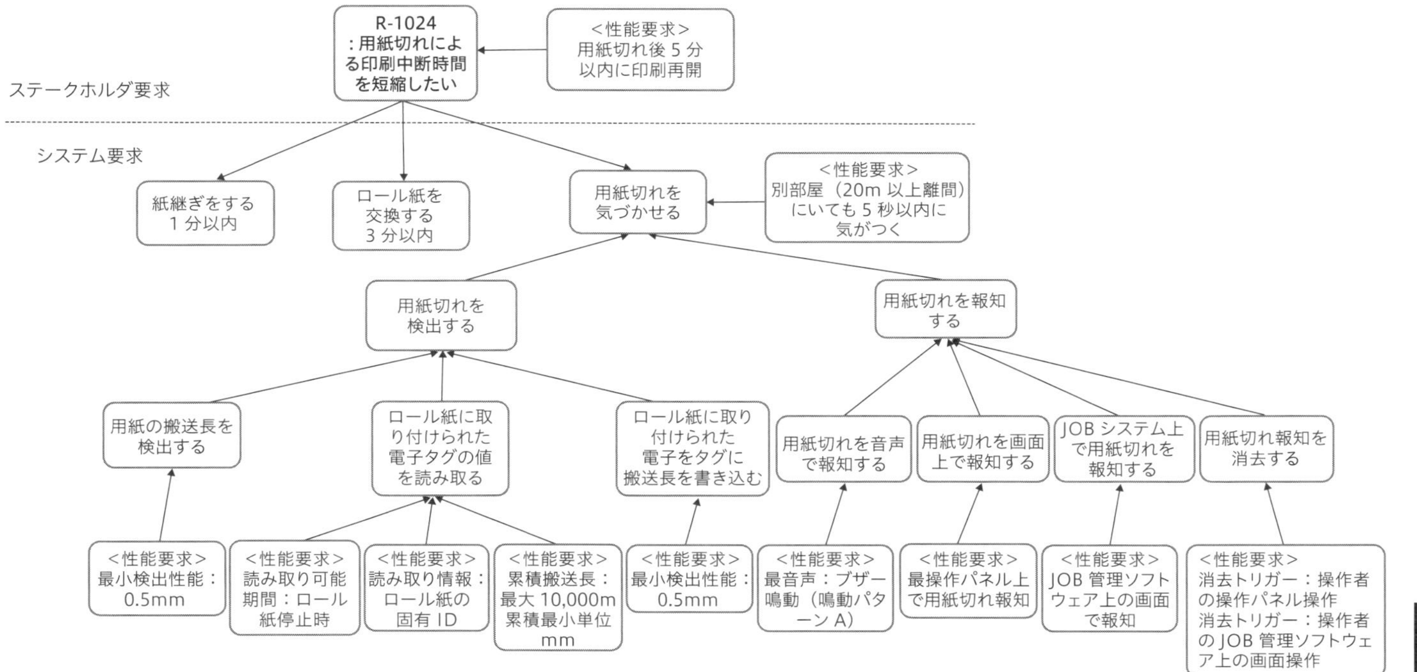

図5-21 システム要求モデルの例

ンタラクションを見ながら、必要な機能が漏れていないかを確認します。

システム要求は外部機能と一致するため、定義されたすべての外部機能はワークフローの中で、最低1回は使用されなければなりません。使用されない機能はどこでも使われない機能であり、不要な機能になってしまいます。この確認のために、以前に定義したステークホルダの現状のワークフロー（As-Is）をベースにして、新しいシステム導入後のワークフロー、すなわちTo-Beのワークフローを作成します。

To-Beのワークフローでは、システム全体での機能の矛盾や重複も確認できます。例えば、搬送開始の指示はシステム上の操作で行う機能と、ネットワーク越しから行う機能が混在していることがわかるなどのケースなどです。この場合、同時に両方から指示が出たときにどう振る舞うかというような仕様は、この段階で解消しておきます。さらに、To-Beのワークフロー上で、ステークホルダの問題領域が解決されているかも確認してください（**図5-22**）。

5.4.3　システム要求仕様書の作成

ここまでで、システム要求を定義するための情報がすべて揃いました。

システム要求図などモデルの形式のまま成果物にしてもよいですが、可読性、保守性を考えた場合、いったんドキュメントの形式にまとめておいてもよいでしょう。

システム要求仕様書で最低限記述すべきことは

- システムの対象範囲
- システムの動作環境条件
- システムのワークフロー
- ステークホルダ要求とシステム要求のトレーサビリティ

です。ここまでに作成した情報を引用すればよいので大きな工数は必要としません。

5.5　知財活動と安全分析の開始

この時点で、システムが実現する「機能」と「機能が解決する問題」が明らかになっています。これらを基に、この段階から初期の知財活動と安全分析が開始できます。

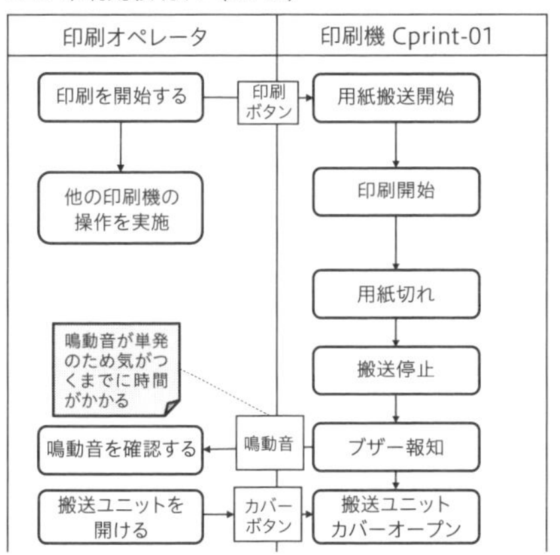

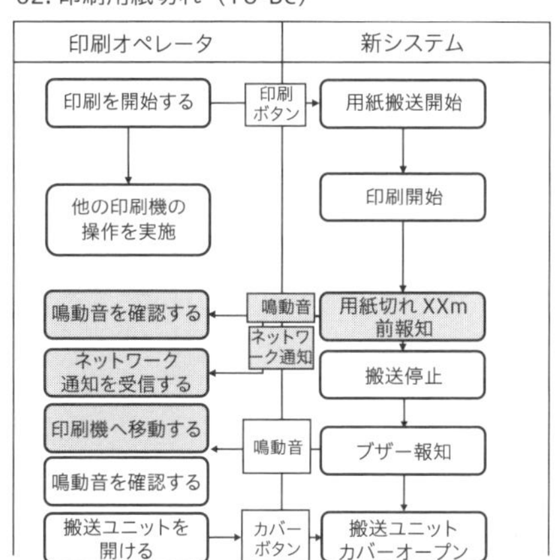

図5-22　As-IsとTo-Beのワークフローの比較

5.5.1　知財活動の開始

企業の開発活動の成果として、実際の製品と同じくらい重要なのが知的財産＝特許です。特許は実物の製品を作らなくても、技術資産を形成して他社を牽制できる唯一の手段です。システム開発の初期段階において、いかに効果的な特許を出していくか、特許網を張ることができるかがビジネスの成功に大きな影響を及ぼします。

また逆に、他社の特許にシステム要求の機能が抵触している場合、特許回避のために機能の方式そのものを変えていかなければならないこともあります。その事実をできるだけ早期に発見しないと、開発に大きな影響を与えてしまいます。したがって、この特許調査と発案活動を開始しておくことが必要です。

システムズエンジニアリングの成果物と特許明細書の構成は類似しており、**図5-23**のようになります。そのため、新たな資料を作成しなくても、ステークホルダ要求図、システム要求図をもとにして知的財産部門と連携して調査と発案をすることができます。発案についてはアイディエーションを行っているため、図5-6「方式のアイディア出し結果」の資料なども活用して特許を網羅的に出していくとよいでしょう。

特許情報は数年後を映す鏡です。同じ課題に対する業界の技術動向や、他企業の戦略を知ることもできますし、自社のビジネスや技術を守ることも可能で

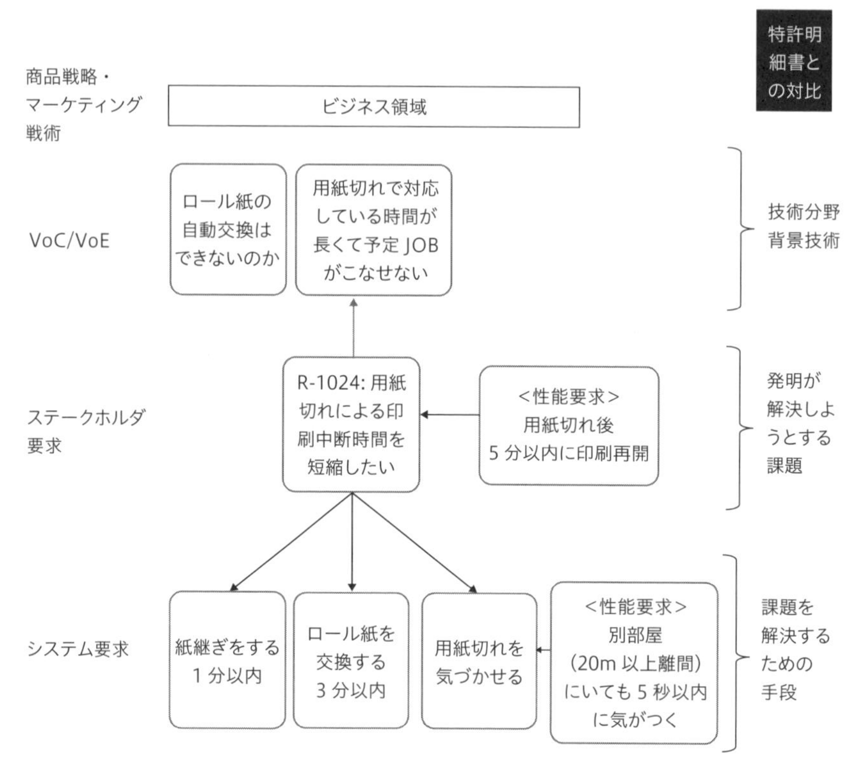

図5-23　システムズエンジニアリングの成果物と知財の対比

す。こういった調査は、システムズエンジニアリングによって情報を整理することにより、効率的に取り組むことができるのです。

5.5.2　機能安全分析の開始

この段階から、ステークホルダがシステムを操作する際に潜在的に発生する危害、その重大性、および起因する要因を評価するUFMEA分析（Use Failure Modes and Effects Analysis）が実施可能です。

具体的には、ステークホルダと新しいシステムとのインタラクションにおける危害が、どこにあるかを抽出します。**図5-24**に示す例を考えてみましょう。印刷オペレータが用紙交換のために搬送ユニットのカバーを開ける行為を考察すると、危害として「指を挟む」可能性があります。この潜在的な危険源（ハザード）は「搬送ユニットの開閉機構」です。この時点での搬送ユニット

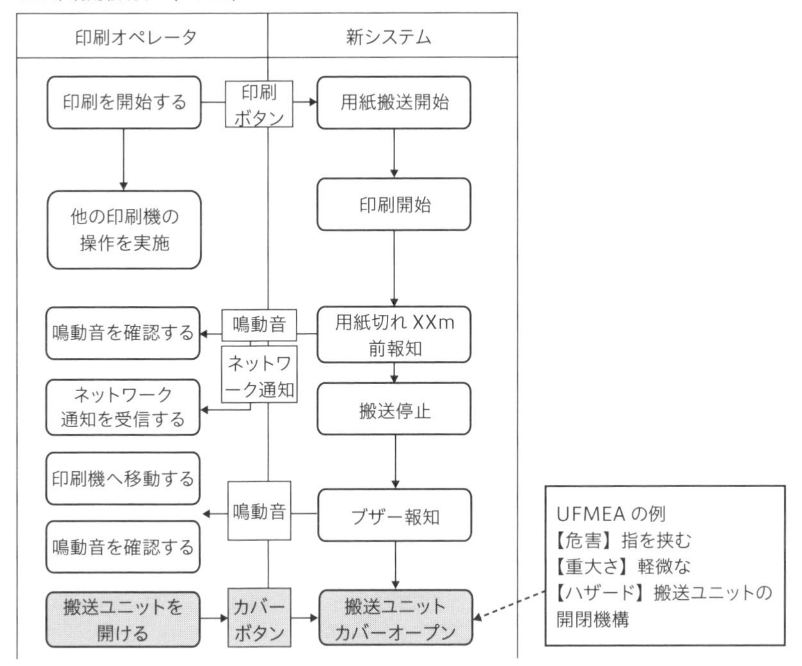

図5-24　To-Beワークフローを使ったUSE FMEA分析

の開閉機構の具体的な寸法や形状は未定ですが、ハザードの特定は可能です。ここで抽出された情報は、Phase 6以降でリスク低減策を設計に取り込むために活用します。

機能安全分析は一度きりのプロセスではありません。システム、プロダクト、実装、設計レベルごとに、その時点でのリスクを定期的に再評価しなければなりません。システム要求定義の段階では、危害の発生源となり得る箇所を網羅的に特定し、それらを後続の工程へ効果的に引き継ぐことが必要です。この一連のプロセスは、製品の機能安全を確保するための基盤となる重要な作業となります。

【コラム】アイディエーションにも工夫を！

世の中には400以上！のアイディア出し手法があると言われています。それだけ多くの皆さんが困っていて、何かに縋りたいのです。一方で「アイディアは自然と孵化するものだから、手法なんていらない！」という意見もあるでしょう。しかし、私たちに与えられた時間には限りがあります。必要な場面ではうまく使ってください。

発想法	説明
5W1H	What, When, Where, Why, Who, Howの視点で、ユーザーが求める事象の成り立ちや関係性などを明らかにします。どの「対象」が、どの「時間」、「場所」でどんな「目的」で「アクター」がどんな「方法」でと、物事を切り分けて考えます。仮のシステム要求から手段を導出する段階で多く使われます
SCAMPER	アレクサンダー・F・オズボーン（Alexander Faickney Osborn）が作成した、アイディアの発想を助ける「質問のチェックリスト」を、ボブ・イバール（Bob Eberle）が覚えやすく7つに並び替えたものです。Substitute（代用）、Combine（結合）、Adapt（適応）、Modify/Magnify（修正/拡大）、Put to other use（他の用途）、Eliminate/Minify（削除）、Reverse/Rearrange（逆/再編成）
TRIZ	ゲンリッヒ・アルトシュラー（Genrikh Altshuller）が考案した、発明的問題解決理論の手法です。特許審査官として様々な特許を調べている際に法則性を発見し、誰でも使えるように体系化したものです。その中の一つ、発明原理を紹介します。問題を改善しようとすると、逆に悪化してしまうことはよくあることかと思います。通常はトレードオフを狙いますが、TRIZは違います。解決したいことと、悪化してしまうことを“矛盾”として定義し、４０の発明原理を参考にアイディアを考えます
シックス・ハット	エドワード・デボノ（Edward De Bono）が考案した思考法です。6つの思考モードを6色の帽子で示します（白：客観的、赤：直感的、黒：否定的、黄：肯定的、緑：創造的、青：制御的）。参加者は各役を担い、問題について意見を出し合います。参加者に依らずに、意見の偏りや視点の漏れを防ぐことができます
NM法	中山正和氏がシネティクスをヒントに考案した類比技法です。課題をキーワード化し、似たものを探します。それらを流用したり、ヒントにしてアイディアを考えます。筆者はさらに改良し、似たものが利用している原理は何か？　構造はどうなっているか？　など発想につなげるための準備ステップを組み込んでいます。参加者の理解を深めたり、視点を広げたりするなどの効果もあります
Pugh法	スチュアート・ピュー（Stuart Pugh）が考案した、アイディアの洗練/収束手法です。開始時点で一番良いアイディアを基準アイディアとし、他アイディアを評価項目ごとに一対比較評価をします。上位アイディアのみを残して、アイディアの追加、評価を数回繰り返すことでアイディアを仕上げることができます

5.6　このフェーズの成果物とチェックポイント

◆ **アイディエーション資料　＜中間成果物＞**

□仮のシステム要求はステークホルダ要求とトレースが取れていますか？

□システムが持つべき能力の構成要素が論理的に分解できていますか？

□技術的考察をするときに社内外の専門家の意見を取り入れていますか？

□アイディアをスケッチやモックなどで表現していますか？

◆ **機能コンセプト集　＜中間成果物＞**

□システム要求を満たすための機能コンセプトが記載されていますか？

□方式やその具体的な説明図が記載されていますか？

□機能コンセプト集はプロジェクト内で共有されていますか？

◆ **技術妥当性検証報告書　＜中間成果物＞**

□機能コンセプトを実現する技術開発項目を抽出できていますか？

□見積は社内だけでなく社外の専門家の意見も取り入れていますか？

□技術到達レベルからシステムリリース時の性能を見積もれていますか？

□ビジネス部門に開発としての推奨搭載機能構成を提示できていますか？

□システムに搭載する機能、ロードマップ、開発投資および原価の上限額をビジネス部門に判断してもらえていますか？

◆ **システム要求仕様書　＜成果物＞**

□システムに搭載する具体的機能とその性能を定義できていますか？

□機能要求だけでなく非機能要求も定義できていますか？

□システム要求仕様書をプロジェクト全体で共有していますか？

◆ **システム要求図　＜成果物＞**

□システム要求仕様書と同じの内容をモデルとして表記していますか？

□ステークホルダ要求図とのトレースが取れていますか？

◆ **ワークフロー（To-Be）＜成果物＞**

□使われていないシステム要求はありませんか？

□システムの機能とステークホルダのインタラクションは明らかですか？

□システム要求全体を俯瞰して、操作や機能に矛盾がないですか？

□ステークホルダの問題は新しいシステムで解消されていますか？

5.7 このフェーズに現れるモンスター

独りよがりモンスター

攻撃技：我儘光線
破壊力：価値の低下、コスパの悪化
生息地：丸投げ文化の組織

◆ **特徴**

自分の考えるシステム要求さえ実現できればよい、と考えている。スキルもあって一生懸命やっているけど、他人と意見が衝突したり食い違ったりしたときに相手の主張を理解しようとせず、自分の意見が批判されたことにとらわれ、周囲の意見を加味した問題領域のリフレーミングができない。周囲と適切なコミュニケーションがとれていないため、徐々に独りよがりになっていき、いつの間にかモンスター化している。周囲が理解してくれなくても自分が正しい、と盲目的に信じている。

◆ **破壊力**

なんとなく辻褄合わせはするのでシステムが崩壊するには至らないが、システムの全体最適をぶち壊してしまうため、価値の低下やコスパの悪化といった影響がある。一度モンスター化すると目線が細かくなる傾向があり、気がつくと小さなこだわりがそこら中に埋め込まれていたりする。一つひとつは小さなほころびのため見つけにくく、広範囲に影響が出ていることがあるので注意は欠かせない。

◆ **モンスターの攻略法**

彼らは臆病者なので見つからないように隠れて、要求を潜り込ませようとしてくる。個別最適に偏ってしまい、全体観に悪影響のある要求はしっかりと排除するために、すべてのシステム要求に対してしっかりと全体最適の観点でレビューをしよう。独りよがりに気づいてもらった後は、経験もスキルも豊富なので良い情報や分析をしてくれるはずだ！

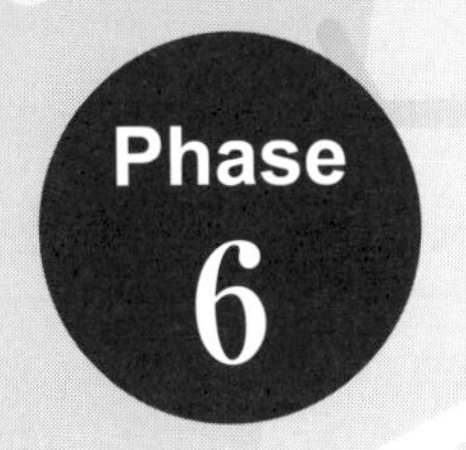

システム論理アーキテクチャ定義

システムの内部機能を洗練しよう

ISO/IEC/IEEE 15288:2015　6.4.4a-アーキテクチャ定義プロセス

この章では

- ●論理アーキテクチャとは何かが理解できる
- ●システムの内部構造を論理的に検討する方法が理解できる

論理アーキテクチャ定義は、システム要求をもとにシステムの内部構造を論理的に形作る段階です。この過程では、物理的な構造に着目する前に、まず内部機能の論理的な構造を詳細に分析します。

システムズエンジニアリングにおいては、物理的な実装手段を先に決定するのではなく、システムやシステムを構成する機能がどういった「目的」を果たすべきものなのかという目的に基づき、最適な手段を選択するという考え方を重視しています。これにより、製品のコンセプトに合致し、最適なパフォーマンスを提供するシステムを実現できるのです。

この「目的」は論理的な表現を通じて整理され、システムの内部構造と振る舞いを、一貫性を持って定義することが可能になります。こうした作業によって、最適な物理的手段を選択するための準備が整い、システム全体の性能が高まります。

本章では、システム要求から論理アーキテクチャへと展開するプロセスについて、解説します。

6.1 誰も教えてくれない！実務プロセスチャート

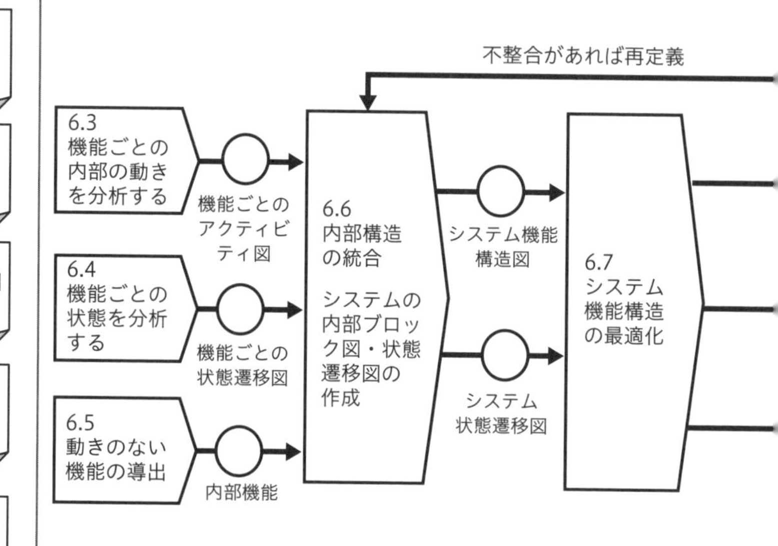

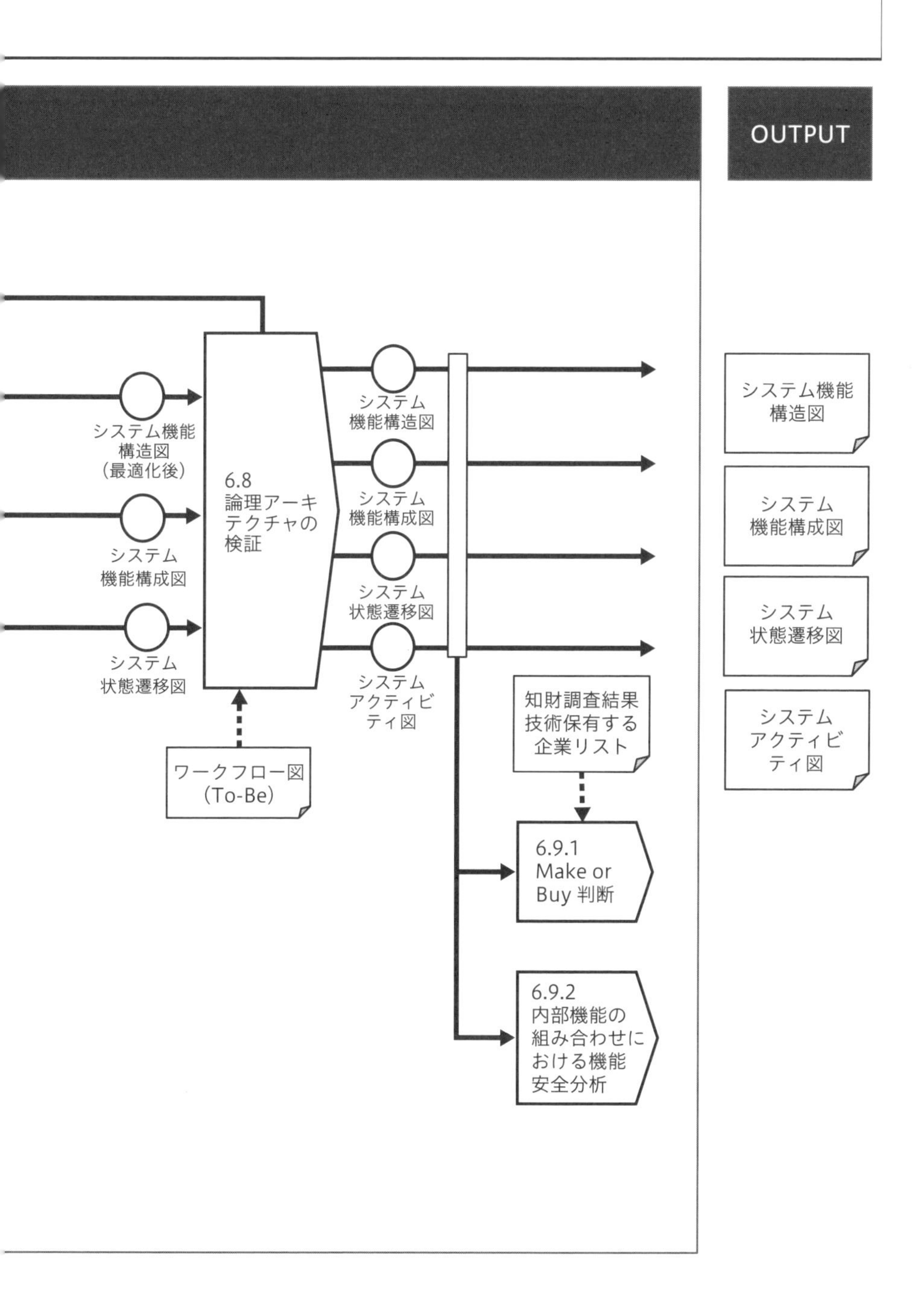
OUTPUT
システム機能
構造図
(最適化後)
システム
機能構成図
システム
状態遷移図
6.8
論理アーキテクチャの
検証
ワークフロー図
(To-Be)
システム
機能構造図
システム
機能構成図
システム
状態遷移図
システム
アクティビティ図
知財調査結果
技術保有する
企業リスト
6.9.1
Make or Buy 判断
6.9.2
内部機能の
組み合わせにおける機能
安全分析
システム機能
構造図
システム
機能構成図
システム
状態遷移図
システム
アクティビティ図

6.2 論理アーキテクチャとは何か

6.2.1 システム要求とアーキテクチャ

システム要求とは、ステークホルダ要求を実現するためにシステムが持つべき要求とその性能値のことです。内部はどうであれ、システムを外から見たときに達成してほしいこと＝「外部仕様」になります。対して、アーキテクチャは、システム要求を実現するための内部の構造、動作、および状態＝「内部仕様」です（**図6-1**）。

なぜ、外部と内部を明確に切り分けるのでしょうか。アーキテクチャは内部仕様で、ユーザーに直接影響を及ぼすことはないため、性能を抜きにすればメーカー側で「どのようにも構成できる」からです。

外部と内部を明確に識別しないで進めると、早い段階で十分な検討をせずに内部の手段を指定することが起こります。それは、システム性能に制約をかけることになりかねません。多様な選択肢の中から「最適な手段」を選ぶためには、外部と内部を識別することが極めて重要です。

6.2.2 論理アーキテクチャと物理アーキテクチャ

システムの外部と内部を分離して考えることと同様に、アーキテクチャの論理構成と物理構成も明確に分離して考えます。前者を論理アーキテクチャと呼

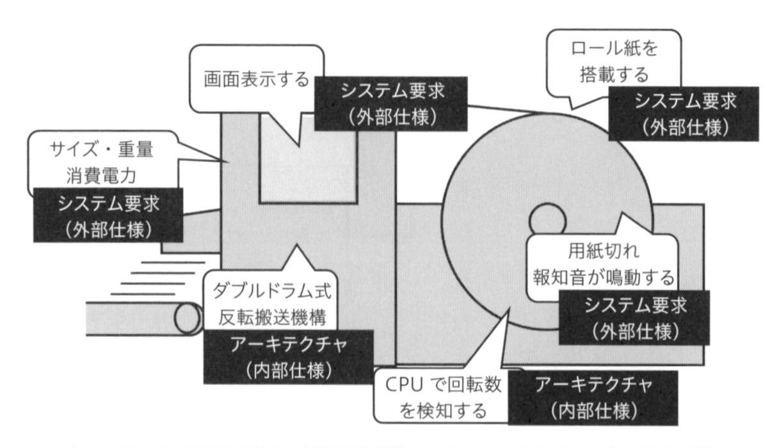

図6-1　システム要求（外部仕様）とアーキテクチャ（内部仕様）

び、実際のハードウェアやソフトウェアは考慮せずに、システムの機能を「何をするためのものか（What）」という論理表現で記述するものです（**図6-2**の①）。後者を物理アーキテクチャと呼び、システムの内部構造を具体的なハードウェアやソフトウェアといった実装手段で記述するものです（図6-2の②と③）。

図6-2のように、①論理アーキテクチャで表現された機能の目的を実現できれば、物理アーキテクチャは②や③など様々な方法が考えられ、コストや性能などから最適なものを選択します。このように、取り得る実装手段の選択幅を広げるために、いったんシステムの内部を論理的に整理することが必要です。

6.2.3　アーキテクチャを定義する3つの視点

システムのアーキテクチャを定義するためには、少なくとも**図6-3**で示す通り、動作、構造、状態の3つの視点が必要になります。

それぞれの視点での定義の成果物は異なり、動作は「システムアクティビ

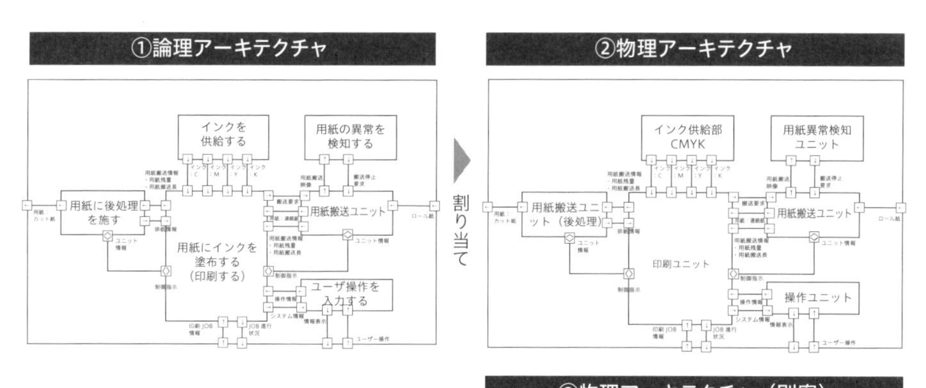

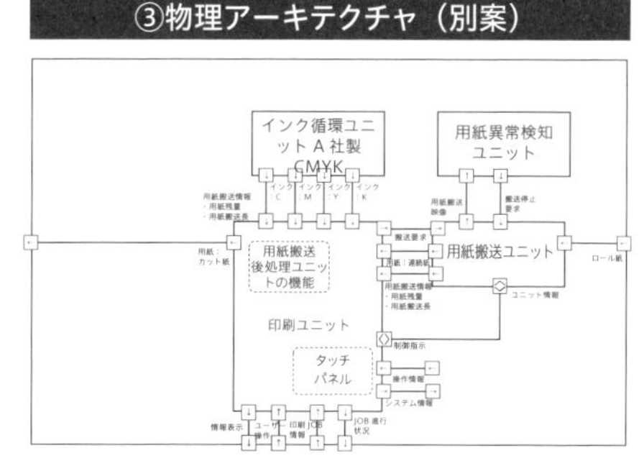

図6-2　論理アーキテクチャに対する複数の物理アーキテクチャ

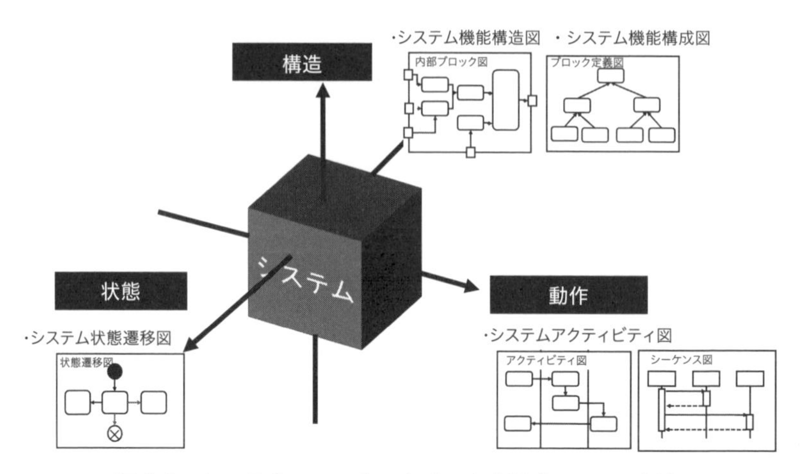

図6-3　システムのアーキテクチャを表現する3つの視点

ティ図」として、構造は「システム機能構造図」と「システム機能構成図」として、状態は「システム状態遷移図」として定義します。それを総合的に把握することで、誰もが同じシステムのアーキテクチャを理解することができるようになります。可視化にSysMLのモデルのダイアグラムを活用する場合は、動作は「アクティビティ図」や「シーケンス図」で、構造は「ブロック定義図」と「内部ブロック図」で、状態は「状態遷移図」で表現することが可能です。記述方法が決まっているため、分析したことを正しく他者に伝えることができます。

3つの視点の検討の順序はありませんが、本書では、システム要求を“動作”視点から分解して、それを静的な“構造”でまとめ、“状態”を考察するという手順で説明します。

6.3　機能ごとの内部の動きを分析する

6.3.1　入出力を識別する

まず、“動作”の視点でシステム要求を分解していきます。システムは、「何かしらの入力」を受けて「何かしらの処理」をし、「何かしらの出力」をしています。システム要求は外部から見た機能の集合体なので、基本的には入力機能と出力機能のいずれかに該当します。そして、「何かしらの処理」が内部機

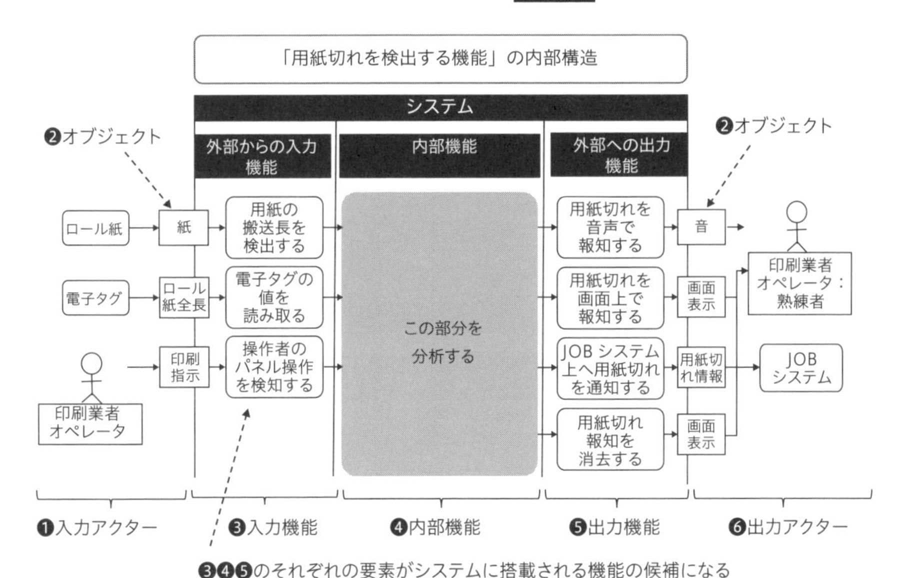

図6-4　内部機能分析のためのシステムアクティビティ図

能に当たります。これらを識別して検討していくために、**図6-4**のようなシステムアクティビティ図を作成します。

❶入力アクター

システムの入力情報を生成するシステム外の人やモノを記載します。

❷オブジェクト

システム外部とシステムの間でやり取りするものを記載します。

❸入力機能

オブジェクトをシステムが取得するための機能を記載します。システム要求のうちシステム内へ何かを受け取る機能が該当します。

❹内部機能

システムの外部には現れず、内部で行われる処理を記載します。この段階ではブランクです。

❺出力機能

システム内部で行われた処理の結果をシステム外部に出す機能です。システム要求のうち、システム外に何かを出力している機能が該当します。

❻出力アクター

システムの出力情報を受け取るシステム外の人やモノを記載します。

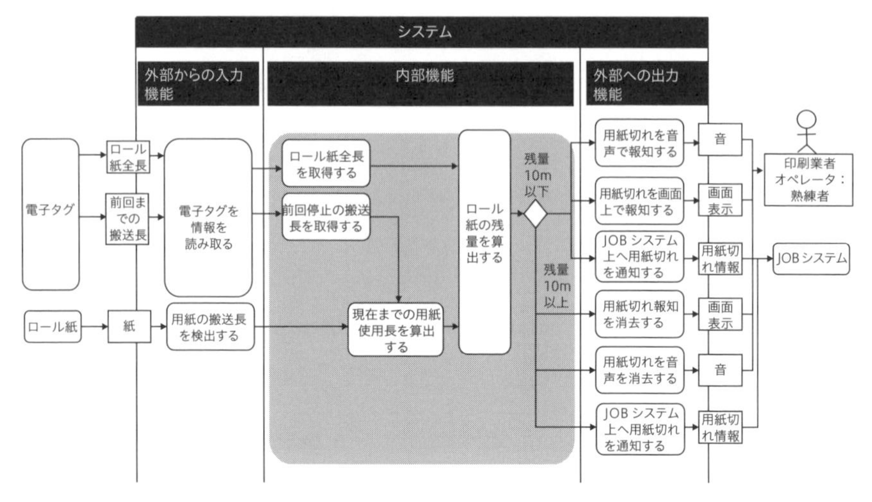

図6-5　用紙切れを報知する外部機能の動作分析（部分）

6.3.2　システム内部の動作を分析する

次に入出力につながる、システム内部の動作を明らかにしていきます。具体的には、システム要求を実現するための、内部の機能とその関係性を時系列で分析していきます。この分析で出てくる内部機能が、システムの論理アーキテクチャを構成する部品となるのです。

図6-5は、用紙切れを報知する外部機能の動作分析結果の例です。

まずはロール紙の全長を、装着されている電子タグから読み取ります。次に電子タグから、前回の搬送終了時までの搬送長を読み取ります。初期のロール長から使用された長さを引けば、残りの用紙長が求められます。搬送開始後は、そこからさらに使用した搬送長を検出すれば、残りの用紙長がわかります。そして、残りの用紙長が用紙切れ手前10mになったら報知する機能を呼び出して報知をします。これを図示することで、動作が明確になります。

このような検討をすべてのシステム要求1つずつに対して実施します。頭の中で内部の機能を描けるかもしれませんが、他の開発者と考えを共有したり、検討の漏れをなくしたりするために、システムアクティビティ図を使って検討してください。

表6-1　文章による書き下し

システムは、ロール紙の電子タグ情報を読み込む
システムは、前回停止時の搬送長を認識する
システムは、ロール紙の個体値（ロール紙長）を取得する
システムは、現在の搬送している長さを取得する
システムは、現在までの総搬送長を算出する
システムは、ロール紙長ー現在までの搬送長から残りの用紙長さを算出する
システムは、残りの用紙長さが10m以下かどうかを判断する
〈もし残り長さが10m以下なら〉
システムは、音声を鳴動して用紙切れを報知する
印刷オペレータは、報知を聞く
印刷オペレータは、システムを操作して印刷停止する

◆ もしうまく内部の動作を記述できない場合は

図を用いる前に、いったん文章で記述してみるとよいでしょう。体裁は気にせず、「このシステム要求を実現するには自分だったらどのような動作を考えるか？」と頭に思いつくものを順番に記述していきます。その場合、後で整理しやすいように主語＋機能（動詞＋目的語）の形で記述をしてください。

誰は、　**何を、どうする**
アクター　機能

例えば「用紙切れを検知するためにはどのような動作が必要か？」と考えて書き出してみましょう（**表6-1**）。そして、書き出した文章をもとにアクターと機能を分けて、システム内部の動作を図6-5のように具体化します。

6.4　機能ごとの状態を分析する

最後に、状態について考察をしていきます。同じシステム要求の処理でも、システムの状態によって外部との入出力や、内部の動作が異なることがあります（**図6-6**）。これは、システムに「状態」があるということです。状態の定義はいろいろありますが、本書では「システムの動作目的の観点で区別できる単位」と定義します。動作と状態は直交する概念で、通常は同じ機能であっても状態ごとにシステムの動作や入出力が異なります。

図6-7の①のように、システム要求に基づくシステムの動作を検討してい

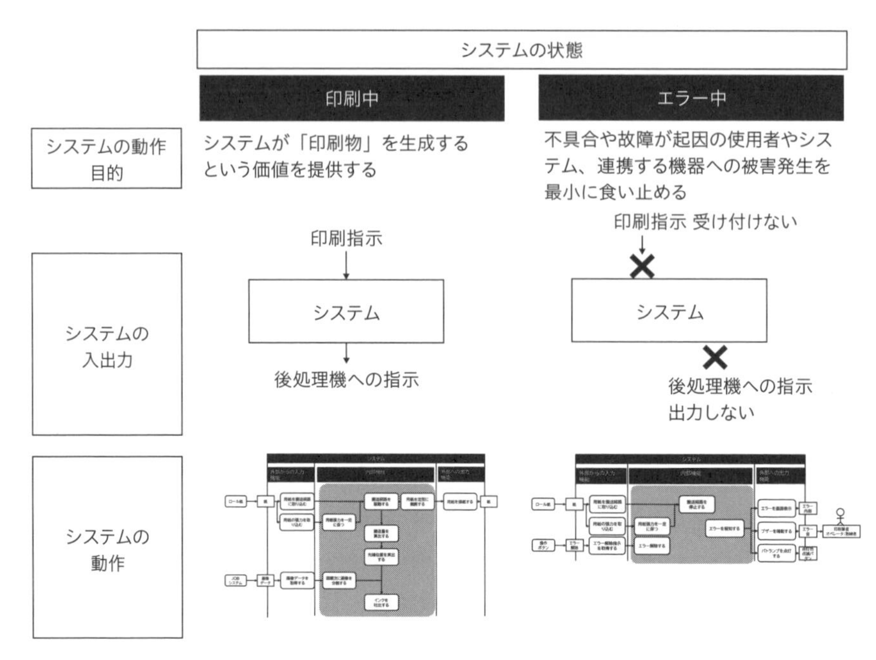

図6-6　システムの状態と動作の関係

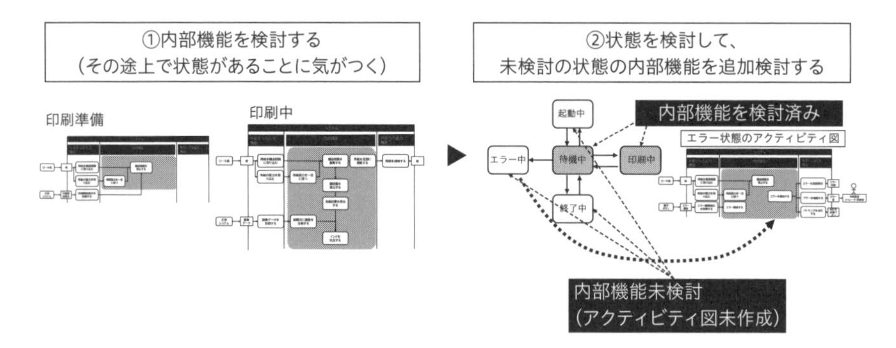

図6-7　状態検討の流れ

て、どうもシステムの動作目的によって内部の機能が変わると気がついた場合は、状態があると判断して図6-7の②のように、いったんその機能の状態を分析してみましょう。

おそらく、いくつかの状態が見出せるはずです。その状態を状態遷移図で可視化した上で、まだ未検討の状態についてシステムの動作を分析しましょう。

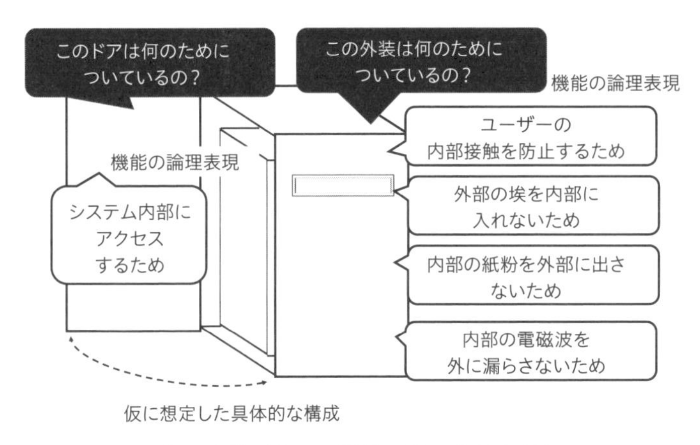

図6-8　仮の実装手段から機能の論理表現を考えてみる

抜け漏れなく、システムの内部機能を抽出することができるはずです。システム要求には状態を持たないものもあるため、状態を持つものだけ作成をして分析してください。

6.5　動きのない機能の導出

これまで内部の動きのあるものを中心に説明をしてきましたが、力学的な原理を持つ機能には動きのないものも多いです。例えば、保持する、保護する、ある物体を動きやすくするor動きにくくするなどです。こういったものは、なかなか論理的な表現で機能を出しにくいものです。そういうときは、いったん内部の機構など仮の実装手段をイメージして、「この部分は何のためにあるのだろうか」という目的を遡って考えてみましょう。

例えば**図6-8**は、システム外装に関する例を示しています。基本的に外装には動きはありません。

しかし、ここにもいくつかの機能があります。ドアを例にして考えると、なぜこのドアが必要なのか目的を考えます。ドアはプリンタの保守時に、内部へアクセスするために必要と考えることができそうです。ここから「内部にアクセスする」という機能の論理表現ができました。この論理的に表現された機能が実現できれば、その実装手段はドアでもねじ止めのパネルでも何でもよいわけです。様々な実装手段からより良いものを選択すればよいのです。

この検討で気をつけなければいけないのは、機能の論理導出するために用いた実装手段はあくまでも仮で、確定したものではないということです。より良い実装手段を検討するのはPhase7 物理アーキテクチャの段階です。

6.6 内部構造の統合

システム要求を実現するために必要な内部機能を、システムアクティビティ図と状態遷移図を使いながら導出してきました。それらの内部機能すべてがシステムの中に収められ、矛盾なく、効率的に機能するようにシステム機能の構造を決めていきます（**図6-9**）。この検討は、SysMLの内部ブロック図を用いて行うとよいでしょう。

6.6.1 内部機能の統合

システムアクティビティ図で記載した入出力と内部機能をすべてシステム機能構造図上へ転記し、結合します。さらに、同じ機能は統合します（**図6-10**）。

ここでは、機能の関係性が冗長になっている部分が多いと思いますが、次のステップで内部機能の統合と矛盾の解消を行うので、ここではすべての内部機能を機能構造として盛り込むことに注力してください。統合は完全に一致している機能のみ実施すればよく、そうでないものはそのままで構いません。以降の統合例を参考に実施してください。

内部ブロック図を作成すると、「搬送経路を駆動する」「搬送経路を停止する」など、事象が違うだけの同じ機能があることに気がつきます。機能を目的で考えた場合に、同じ機能になるものも統合をしていきます。

図6-11は「搬送経路を駆動する」という内部機能の統合の例です。外からの指示や状態によって停止指示と駆動指示を別の機能として存在していたものを、一つの駆動指示として捉え直し、統合をしています。

6.6.2 機能間の矛盾の解消

内部機能の統合を行っていると、内部機能間の矛盾にも気づくことがあります。これは機能ごとにアクティビティ図を作成したり、内部機能の検討を複数人で行ったりする場合に発生しやすいです。以下に、代表的なケースとともに解消例を挙げておきます。

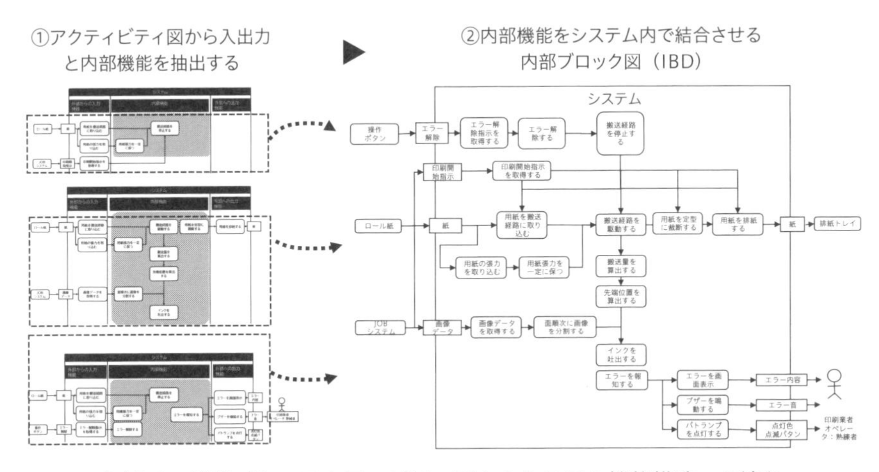

図6-9　機能ごとのアクティビティ図からシステム機能構造への流れ

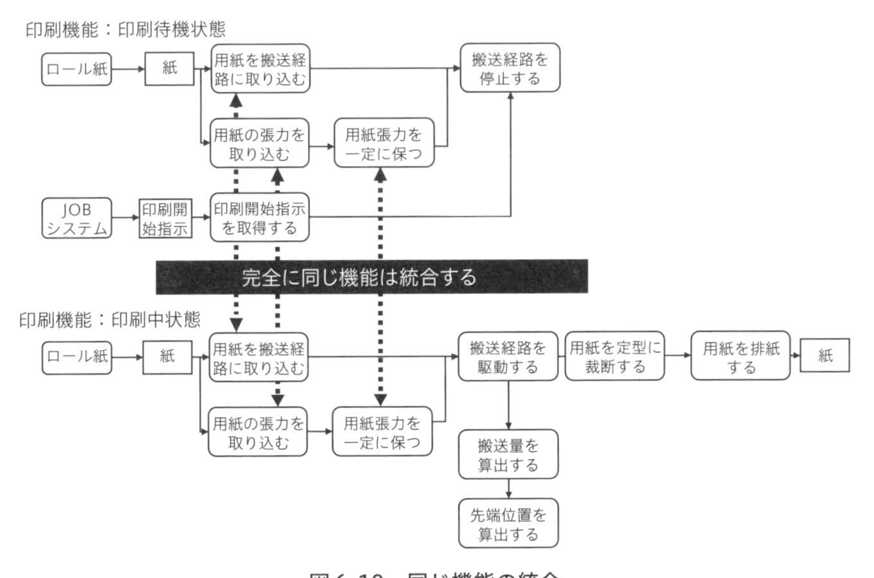

図6-10　同じ機能の統合

◆ 複数の内部機能が別の1つの内部機能を、異なる目的で利用する

図6-12は複数の内部機能が別の1つの内部機能を、異なる目的で利用することにより、矛盾が発生している例です。

この例では、「ロール紙の回転駆動力を生成する」という内部機能が、「用紙を搬送する」目的と「用紙に張力をかける」目的の2つの異なる内部機能に

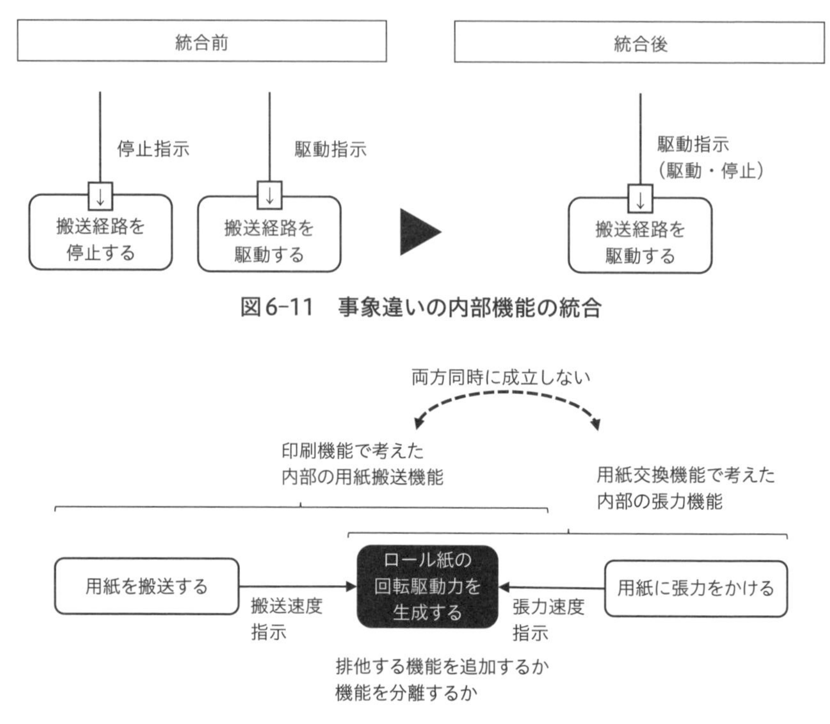

図6-11　事象違いの内部機能の統合

図6-12　同じ内部機能を別々の機能で違うように利用する

よって利用されています。もし、これらの機能がそれぞれ独自のタイミングで、「ロール紙の回転駆動力を生成する」という内部機能を利用しようとした場合、システムは成り立つでしょうか。このような場合は、2つの内部機能の間で排他制御を盛り込むなど、2つの事象が同時に成立できる仕組みを盛り込んで矛盾を解消します。

◆ 同じ名称の内部機能でも実態が異なる

図6-13は2つの同じ名称の内部機能がありますが、実態は別のもので、それぞれに期待する入出力が異なる例です。上段の「印刷画像を取得する」機能は、システム外のプリンタドライバなどで生成された印刷用のRAW画像を入力として、色別に印刷画像を取得する機能です。一方で下段の同名称の機能は、エッジ処理後の印刷画像を取得する機能です。

機能表現の抽象度を上げすぎると同じ機能名称になることがあり、その結果、誤った入出力をつなげるミスが発生します。関係者が正しく理解できるように、名称は正確に定義することが重要です。それぞれの機能を再定義すると

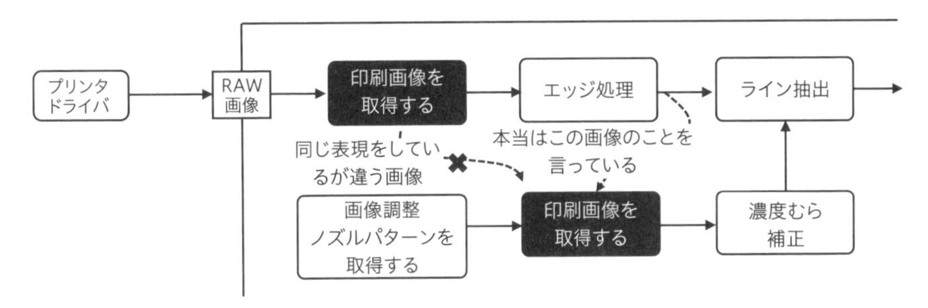

図6-13　同じ名称の機能は実態が異なってもつなげてしまう可能性がある

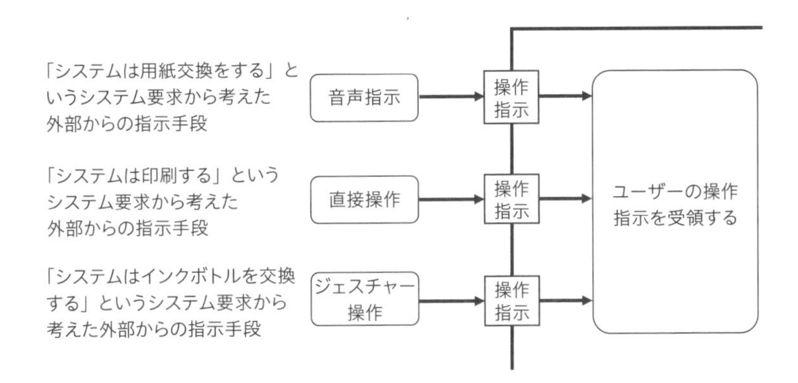

図6-14　システム入力が複数ある場合

「印刷画像（RAW）を取得する」や「印刷画像（エッジ処理後）を取得する」になります。

◆ 入出力の種類が多すぎて煩雑になっている

図6-14は、システム外部との入出力で類似の目的を持つ機能が複数あり、操作が煩雑になっている例です。「システムは用紙交換する」というシステム要求の動作検討での操作指示は、音声指示を前提としました。一方で、「システムは印刷する」というシステム要求の動作検討では、従来通りボタンによる直接操作を想定しました。「システムはインクボトルを交換する」の場合には、手が汚れているのでジェスチャーでの操作を前提としました。

これらを素直に採用した場合、3種類の入力方式をシステムで対応しなければなりません。入力方式が複数あるということは、使用者にとってもユーザービリティが良いとは言えません。そこで、すべての入力方式が必要なのか、統合できるものはないかなど考察して不要な手段を削除します。

6.7 システム機能構造の最適化

内部機能の統合まで完了すると、システムの機能構造の矛盾が解消され、論理アーキテクチャのドラフトが出来上がります。しかし、まだ性能に対しての洗練を行っていないため、冗長で複雑な構成になっていることも多いでしょう。ここでは機能構造を見直しながら、システムとして効率の良い構成になるように最適化を行っていきます。

システム機能構造の最適化を行う目的は主に以下の3つです。

- 無駄な処理や動作を減らし性能を高める
- 設計の変更に強い構造にする（影響を局所的に留める）
- 機構や、処理の再利用性を高める

最適化には、いくつかのパターンがあります。選択されるパターンによって性能や保守性が大きく変わります。ここでは代表例を挙げます。

◆ カプセル化

同じ目的を持つ機能をまとめて大きな機能にし、部品化する方法です。

大きな機能に責務を持たせて、その責務内に必要な情報はその機能の中のみで利用できるようにします。部品化することで、機能間のやり取りがシンプルになりますし、ある機能に変更が生じた際、その影響はカプセル化された範囲内に留まります。そのため、システム全体を改変する必要がなく、保守性や拡張性にメリットがあります。**図6-15**はその事例です。

◆ パイプライン化

一定の時間内に処理や作業を収めるために、逐次的に処理を配置する最適化の方法です。内部機能間の情報の受け渡しが少なく、処理負荷のバラツキも抑えられるため、リアルタイム性が必要なシステムに向いています。スループットを必要とするような機能（画像処理、メカ制御など）に使われます。**図6-16**はその事例です。

最適化をする際に参考なる考え方に、「凝集度」と「結合度」というものがあります。これはソフトウェア工学から来た考え方ですが、十分にシステムにも適用できます。

「凝集度」は関連する機能が、どれだけ緊密にまとまっているかを示す指標です。高い凝集度を持つモジュールは、機能群を目的達成のための部品として

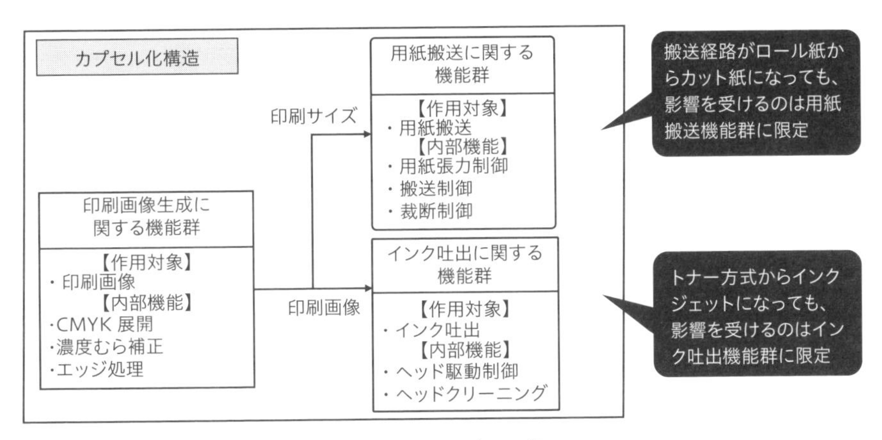

図6-15　カプセル化

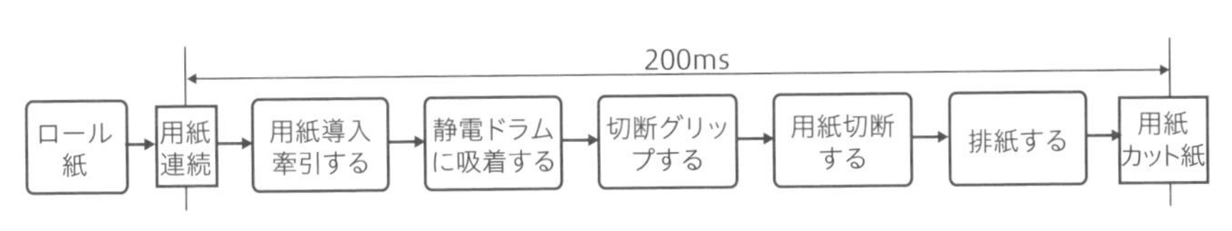

図6-16　パイプライン化

扱うことができます。「結合度」は異なるモジュールやコンポーネント間の依存関係や、相互作用の度合いを示す指標です。低い結合度を持つシステムは、各モジュール間の相互依存が少ないため変更や追加が柔軟に行え、エラーの影響が局所的に留まりやすいです。

先に紹介したカプセル化などは凝集度を上げ、結合度を下げる手法です。最適なシステムアーキテクチャを目指すには、「凝集度」と「結合度」をシステムの特性に合わせてバランスをとることが理想的です。

6.7.1　システム機能の階層化

最適化によって、システム内の機能構造がある程度整理されたら、階層の整理を行います。内部機能を統合と最適化が終わった段階では、多くの内部機能がシステム機能構造図に平面的に存在します。そのままでは、図が広大になるだけでなく、システムの全体像を把握しにくくなってしまいます。このため、内部機能を同じような目的を持つ機能群としてまとめて階層化し、抽象度を上げて見通しをよくします（**図6-17**）。

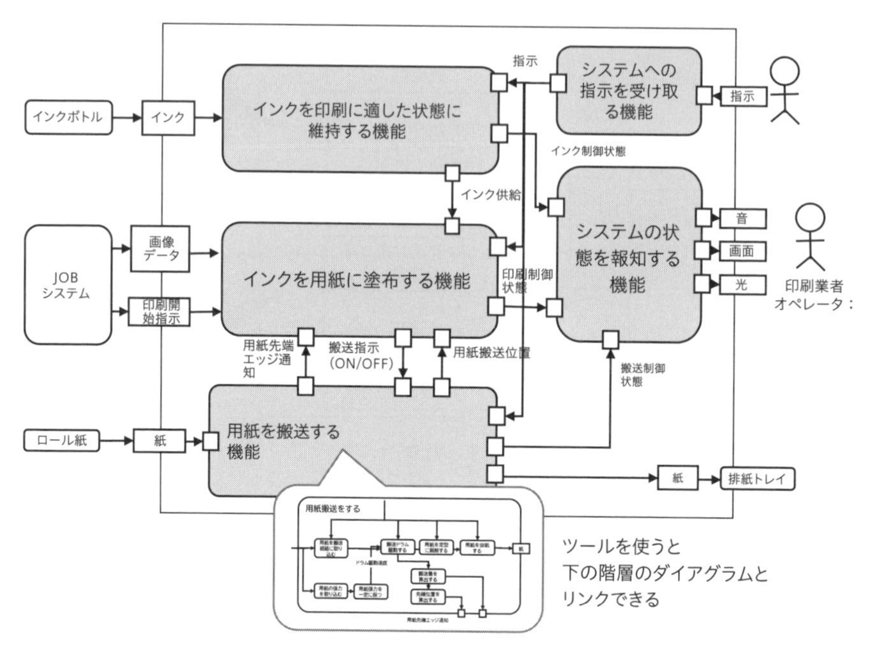

図6-17　システム機能構造の階層化

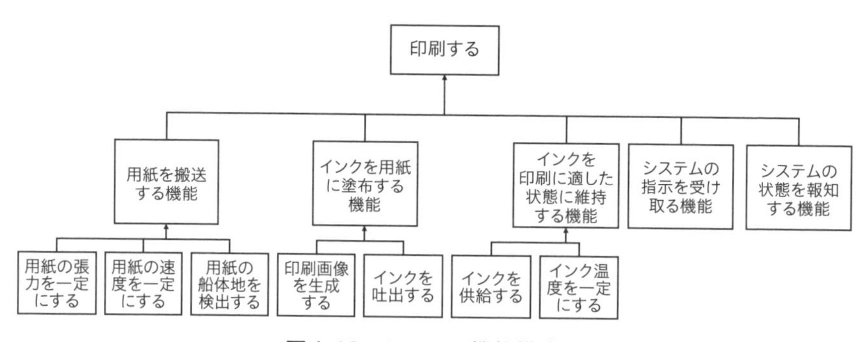

図6-18　システム機能構成図

システム機能構造の階層化によって、機能同士の関係性を俯瞰的に把握できます。また、このシステムの機能構造を**図6-18**のようなシステム機能構成図にすると、システムの機能がどのようなサブ機能から何で成り立っているのかを俯瞰的に把握することが可能です。

6.7.2　システム状態の統合

システムの機能がシステム機能構造図に統合されたら、もう一つの視点であ

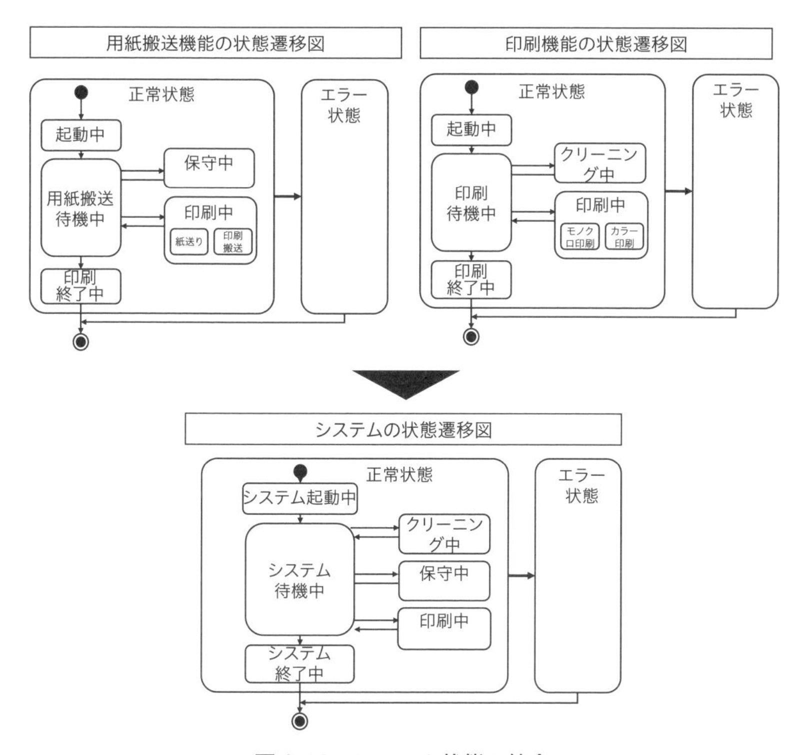

図6-19　システム状態の統合

る「状態」についても、個々の機能単位からシステムの単位へ統合をしていきます。システム状態遷移図として状態が統合されると、システム全体の管理の一貫性や整合性が保ちやすくなります。また、その機能や範囲も明確に定義できます。

図6-19の用紙搬送機能（左）と印刷機能（右）について考えてみましょう。両方の機能に「起動中」があります。状態の目的はどちらも「機能の起動を行い、動作ができるようにする」ことであるため、システム共通の状態として「システム起動中」と定義することができそうです。「システム起動中」の中で実行される処理として、「用紙搬送機能の起動」と「印刷機能の起動」処理があるというようにします。

システムの状態とはシステムの動作の目的に分類されます。ちょっとした動作の条件の違いは、状態ではなく事象です。システムを統合するときには、この点に特に注意を払うようにしてください。

6.8 論理アーキテクチャの検証

システム機能構造図、システム機能構成図、システム状態遷移図ができたら、論理アーキテクチャが定義できたことになります。ここからは、論理アーキテクチャが、システム要求で定義された外部仕様を達成できるか、不足している内部機能がないかどうかを検証します。これは一種のシミュレーションです。モノを作る前の時点で確からしさを確認する行為であり、モデルを使ったシステムズエンジニアリングの優位点でもあります。

具体的には、システム機能構造図内の機能を使って、改めてシステム要求がどのようにして実現できるか、システムアクティビティ図を更新しながら検証します。その際に以下の4点を確認していきます（**図6-20**）。

①システム要求で定義された機能と性能を達成できるか

②内部の機能に過不足はないか

③入出力に過不足はないか

④内部の機能間の関係に過不足や矛盾がないか

すべてのシステム要求のアクティビティ図を書いたときに、システム機能構

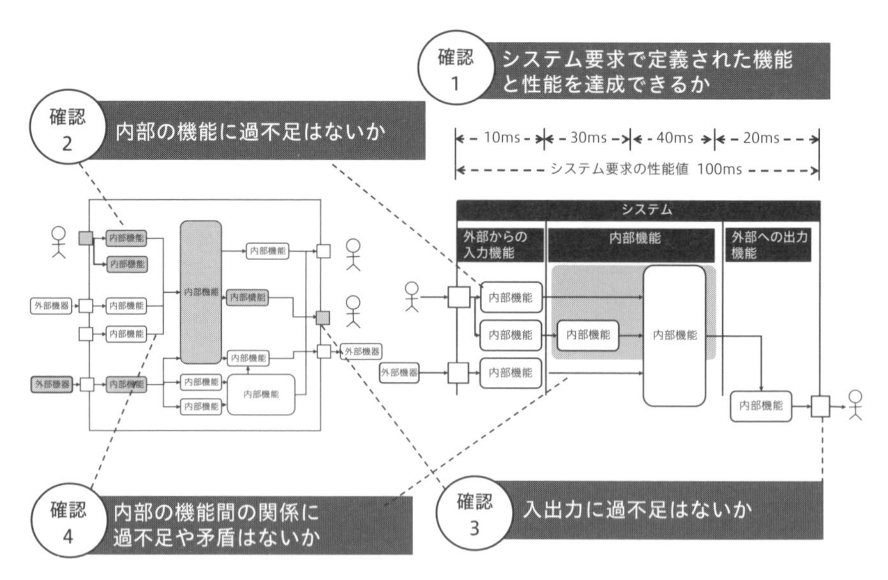

図6-20　論理アーキテクチャの検証ポイント

造図の機能と入出力がすべて使用されており、システム要求で定義された性能の範囲内に性能が適切に分配されていれば、この時点でシステムの論理アーキテクチャが成り立っていると判断できます。

6.9　論理アーキテクチャの使いどころ

ここまでで、システムの要求を実現するために、システム内部でシステムの内部で「何をするか（What）」ということを分析し、論理アーキテクチャとして定義してきました。この分析結果は、次のPhaseである物理アーキテクチャ検討へのインプットとなるわけですが、システムの機能構造を論理的に定義できているので、様々な検討を開始することができます。代表的な使いどころを紹介します。

6.9.1　Make or Buyの判断

システムの機能が自社で保有している技術で賄えるのか、そうでないのかをシステム機能構造図またはシステム機能構成図を用いて判断します（**図6-21**）。

図中の機能の技術を自社で保有しているかを確認し、もし保有していない場

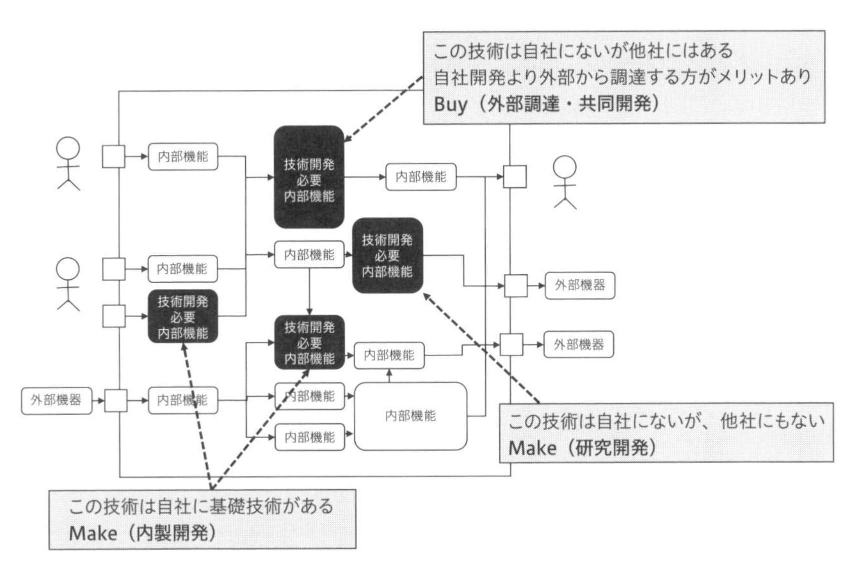

図6-21　内部ブロック図を使ったMake or Buyの判断

合、自社で開発すべきか（Make）、他社の技術を導入するか（Buy）をこのタイミングで判断します。論理アーキテクチャを活用すると、他社の技術を導入する際に闇雲に技術を探索する必要がなく、論理アーキテクチャ上のこの機能をBuyする、そのときに最低限必要とする入出力は何かといった情報が明らかになります。またベンチャー企業と折衝で、自社がどういうものを求めているかも説明がしやすくなります。

論理アーキテクチャを活用せず、ベンチャー企業の技術を表面上の類似性、見栄えだけで判断すると、いざ自社のシステムに組み込む段階で内部構造の矛盾が発覚し、作り直す部分が多く発生して結局は使えなかったという失敗につながってしまいます。

6.9.2　内部機能の組み合わせにおける機能安全分析

論理アーキテクチャのシステム機能構造図は、内部機能とその関係性が明らかになっているため、内部機能の相互作用によって引き起こされる機能安全のリスク要素を分析するのに有効です。このようなリスクのある箇所を優先的に分析することができる手法として、STAMP/STPA（Systems-Theoretic Accident Model and Process/STAMP-based Process Analysis）が広く採用されています。この手法は、システム思考に基づいており、主に機能間の「因果ループ」と「時間遅延」を考慮します。

フィードバック制御のように、原因が結果をもたらし、その結果がまた原因に作用する因果ループ構造がシステムの中にあると、そのループが大きい（間接的にいろいろつながっている）ほど全体を見通せず、予期せぬ動作になりやすいものです。さらに、それに「遅れ」が伴うことで、「古い」情報をもとに正しい判断をしたつもりが結果として誤った結果もたらすことになります。つまり必ずしも故障が原因ではなく、それぞれ個々は正しいことをしているにもかかわらず、全体として期待とは異なる結果をもたらす（つまり設計ミス）ことになります。STAMP/STPAは、このような危険な因果ループ構造（危険なコントロールループと呼びます）を見つけるための手法です。

例えば、**図6-22**に示されたケースでは検出周期が不適切であるため、特定の条件下で不適切な駆動指示が発生します。このような状況に時間遅延が加わると、応答が遅れ、ドラム回転数が発振するという深刻な問題が発生する可能性が高まります。システム機能構造図を使ってSTAMP/STPAの分析手法を活

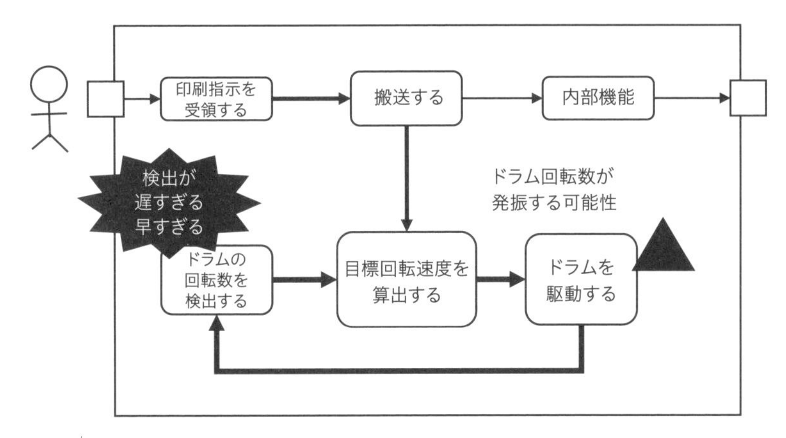

図6-22　危険なコントロールループを見つけ出す（STAMP/STPA）

用すれば、危険なコントロールループを発見することができ、高リスクの箇所を早期に識別することが可能です。

6.10　このフェーズの成果物とチェックポイント

◆ **システムアクティビティ図　＜成果物＞**

□すべてのシステム要求について作成できていますか？

□内部機能の表現は、論理的な表現になっていますか？

□動きのない機能も抽出できていますか？

◆ **システム機能構造図　＜成果物＞**

□システムアクティビティ図の機能をすべて反映できていますか？

□機能の重複や不整合をすべて解消できていますか？

□性能を最大限引き出すために、内部構造の最適化ができていますか？

◆ **システム状態遷移図　＜成果物＞**

□システムが目的達成するための動的な様態を抽出していますか？

□システム状態別にシステムアクティビティ図が作成されていますか？

□状態を持たない機能に対して過剰にモデルを作成していませんか？

◆ **システム機能構成図　＜成果物＞**

□システム機能構造図と階層や機能名称が一致していますか？

6.11 このフェーズに現れるモンスター

猪突猛進モンスター

攻撃技：ごり押しプレス
破壊力：後から効いてくる
生息地：むら社会

◆ **特徴**

自分が思いついたり、見たり、聞いたりしたものだけに執着するようになり、「これしかない」と技術開発の押しつけをしてくる。特に、思い入れのある技術に出会うと他人の意見が聞こえなくなり、何をさておいてもその技術を強引に採用させようとしてくる。一度このモードに入ると、なりふり構わずその方向に突き進む姿はまさに猪そのものである。

◆ **破壊力**

採用する技術が新規技術の場合、良い面だけを取り上げ、重大なリスクが見逃されてしまう可能性がある。このため、後になって大騒ぎになることがあり得る。採用する技術が従来技術の場合、何世代も繰り返されている可能性があり、システムの技術革新を阻害し続け、市場での競争力を削り取っていく。

◆ **モンスターの攻略法**

モブワークのような複数人で共同作業する仕組みを活用し、個人の意見がダイレクトに意思決定につながらないようにする。個人の暴走を抑制することで対策が可能である。一人で作業する時間が長くなると、自分の思考にのめり込みがちになるので、こまめに共同作業をすることが有効である。冷静になって自身の暴走に気づいてもらった後は、経験もスキルも豊富なので良い情報や分析をしてくれるはずだ！

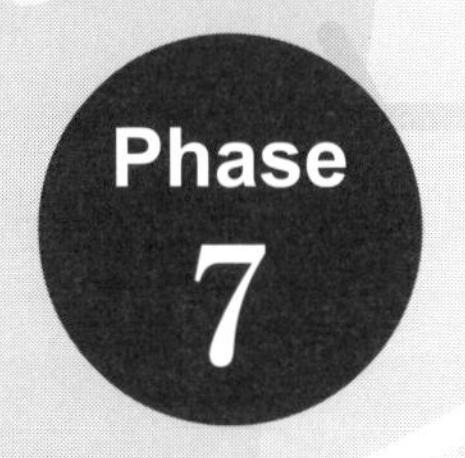

Phase 7 システム物理アーキテクチャ定義

ビジネス直結！
システムをプロダクトに分割しよう

ISO/IEC/IEEE 15288:2015　6.4.4a–アーキテクチャ定義プロセス

この章では

- ●物理アーキテクチャとは何かが理解できる
- ●システムをプロダクトに分割する方法が理解できる
- ●プロダクト間のインターフェースの抽出方法が理解できる

これまでシステム要求を実現するためのシステムの論理アーキテクチャを考えてきました。論理アーキテクチャは、まだシステムの内部機能は何か、その機能間の関係はどうあるべきか、ということを整理しただけにすぎません。実際に手にしたり、目にしたりする物理的な実装手段はこれから決めていくことになります。これを実施するのが物理アーキテクチャ定義になります。

物理アーキテクチャは、複数の案を作成して客観的に比較し、ビジネスによる最終決定を行うことで定義されます。物理アーキテクチャの検討粒度は、開発フェーズによって異なります。

a）システムレベルでの検討をする場合：

プロダクト分割とその物理的なインターフェースを定義します。

b）単体のプロダクトを検討する場合：

メカ、エレキ、ソフトなどの分割とその物理的なインターフェースを定義します。

本章ではシステムレベルの物理アーキテクチャ検討であるプロダクト分割のやり方について解説していきます。

7.1 誰も教えてくれない！実務プロセスチャート

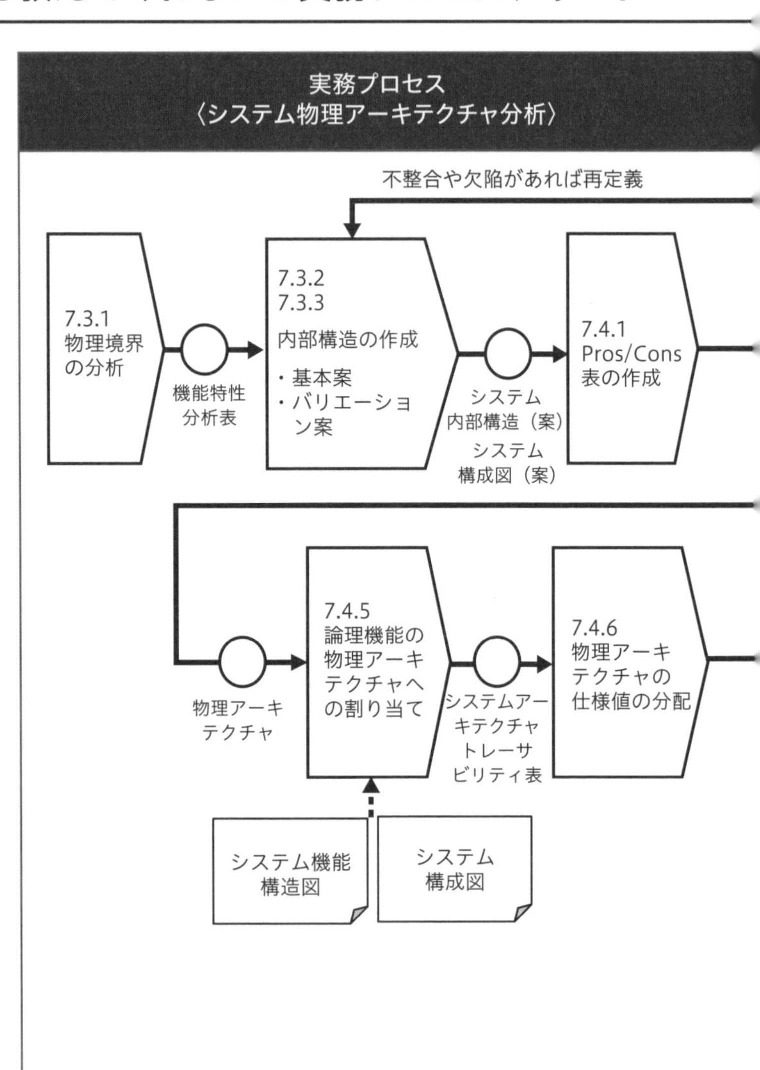

OUTPUT

7.4.3
致命的な
欠点の確認

Pors/
Cons 表

7.4.4
ビジネス部門
による物理
アーキテクチャ
の決定

Pors/
Cons 表

物理アーキ
テクチャ
(仕様値配分)

7.5
プロダクト間
のインター
フェース定義

システム
アクティ
ビティ図

プロダクト間
インターフェース
仕様書

システムアク
ティビティ図
(プロダクト
分割後)

システ
ム設計
仕様書
の作成

システム
設計仕様書

システムレベルのベリ
フィケーション計画が
立てられます

システム
アクティ
ビティ図

システムアー
キテクチャト
レーサビリ
ティ表

システム設計
仕様書

プロダクト間
インター
フェース
仕様書

7.2 物理アーキテクチャ検討の役割分担

物理アーキテクチャの最終案を決定するのは誰でしょうか。開発者と考えがちですが、そうではなくて「ビジネスの責任者」です。開発者の役割は、あくまでも物理アーキテクチャの提案です。

というのも、論理アーキテクチャを具現化する物理アーキテクチャは様々なバリエーションが考えられます。その中から最終案を選択する場合、どんな競合企業とどんな市場で、どのように戦っていくのか、そのために一番効果的なシステムは何かといった商品戦略やマーケティング戦術が、その判断基準になるからです（**図7-1**）。

そのため、ビジネス側はただ単に何台売れるかだけではなく、顧客とのタッチポイントをどこに置くか、ユーザーの購買動機を高められる機能は何か、ど

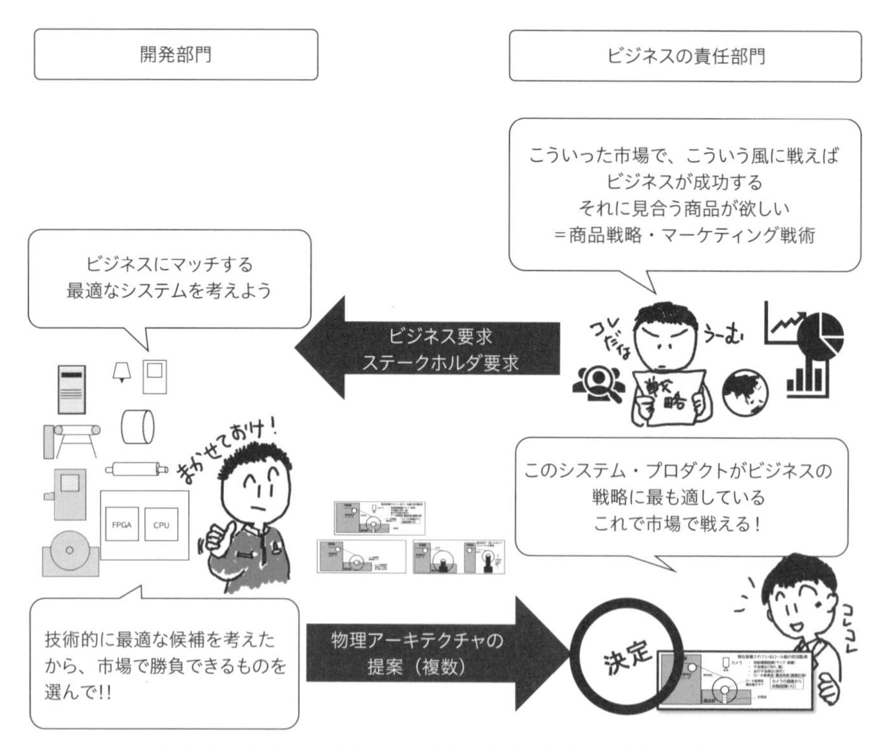

図7-1　物理アーキにおける開発者とビジネス部門の関係

のように拡大路線を進めていくか、そのためにどの価格でドライブをかけていくのかなどを考えて、マーケティング戦術を描いておくことが必要です。マーケティング戦術はPhase1～Phase6の各ステップで不可欠なものであり、Phase1から段階的に更新されていきます。そして、遅くとも物理アーキテクチャ検討までに、具体的な戦術を仕上げておくことが非常に重要になります。

7.3 プロダクト分割

7.3.1 物理境界の分析

システムをプロダクトへ分割する方法は理論的には無数にあります。しかしそこには、一定の物理的な境界基準が存在します。代表的なものとしては、システムの内部機能の特性による物理境界基準があります。これは機能を特性でまとめて、異なる特性を持つ機能との間に物理境界を置き、プロダクトへ分割するというものです。

例えばある内部機能に、10年単位で技術が進化していくものと、AIのように1～2年で急激に技術が進化していくものがあったとします。この2つの内部機能間には特性の境界が存在します。もし、これらをそのまま1つのプロダクトに同居させると、どうなるでしょうか。プロダクトの更新時期を進化の遅い内部機能に合わせると、一部の内部機能が陳腐化し、世の中の変化に追随できなくなってしまいます。このようなことを避けるために、技術の進化スピードに合わせてプロダクトを分割する、という構成案が浮かんできます。

進化スピード以外にもよく用いられる機能特性を**表7-1**に示します。

プロダクトを分割しないことを考察する機能特性もあります。スループットのようにプロダクト分割をしてしまうと、処理速度が低下するなどのものです。このような特性の例も**表7-2**に挙げておきます。主には制約になるものです。

これらの機能特性をもとに機能特性分析表を作成します（**表7-3**）。機能特性分析表を作成することで、物理境界の候補が見えてきます。例えば、表7-3の「用紙搬送機能」を例に考えてみます。用紙搬送機能が扱う用紙は大きく分けて、「ロール紙」と「カット紙」の2つのバリエーションがあります。一方で印刷機能はバリエーションがありません。ここに特性の境界があります。

表7-1　システムを分割する際に考慮する機能特性

機能特性の指標	説明
機能の目的	基本的にプロダクトは「(目的) をするための製品」という形で、目的別に物理境界を設けることが多い。目的別にユーザーのユースケースが異なるため
技術進化のスピード	進化の早いものと遅いもの。同居させると片方の技術更新を妨げることになりやすいため、物理境界を設けることがある
顧客のセグメント別のユースケース	顧客のセグメント（例：大企業、中企業、小企業）や地域などによって必要とされる機能が異なる場合が多い。基本の構成とオプション構成の差分が物理境界の候補となる
機能のバリエーションの数	システム内で複数の機能バリエーションがあるもの（例：ロール紙種別ごとの搬送機能など）とそうでないもの。バリエーションに合わせて脱着するような物理境界ができやすい
機能追加の可能性	今後、さらに機能を充実していくものがある場合は、追加しても他の機能に影響をなるべく与えないように物理的な境界を設けることがある
扱うデータ量	扱うデータが多い場合は専用の通信・伝達経路・処理経路を持つケースがありその処理を集積させた方が効率が良い場合は、独立させて物理境界を設けることがある
セキュリティ	特定のデータを保護するために、物理的に独立させる必要がある場合はそこに物理的境界を設けることがある
法規制該当・非該当	法規制に非該当の部分を独立させることで、法規制審査の負荷を減らしスピーディに上市させることができるため、物理的な境界を設けることがある
Make or Buy	システムの一部を社外で開発する場合、物理的に境界を作り、インターフェースを明確にして並行開発しやすい物理アーキテクチャにすることがある

表7-2　システムを分割しないことを考慮する機能特性

機能特性の指標	説明
性能制約	性能を達成するために、システムを分割をするよりも結合させる方がよいもの。論理アーキテクチャの最適化で、パイプライン処理を検討した部分などは分割しない方がよい。筐体サイズの最大値などの制約から分割しない方がよいものもある
コスト制約	筐体や基板を分けることによって、コストが定められた上限を超える場合などは分割しない方がよい場合がある

この境界を意識してシステムの物理構成を考えるならば、**図7-2**のように、印刷機能部分は共通化させて、ロール紙とカット紙特有の給紙部分と、排紙部分を脱着できるようにすることが考えられるようになります。また、用紙異常検知機能は他の機能と技術進化のスピードが違います。ここにも物理境界が見えてきます。技術進化が早い部分は、他の機能とは分離し、新しい技術を取り

表7-3　機能特性分析表の例

機能の目的別分類（論理アーキテクチャの階層）		顧客のセグメント別のユースケース		機能のバリエーション	機能追加の可能性	技術の進化スピード	データ量	リアルタイム性	セキュリティ
第１階層	第２階層	大規模企業	小規模企業						
印刷機能	インク吐出機能	必要	必要	なし	なし	5年	中	330ms（A４時）	不要
	インクヘッド制御機能	必要	必要	なし	なし	5年	小	330ms（A４時）	不要
	クリーニング機能	必要	必要	なし	あり	5年	小	不要	不要
用紙搬送機能	給紙機能	必要	必要	ロール紙 カット紙	対象用紙の追加	5年	小	330ms（A４時）	不要
	搬送機能	必要	必要	ロール紙 カット紙	対象用紙の追加	5年	小	330ms（A４時）	不要
	後処理機能（ミシン目）	必要	オプション	ミシン目（細） ミシン目（太）	裁断種類の追加	5年	小	330ms（A４時）	不要
	排紙機能	必須	必須	ロール紙 カット紙	対象用紙の追加	5年	小	330ms（A４時）	不要
	用紙異常検知機能	必須	オプション	なし	検出の種類の追加	1～2年	大	330ms（A4時）	必要 印刷物を撮影するため

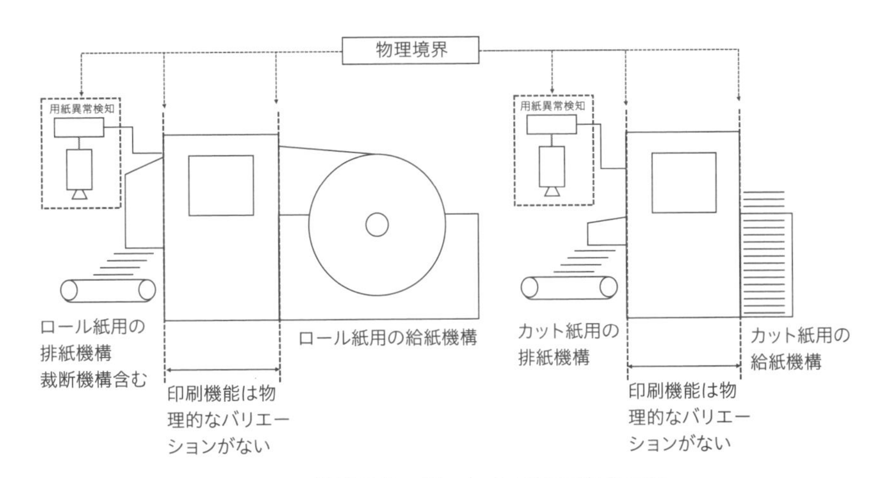

図7-2　機能特性の違いによる物理構成の例

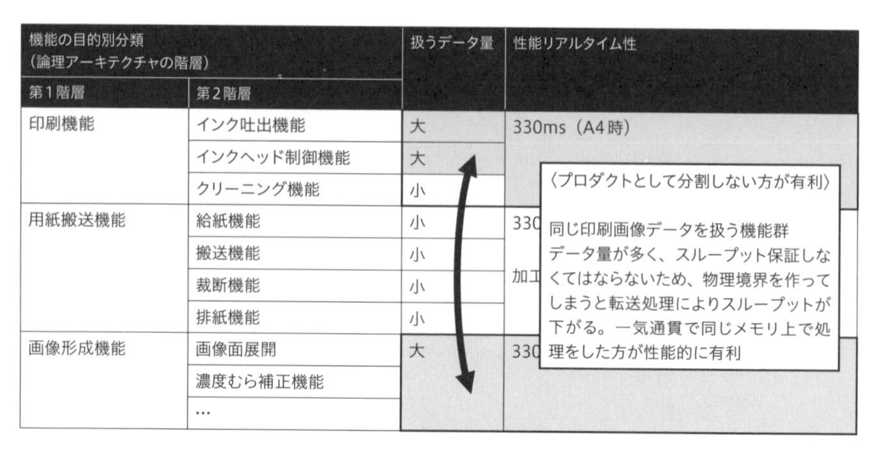

図7-3　スループット制約による結合した方がよい例

込めるように置き換え可能にする、などの構成が考えられます。

もう一つ、物理分割しない方がよい例を見てみましょう（**図7-3**）。

画像形成機能と印刷機能は、高解像度の印刷画像を扱うためデータ量が多い機能です。これらの機能は、用紙1枚を印刷する時間以内に、処理を終える必要があり、間に合わないと画像欠陥が発生してしまいます。このようなスループット制約が厳しい処理の場合には、物理分割ではなく、各機能間のデータの転送を極力減らしてパイプライン処理をするために、あえて分割しないという選択をします。

7.3.2　システム内部構造の基本案の作成

最初にベースとなるシステムの内部構造案を作成し、そこから機能特性分析表を使いながら構造案のバリエーションを出していきます。ベースとなるシステム内部構造図を作成するためには、機能特性分析表の一番左の列の「目的別の機能分類」を用います。「プロダクト」はあることを成し遂げるという「目的」のために使われるもので、目的別に分割することが最も都合が良いのです。構成案は、SysMLの内部ブロック図を使って表現できます（**図7-4**）。

ブロック図内のユニットは最終的にプロダクトになる部分です。

次に、この構成に制約を考慮していきます。ここでは、技術的な根拠をもとに、明らかに実現が難しい部分について構造の調整をします。これは、この後の構造のバリエーション検討を効率的に進めるための準備です。本格的なシス

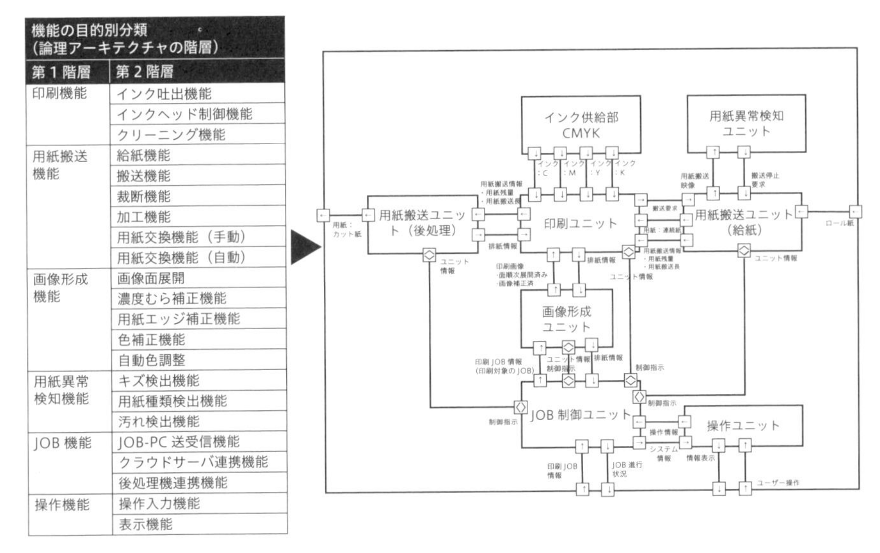

機能の目的別分類（論理アーキテクチャの階層）	
第1階層	第2階層
印刷機能	インク吐出機能
	インクヘッド制御機能
	クリーニング機能
用紙搬送機能	給紙機能
	搬送機能
	裁断機能
	加工機能
	用紙交換機能（手動）
	用紙交換機能（自動）
画像形成機能	画像面展開
	濃度むら補正機能
	用紙エッジ補正機能
	色補正機能
	自動色調整
用紙異常検知機能	キズ検出機能
	用紙種類検出機能
	汚れ検出機能
JOB機能	JOB-PC送受信機能
	クラウドサーバ連携機能
	後処理機連携機能
操作機能	操作入力機能
	表示機能

図7-4　目的別の機能分類をプロダクトとしたベースのシステム内部構造図

テム構造の検討はこの後行います。ですから、この調整において闇雲に前機種踏襲の構成を盛り込むことは絶対にやめてください。せっかくここまで論理的に検討を進めてきたわけです。あくまでも技術的根拠に基づいて考えることが重要です。

例として、**図7-5**で説明します。この印刷システムは、性能リアルタイム性の制約として、A4用紙を1枚330msで処理する必要があります。これを実現するために、時間のかかるデータの受け渡しを避け、同一のプロセッサとメモリ上で処理をする方が技術的に有利となります。したがって、同じ印刷画像を扱うJOB制御ユニット、画像形成ユニット、印刷ユニットを1つのユニットに統合します。

これにより、ユニット間のデータのやり取りがなくなり、スループットを達成できる構造になりました。同様に、制約が明らかに達成できない部分について考察し、システム内部構造図に反映してください。

7.3.3　システム内部構造のバリエーション案の作成

次に、機能特性分析表とビジネス要求をもとに、システム内部構造のバリエーション案を作成します。ここで、なぜビジネス要求が絡んでくるのでしょ

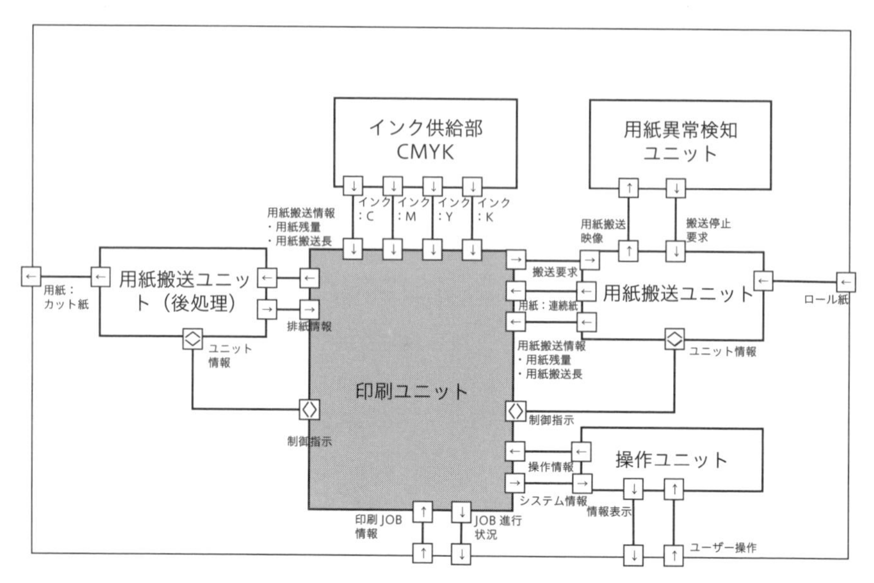

図7-5　性能制約に合わせて画像データを扱うブロックを1つにまとめた例

うか。システムのプロダクト構造によって、市場での戦いやすさが変わるからです。ビジネス要求は複数あるため、それらのどこに重きを置くか、複数のバリエーションを考えることが重要です。ビジネス要求とその源泉である商品戦略、マーケティング戦術で特に重視している要素を抽出して、それらにフィットするようなプロダクト構成と構造案を考えます。**表7-4**のビジネス要求の例を用いて具体的に見ていきましょう。

◆ 上市日程を達成させるための構造案

図7-6は、ビジネス要求の上市日程を達成させ、自社の開発費と開発期間を抑制するために、インク循環の技術を持つA社のインク循環ユニットを導入する構造です。そのために印刷ユニット内のインク循環に関連する機能を、インク循環ユニットに集約して配置しています。

◆ 購買を牽引する機能を顧客に安く導入してもらうための構造案

図7-7は、ビジネス要求のうち、購買牽引力となる用紙異常検知ユニットを安価に顧客に導入するための構造です。すべての機能を搭載したユニットは、原価が高くなります。そこで、基本ユニットは市場に切り込む最小限の機能に留め、異常検知機能の価値を十分に理解してもらった上で、必要なユーザーのみにオプションボードで機能追加ができるようになっています。この構

表7-4　ビジネス要求に基づく物理構成の特徴の例

ビジネス要求	プロダクト構成の特徴	プロダクト構成の具体的な構造
上市日程はXXXX年XX月とする(比較的上市まで期間が短い場合)	開発期間が短い構成	既存製品の設計流用範囲を増やし、開発工数を圧縮できるような構造
		社外技術を導入し、開発工数を圧縮できる構造
本システムの購買牽引機能として用紙異常検出機能を1stローンチから搭載すること	用紙異常検出機能の訴求力を高めるような構成	用紙異常検出の性能を十分に高めるだけでなく、検出後の通知や異常印刷物を探しやすくするために、後処理機やJOB機器との連携をしやすくした構造
販売後も後処理機能のバリエーションを増やし、付加価値の高い印刷を継続して提供していく	後処理の装置のバリエーションを増やすことが容易な構成	脱着可能な後処理機構の構成 後処理用の刃の交換といった小規模のバリエーションから、後処理ユニット自体をオプション品として脱着できるようにする構造

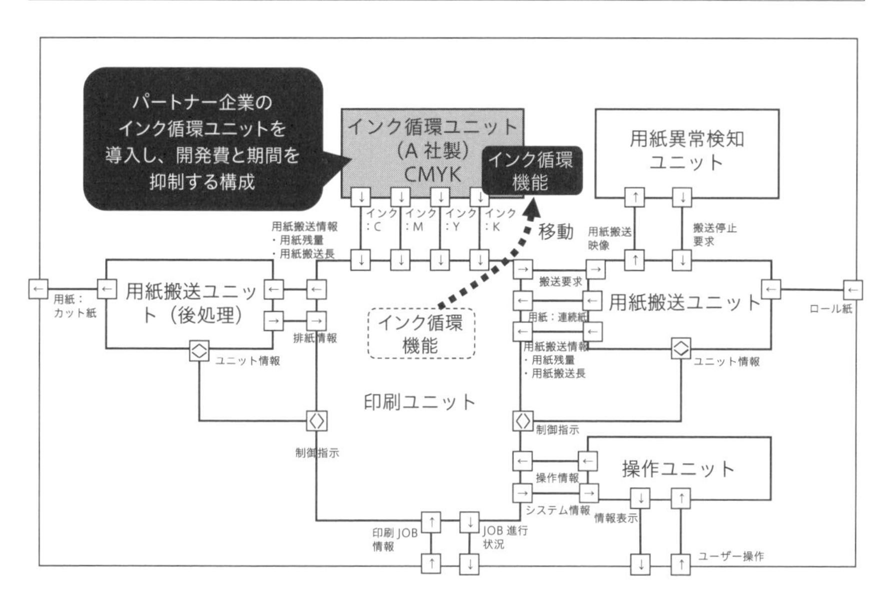

図7-6　開発期間短縮のためにシステムの一部に他社製を採用する構造

造であれば、商品戦略通りの戦い方が可能です。

◆ 開発原価削減を達成するための構造

図7-8は、ビジネス要求の開発原価の低減を達成させるために、一部のプロダクトを統合した例です。印刷ユニットに操作ユニットの機能を取り込み、一体化を図ったことで筐体コストを削減しました。

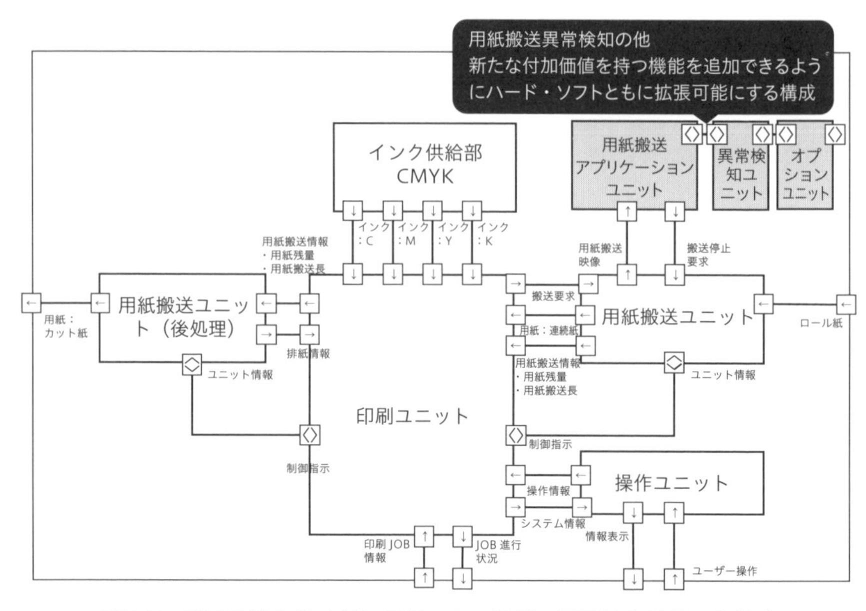

図7-7　購買動機を作る付加価値のある機能の拡張性を重視した構造

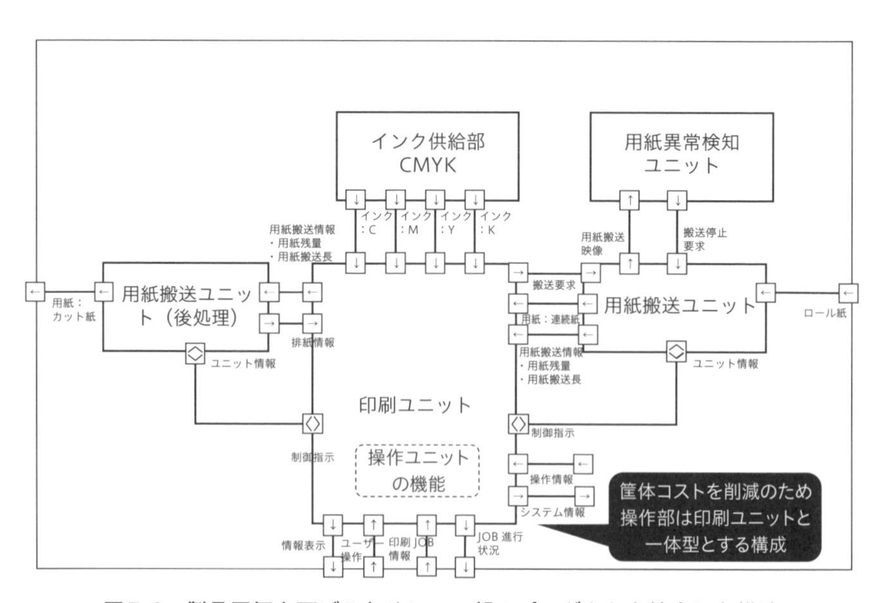

図7-8　製品原価を下げるために、一部のプロダクトを統合した構造

7.4 物理アーキテクチャの決定

7.4.1 Pros/Cons表の作成

システム内部構造の案が作成できたら、物理アーキテクチャの決定を行います。これは「7.2.1 物理アーキテクチャを決めるのは誰か」の項でも説明した通り、ビジネス部門になります。ビジネス部門は、商品戦略、マーケティング戦術に合っているか、ステークホルダ要求を満たしているか、競合と比較して劣っていないかなどの観点で物理アーキテクチャを比較して判断します。そのため開発部門は、ビジネス部門にわかりやすい各構成案の比較資料を用意します。これがビジネス判断用のPros/Cons表です（**表7-5**）。

表7-5 ビジネス判断用のPros/Cons表

		案1	案2	案3
	システム内部構造案	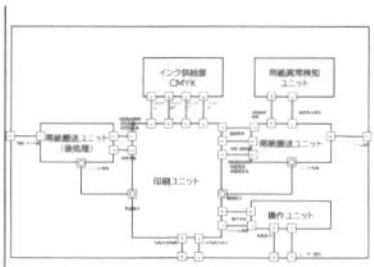	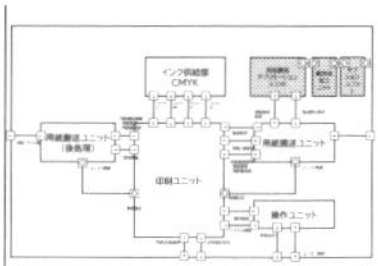	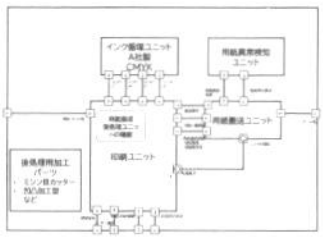
❶	構成の特徴	仕様変更や不具合対応が局所化され、プロダクトのライフが長期化できる構成	AIなどの付加価値機能を継続的に提供しやすくした構成	システム原価・開発費用・期間を抑えた構成
❷	構成を満たすための具体的構造のポイント	ユーザーの使用目的合わせてプロダクトが分かれている	アプリケーション用のハードウェアをボード挿入式にしてアプリケーションに合わせて必要なハードリソースとソフトウェアを提供できる構造	後処理機構はユニット内に収めることでコストを抑制し、カッターユニットなど加工のパーツのみを脱着する構成、操作パネルは本体に設置することで筐体コストを抑える構造
❸	原価	XXX万円以下	XXX万円以下 オプションボード X万以下	XXX万円以下 インク循環ユニットは買い入れ
❸	開発費	XX億円以下	XX億円以下	XX億円以下 インク循環ユニットは買い入れ
❸	機能拡張性	拡張性　中	拡張性　高	拡張性　低
	......			

❶構成の特徴

「どのような商品戦略に寄与する強みがあるのか」を明確に記載しましょう。ビジネス責任者は技術的なことはさておき、それぞれの構成案が「どういう特徴を持っているか」「商品戦略やマーケティング戦術のどこに寄与するか？」という観点で構成案を理解したいのです。ですから技術的な内容ではなく、"強み"を明確に伝えることが重要です。

❷構成を満たすための具体的構造の特徴

「どのような構造上の特徴があるのか」を記載します。ここでの説明とシステム内部構造案の図で、ビジネス責任者が構造の違いを理解できるように、なるべく端的に平易な言葉で表現してください。

❸評価項目

「システム内部構造案の良し悪しを評価する指標とその値」を記載します。基本的な評価軸としては、QCDやISO9126の品質特性のフレームワークを用いるとよいでしょう（**図7-9**）。

いずれの構造でもシステム要求を達成できますが、特徴は異なり、強みと弱みを持っています。例えば、機能拡張性は高いが開発原価は高くなる、などです。それを、この評価指標を使って明らかにします。

ビジネス部門は各構造案が商品戦略にマッチしていることを確認した上で、全体的に強みが弱みを上回っていれば、たとえ何項目か弱みがあってもその構

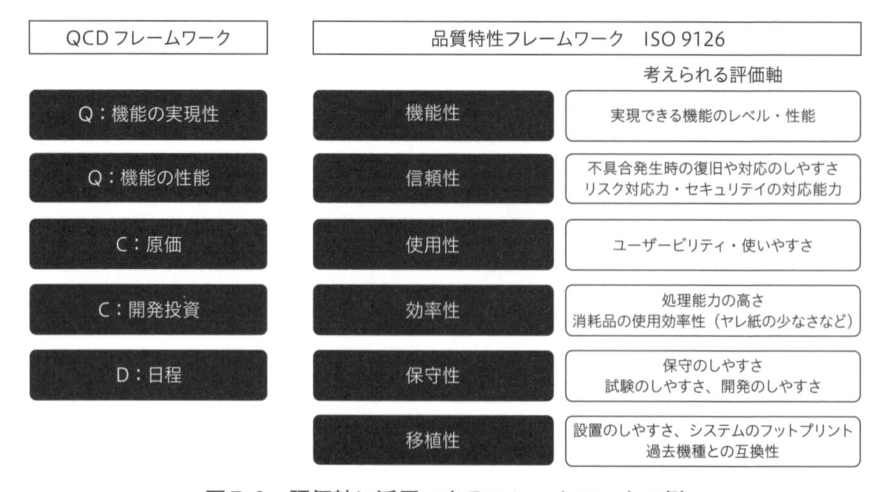

図7-9　評価軸に活用できるフレームワークの例

成を選択するでしょう。例えば、機能拡張性が商品戦略に非常に重要であれば、開発原価の多少の高騰は目をつぶる（それ以上にビジネス効果が高い）などの判断に至ることも珍しくありません。

7.4.2 Pros/Cons表の作成上の注意点

Pros/Cons表の作成時は、作成者自身のバイアスに注意してください。作成者が望まない構成にはCons要素が多く、望む構成にはPros要素が多く含まれがちです。必ず「複数の作成者の意見」を「合議制」で検討して、Pros/Cons表は作成してください。また、合議体制の構成は社内、社外の有識者をバランス良く配置することも重要です。社内では難しいと感じることも、社外の人から見れば簡単ということはよくあることです。

類似製品しか扱っていない企業の場合、これまでと同じ技術、構成が望まれ、Pros要素が多くなり、これまで扱ってこなかった技術の採用に難色を示してCons要素が多くなりがちです。こうしたケースでは、社外の有識者を入れることが有効です。その企業では知見がない技術も、他社では簡単に応用ができることを示唆してくれるからです。客観的な視点が持てるバランスが必要なのです。

別のよくある例としては、上位マネジメントや声の大きい人の意見に忖度して、その人たちが納得しやすい構成を是とし、Pros/Cons表を調整するということがあります。これまで積み上げてきた分析を無視することになり、システムズエンジニアリングを実施している意義そのものが問われます。こうした兆候が見られた際は、「本当に良いシステムや製品を作るために何を大事にするべきか」を改めて開発プロジェクトで問い直すとよいでしょう。

7.4.3 致命的な欠点の確認

Pros／Cons表の記入が終わったら、開発部門としての最終チェックを行います。明らかにシステムとして成立しないCons要素を確認しましょう。もし、該当する構成があった場合は対象外とするか、検討し直すかの対応を取ります。

除外されるCons要素の例は、

- 法規制をクリアできない構成
- 明らかに致命的欠陥がある構成（例：セキュリティ脆弱性のある構成など）

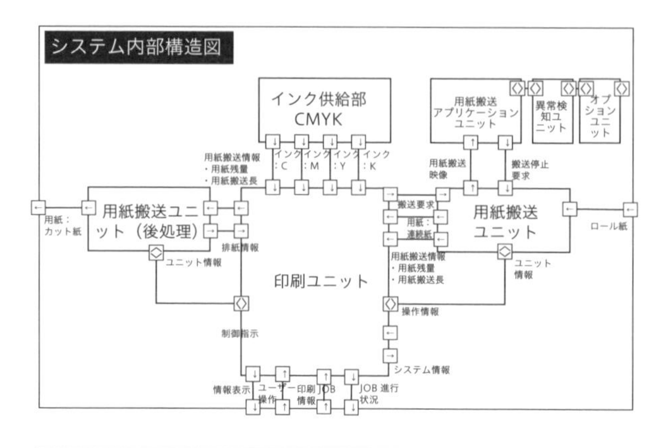

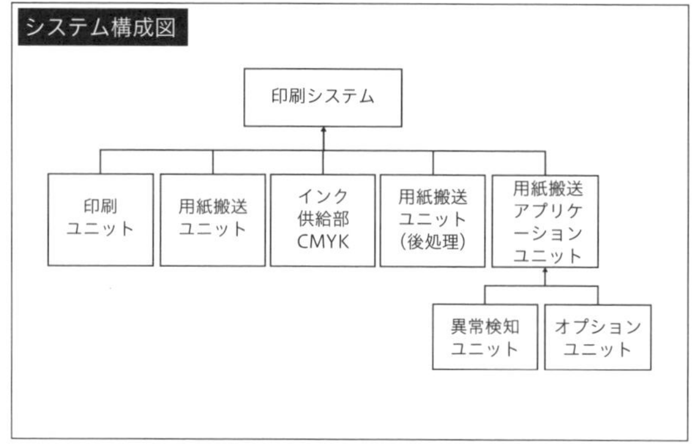

図7-10　決定された物理アーキテクチャの例

- 購買牽引力となる機能の性能が達成できない、不安定になる構成

などが該当します。ただし、日程やコストといったビジネス要求の目標値を超えてしまっているようなものはここでは除外しません。この後のビジネス判断で、他項目とのトレードオフにより、日程やコストを譲歩することもあり得るからです。

7.4.4　ビジネス部門による物理アーキテクチャの決定

Pros/Cons表が完成したらビジネス部門に内容を説明して、どの構成が最も市場で戦うに適しているかを判断してもらいます。

ビジネス部門には

- 商品戦略に最も適合するシステム構造の最終選択
- 選択した構成のQCDに関わる商品戦略、マーケティング戦術の更新

表7-6 論理アーキテクチャと物理アーキテクチャのトレーサビリティ表

物理アーキテクチャ

論理アーキテクチャ機能

機能の目的別分類（論理アーキテクチャの階層）		印刷ユニット	インク供給ユニット	用紙搬送ユニット	用紙搬送アプリケーションユニット	用紙搬送（後処理）ユニット
第1階層	第2階層					
起動機能	起動機能	○	○	○	○	○
印刷機能	インク吐出機能	○				
	インクヘッド制御機能	○				
	クリーニング機能	○				
インク供給機能	インク粘度調整機能		○			
	インク残量検出機能		○			
	インク使用期限管理機能		○			
用紙搬送機能	搬送機能			○		
	裁断機能					○
	加工機能					○
	用紙交換機能（手動）			○		
	用紙交換機能（自動）			○		
画像形成機能	画像面展開	○				
	濃度むら補正機能	○				
	用紙エッジ補正機能	○				
	色補正機能	○				
	自動色調整	○				
用紙異常検知機能	キズ検出機能				○	
	用紙種類検出機能				○	
	汚れ検出機能				○	
JOB機能	JOB-PC送受信機能	○				

- 商品戦略、マーケティング戦術に基づく開発投資額や原価上限の更新

の3点の決定及び情報の更新をしてもらいます。この判断をもって、システムの物理アーキテクチャが決定します（**図7-10**）。また、この段階から各ユニットはプロダクトとして正式に位置づけられます。

7.4.5 機能の物理アーキテクチャへの割り当て

物理アーキテクチャが決まったら、次にそれぞれのプロダクトがどの機能の責務を持つのかを明確にします。これは縦軸に機能を、横軸にプロダクト名を配置したシステムアーキテクチャトレーサビリティ表を作成して行います（**表7-6**）。

機能が搭載されるプロダクトにマークをしていきます。機能によっては2つのプロダクトに跨がって搭載されることもありますが、その場合は機能の詳細度を一段上げて、どこの部分をどのプロダクトが担うかを明確にしてください。

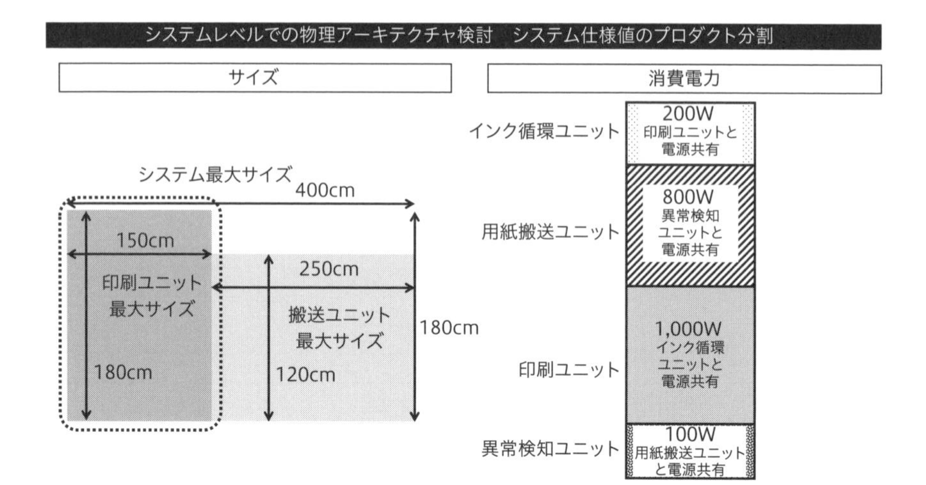

図7-11　システムの性能値をプロダクトへ分配する

例えば、印刷機能はサブ機能を含めてすべて印刷ユニットが責務を持つことになりますが、用紙搬送機能は用紙搬送ユニットと後処理ユニットが機能を分担して担うことになります。この作業により各プロダクトは、何の機能の実装責任を持つかが定義されます。つまり、プロダクト要求の原形となる情報がこの表で生成されることになります。

7.4.6　物理アーキテクチャの仕様値の分配

プロダクトの構成が決まったため、システムの物理的な仕様値を、それぞれのプロダクトが持つべき物理的仕様へ分配していきます。主な物理的な仕様値は、サイズ、重量、消費電力などです（**図7-11**）。ここでは、過去の実績や実験などを通して見積り、分配します。まだ設計をしていない段階なので、精緻な見積りはできません。あくまでも検討の目標値として扱ってください。最終的には、プロダクトレベルの検討を経て決定されます。

ただし、この段階で明らかに目標達成が難しいとわかる場合（各ユニットの消費電力を概算合計したら大幅に上限超過するなど）には、機能とのトレードオフが発生し、商品性やプロジェクト計画に大きく影響を与える可能性が高いです。ビジネス部門に早急に相談しましょう。

7.5 プロダクト間のインターフェース定義

7.5.1 インターフェースの抽出

システムの機能がどのプロダクトに配置されるかが決定されると、プロダクト間のインターフェースを抽出することができるようになります。

インターフェースを抽出するには、まずシステム要求の一つひとつに対して、複数のプロダクトがどのような機能を連携させて実現するかを、動作の観点で可視化します。動作の中で、プロダクトを跨ぐところが出てきますので、そこがインターフェースになります。可視化には、図6-4の「内部機能分析のためのシステムアクティビティ図」を再利用します。

これを最初に作成した6.3.2項の時点ではシステムは分割されておらず、スイムレーンは大きく「システム」として記述していました。システムの構造が決定したこの段階では、スイムレーンをプロダクト単位で設定することができます。またプロダクトに搭載される機能も定義ができているので、どの機能がどのスイムレーンに記述されるかも明らかです。**図7-12**に示すプロダクト分割後のシステムアクティビティ図が完成すると、自動的にインターフェースとなる部分とその情報が確認できるようになります。

また、動作に着目した検討で見落としやすいインターフェースもあります。例えば、動きのないプロダクトの重ね合わせ部分の形状などが該当します。

検討時のユースケースとして設置や、撤去などのワークフローも考慮できていれば、設置や撤去のためにプロダクトを配置したり、重ねて置いたりする作業も含まれるので見落とすことはないのですが、往々にしてそのようなユースケースが漏れることが多いです。また、コンパチビリティを取る既存の周辺機器とのインターフェースについても同じように、システムアクティビティ図を記述して検討してください。

動きのない機能に関しては、論理アーキテクチャの段階で抽出したものからトレースをし、インターフェースに該当するものがないかを注意して検討しましょう。

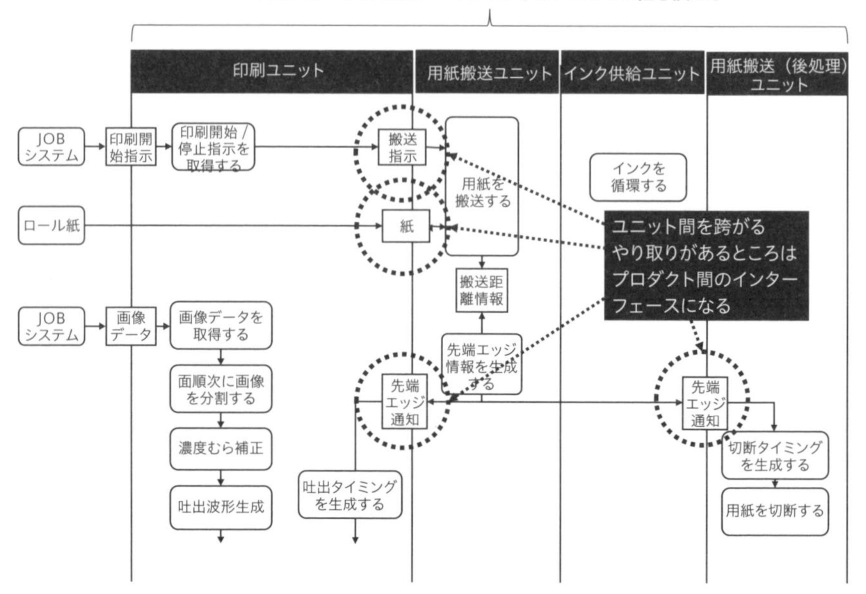

図7-12　システムアクティビティ図を使ったプロダクト間インターフェース検討

7.5.2　インターフェース仕様書はプロダクト間の契約書

抽出されたインターフェースの仕様（形状、規格、通信仕様など）は、プロダクト間の約束事となります。ただ、まだ詳細な設計をしているわけではないので、この段階ではインターフェースの詳細な仕様が決められるわけではありません。例えば、2つのプロダクト間の物理的な嵌合（かんごう：かみ合うこと）は、双方のメカ的な設計をしないと決まりません。同様に、プロダクト間の通信も詳細設計をしないとそのプロトコルは決まりません。インターフェースはこの段階をスタートとして、プロダクト設計をしていく過程で段階的に決めていくものと理解してください。

ですから、この段階でのインターフェースの定義は、これから別々のチームに分かれてプロダクト設計をしていく際の「お互いこういう前提で、プロダクト開発をしていく約束でしたね。それを信じて開発していくので、勝手に変えないでくださいね」という契約書のようなものになります。検討が進めば、その約束事を変えた方がより良い設計になることもあります。その場合は速やかに相手に通知し、新たなインターフェース仕様を定義し直してください。シス

❶コネクタや通信規格など実装手段を記載する　❷誰が検討を主査し、いつ決めるかを明確にする

インターフェース	物理手段	性能値	備考
搬送指示	Ethernet	RJ45 コネクタ　Cat6　クロス有線	
		コマンドによる送受信 コマンドプロトコル：T.B.D.	T.B.D. 項目は印刷ユニット側が検討を主査し、プロダクト設計時に議論する
先端エッジ通知	I/O	I/O コネクタ　5V TTL 立ち上がりエッジで検出	
用紙	ロール紙	紙質　45～210g/m²	
		搬送幅　100mm～310mm	
		搬送速度　1,000mm-45,000mm/min（Tentative）	印刷ユニット側が最終決定する
		張力：給紙側： 搬送ユニット側：サーボ調整 （張力：調整幅 T.B.D.）	T.B.D. 項目は搬送ユニット側で検討主査し、印刷ユニット側と協議して決定する

❷これから検討するものは T.B.D. として記載する　❸仮値を双方で合意して検討を進める場合は Tentative として記載する

図7-13　印刷ユニットと用紙搬送ユニット間のインターフェース定義の記載

テム内部構造図への反映も忘れずに行ってください。

よくある失敗事例に、「どちらかのプロダクトがインターフェース仕様を勝手に変えて、手戻りを発生させる」といったものがあります。具体的な例では「あるプロダクトがデザインの見栄えのために、排熱口の位置を勝手に変えたことでシステム全体の放熱設計に不整合が生じ、別のプロダクトで熱暴走が発生してしまった」「あるプロダクトの嵌合部分の回動方向が、ギアの関係で反転しなければならなくなったが、接続先のプロダクトに変更の連絡をしていなかったためプロトタイプ機が壊れ、開発日程が遅れた」などです。

このような齟齬が発生しないように、プロダクト間の「インターフェース仕様書」を作成し、常時その仕様書を参照し、変化があったら更新をすることを徹底させてください。一般の契約書も、片方が勝手に書き換えることはありません。インターフェース仕様も契約書と同じ扱いとなります。

7.5.3　インターフェース仕様の定義

図7-12で抽出したインターフェースに、具体的な実装手段を割り当てます。印刷ユニットから用紙搬送ユニット間の「搬送指示」を、**図7-13**のイン

ターフェース仕様の例も見ながら考えてみましょう。

◆ **インターフェースの実装手段を決める**

インターフェースの実装手段は、システムの内部構造検討時にある程度出ていることが多いですが、この時点で正式に定義します。「搬送指示」の例では、プロダクト間の通信を汎用性の高いEthernetの有線接続により行うこととしました。この決定は技術的な性能やコスト、入手性などを踏まえて決めていきますが、個人の検討に任せることなく社内外の知見をここでも採り入れて、Pros/Consを比較しながら複数人の合議制で決定をしてください。世の中には、多くの新しい技術が日々生まれています。自社で馴染みのない技術でも高性能、高機能、低コストなものがあるかもしれません。

◆ **インターフェースの仕様値を決める**

形状や規格などを定義します。図7-13の❶の例では、コネクタ形状や通信規格を記載しています。一方で、具体的なコマンドやパケットのデータ値などは、プロダクト設計を進めないと決められません。この場合は、未決定のラベルである「T.B.D.」(To Be Determinedの略)」と記載してください。

その場合は、❷のようにこのT.B.D.を誰が主査して検討し、いつ頃議論をするか、という予定を明確にしてください。ここをしっかり決めておかないと、各プロダクト間でバラバラに検討が始まり、いつまでも決まらないケースがあります。少なくとも検討の主査は決めてください。

また、仕様値には❸のように、とりあえず検討のスタートポイントはこの仕様値で仮決めして進めよう、というものがあります。ここには、仮決めの意を示す「Tentative」のラベルをつけておきます。❷と同様に、誰が正式決定のための検討をするか、ということも記載しておきましょう。

7.6 プロダクトフェーズへの準備

ここまでで物理アーキテクチャの検討が終了したので、システムレベルとしての検討もすべて完了となります。システム内のプロダクト構成が決まったので、次からはそれぞれのプロダクトの検討フェーズ(Phase8, 9)に入ります。

プロダクト検討フェーズへのインプット資料は、これまでの検討資料をそのまま使用してもよいですが、常時参照の面でも、構成管理上の面において仕様書の形で取りまとめた方がよいでしょう。仕様書にまとめる場合の、Phase3

～Phase7の作成資料と、仕様書への反映先を次ページに一覧表としてまとめました（**表7-7**）。

各プロダクトの開発者はこれらの仕様書を参照して、自分の開発するプロダクト内部で実現すべきことを把握し、プロダクトのインターフェースを理解することができます。プロダクトレベルの検討に移行する前に最後にやるべきことは、この成果物をシステム開発に関わるすべての関係者に周知することです。

システムズエンジニアリングは、常にシステム開発に携わるすべての関係者に可能な限りドキュメントやモデルを使い「同じシステム」を見せ続けて、一枚岩となって開発しくことを目指しています。この後はプロダクト単位に分かれて、並行で開発していかなくてはなりませんから、そのためにもシステムの検討が終わったこの節目で改めて検討結果を共有して、開発者が全員「同じシステムを想定できる」ようにすることは大切なことです。その際、仕様書やモデルと合わせて、システムを説明する動画やカタログなどよりわかりやすい補助資料を作成し、配布するのも有効な手段です。

表7-7　システムレベルの検討で作成される資料と仕様書としてのまとめ先

	検討内容	検討のために作成する資料		仕様書への転記先	仕様書名称
VoE/VoCの収集	ステークホルダの意見収集	VoC/VoE収集計画 行動観察シート、アンケートの質問とその結果		―	
	ステークホルダを理解する	ワークフロー図（As-Is）	→	ワークフロー図（As-Is）	
	ステークホルダの特定	ステークホルダプロファイル	→	ステークホルダプロファイル	
	ステークホルダの意見を分析する	VoC/VoEカード・リスト	→	VoC/VoEリスト	
	対象となる法規制・規格の調査	法規制・規格対応リスト	→	法規制・規格対応リスト	
ステークホルダ要求定義	真のステークホルダニーズを分析する	ステークホルダ要求図		―	
	ステークホルダニーズの絞り込み	ステークホルダニーズの絞り込み表			
	ニーズの絞り込みに基づいて、システムとして開発する範囲を明らかにする	システムの対象範囲検討資料	→	システムの対象範囲	ステークホルダ要求書
	ニーズの絞り込みに基づいて、ステークホルダが業務している環境の前提を明らかにする	使用環境定義図	→	ステークホルダの使用環境	
	ステークホルダ要求への転換 定量的・定性的な目標値の定義	ステークホルダ要求図（目標値設定後）	→	ステークホルダ要求一覧	
	法規制の要求事項の収集	ステークホルダ要求図（法規制）	→	ステークホルダ要求一覧（法規制）	
	ビジネス要求を更新する	ビジネス要求図	→	ビジネス要求一覧	ビジネス要求書
システム要求定義	システムに求める「能力」への変換	システム要求図（能力）		―	
	システムの機能コンセプトの作成 アイディエーション	アイディエーション資料 機能コンセプト案			
	機能コンセプトの検証と、案の絞り込み	PoCに使用する質問集とPoC結果			
	技術検討と技術妥当性評価	技術妥当性検証報告書			
	【事業性判断】 システムへ搭載する機能とロードマップの構築	機能コンセプト（搭載決定したもの			
	システムの境界を明らかにする	システムの対象範囲検討資料（ステークホルダ要求定義で作成したもの）を利用	→	システムの対象範囲	システム要求仕様書
	システムが使われる環境（設置場所の広さ、温度、湿度、騒音）などの前提を明らかにする	使用環境定義図	→	システムの動作環境条件	
	システムに搭載する機能と性能値の決定	機能コンセプト（搭載決定したもの）	→	システムの機能的要求	
	システム要求の検証	ワークフロー図（To-Be）	→	システムの機能的要求（ワークフロー）	
	ステークホルダ要求を満たすシステム要求が紐づいているかを検証する	システム要求図	→	ステークホルダ要求とシステム要求のトレーサビリティ	
システム論理アーキテクチャ	システム要求を実現するためのシステム内部の動作を分析する	システムアクティビティ図	→	システム内部の機能（動作）	システム設計仕様書
	システムの機能とその関係を分析する	システム機能構造図	→	システム内部の機能仕様（構造）	
	システムの機能の構成を階層的に捉える	システム機能構成図	→	システム内部の機能仕様（機能）	
	システムの状態とその遷移を分析する	システム状態遷移図	→	システム内部の機能仕様（状態）	
システム物理アーキテクチャ	システムの物理境界の候補を分析する	機能特性分析表		―	
	システム内のプロダクト構造の候補を立案する	システム内部構造図（複数案）			
	システム内のプロダクト構造の候補の強み弱みを評価する	Pros/Cons表			
	システム内のプロダクト構造と構成を決定する	システム内部構造図（1案に決定後）	→	システム全体構造	
	システム内のプロダクト構造と構成を決定する	システム構成図	→	システム内のプロダクト構成	
	システム機能がどのプロダクトに配置されるかを明確にする	システムアーキテクチャのトレーサビリティ表	→	トレーサビリティマトリクス	
	プロダクト間のインターフェースを分析する	システムアクティビティ図：プロダクト割り当て後	→	プロダクト間のインターフェース	プロダクト間インターフェース仕様書

7.7　このフェーズの成果物とチェックポイント

◆ **機能特性分析表　＜中間成果物＞**

□システムを分割した方がよい特性指標とその境界が出せていますか？

□システムを結合しておいた方がよい特性指標が出せていますか？

◆ **システム内部構造図　＜中間成果物＞**

□ビジネス要求に基づき、システム内部構造を複数案検討していますか？

□システム内部構造案は機能特性分析表の境界を参考にしていますか？

□ビジネス部門が選択したシステム内部構造を反映できていますか？

◆ **Pros/Cons表＜中間成果物＞**

□システム内部構造案の特徴をビジネス観点で説明できていますか？

□Pros/ConsをMECEに評価できていますか？

□致命的な欠点を持つシステム内部構造は除外できていますか？

◆ **システムアーキテクチャのトレーサビリティ表　＜中間成果物＞**

□すべてのシステム機能がプロダクトにマッピングされていますか？

◆ **システムアクティビティ図：プロダクト分割後＜中間成果物＞**

□スイムレーンに物理ブロック（＝プロダクト）が記載されていますか？

□プロダクト間で引き渡されるオブジェクトが明確になっていますか？

□動きのない機能に関連するインターフェースも抽出できていますか？

◆ **システム設計仕様書＜成果物＞**

□システムの機能構造、状態遷移、システム内部構造、システム構成、システムの動作、システムアーキテクチャトレーサビリティの内容が反映されていますか？

◆ **プロダクト間インターフェース仕様書＜成果物＞**

□システムアクティビティ図で抽出したインターフェースがすべて定義できていますか？

□未決定や仮決定の仕様の検討主査と時期が明確になっていますか？

7.8 このフェーズに現れるモンスター

優柔不断モンスター

攻撃技：時間ブラックホール
破壊力：局所的
生息地：関係者の多い会議が好きな会社

◆ **特徴**

決めるべきことが決められず、時間を浪費する中間リーダー格に多いモンスター。メンバーからエスカレーションされた課題の方向づけをしなければならない場面で、部門間調整の打ち合わせばかりを繰り返し、いつになっても方向づけが決まらない。過剰に課題の影響範囲を気にするため、いつの間にか意思決定権がプロジェクトから離れてしまい途方に暮れている。

◆ **破壊力**

生産性のない会議に時間を費やしプロジェクトの工数を圧迫するため、好きに活動させておくとひたすらプロジェクトのリソースを吸い尽くすブラックホールである。その攻撃は、ボディブローのようにじわじわとプロジェクトを蝕んでいくのである。

◆ **モンスターの攻略法**

課題を持て余している部門の上位者がなんとかするしかない。好き勝手に活動している期間中プロジェクトはダメージを受け続けるので、発生したらすぐに見つけることだ。

優柔不断モンスターを発見したら、現場のメンバーはできる限りモンスターに決定可能となる判断基準を提示しよう。それでも意思決定がされない場合は、上位者（モンスター）の配置変更をエスカレーションする。とにかく無駄な時間を過ごすメリットは何一つない。周囲の反応から自分の優柔不断さに気づいてもらった後は、経験もスキルも豊富なので良い情報や分析をしてくれるはずだ！

Phase 8

プロダクト要求定義

みんなが同じプロダクトを想定できる要求を書こう

ISO/IEC/IEEE 15288:2015　6.4.3 システム要求事項定義プロセス

この章では

- ●プロダクト要求の出し方が理解できる
- ●ユーザーインターフェース検討の概要が理解できる
- ●プロダクト要求仕様書の書き方が理解できる

ここからは、プロダクト単位で開発チームを分けて、プロダクトの視点で分析や定義を行っていきます。

プロダクトレベルの検討のゴールは、プロダクトの内部構成をメカ、エレキ、ソフトウェア、その他の構成技術に分割することです。そのためには、前提となる「どのようなプロダクトを作るのか」、つまりプロダクトの外部仕様（＝プロダクト要求）を積み残しなく確定させる必要があります。

ここまでにもシステムの外部仕様であるシステム要求を検討してきましたが、プロダクト単体として注目すると、電源投入後の動作や画面の構成、メカ的な外観などまだ決め切れていない部分が多くあり、定義が不足しています。特にユーザーインターフェースについては、プロダクトとしての単位が決まらないと検討ができなかった部分でもあるため、このプロダクト要求定義の段階で決めていくことが必要です。

本章ではプロダクト要求の分析の仕方と、プロダクト要求仕様書の書き方を中心に解説していきます。

8.1 誰も教えてくれない！実務プロセスチャート

INPUT

- システム内部構造図
- システム構成図
- システムアクティビティ図
- システムアーキテクチャトレーサビリティ表
- システム設計仕様書
- プロダクト間インターフェース仕様書

実務プロセス
〈プロダクト要求定義（含むステークホルダ要求の更新）〉

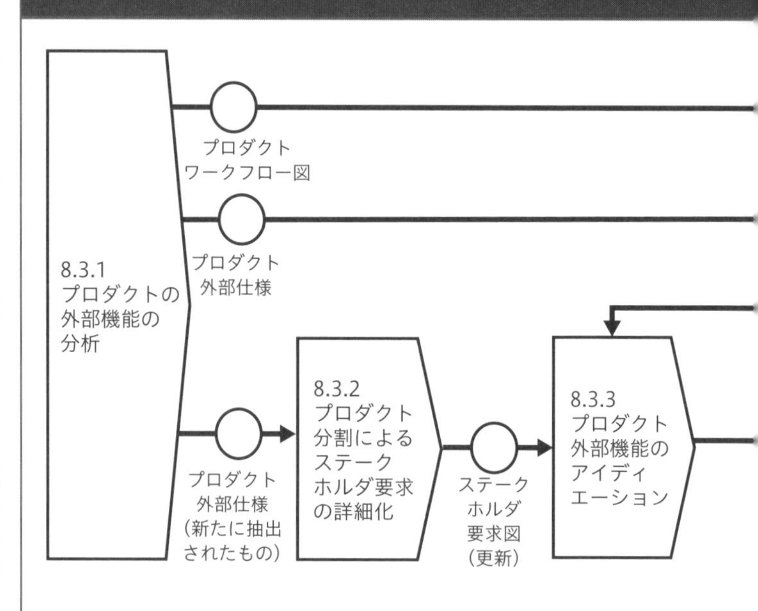

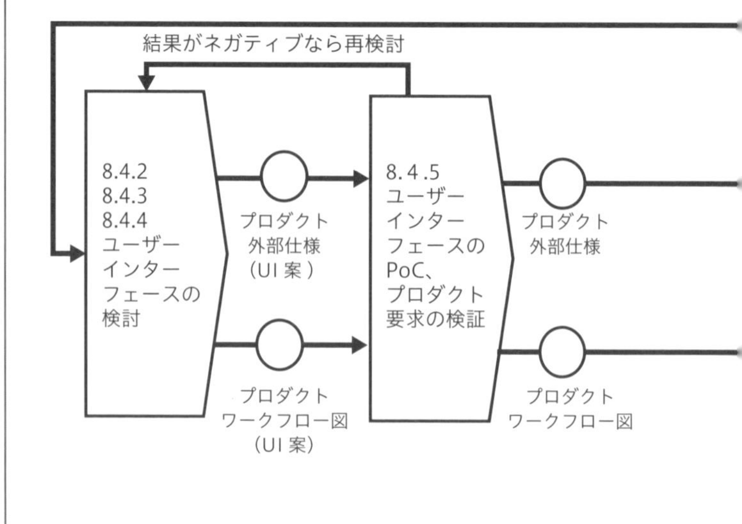

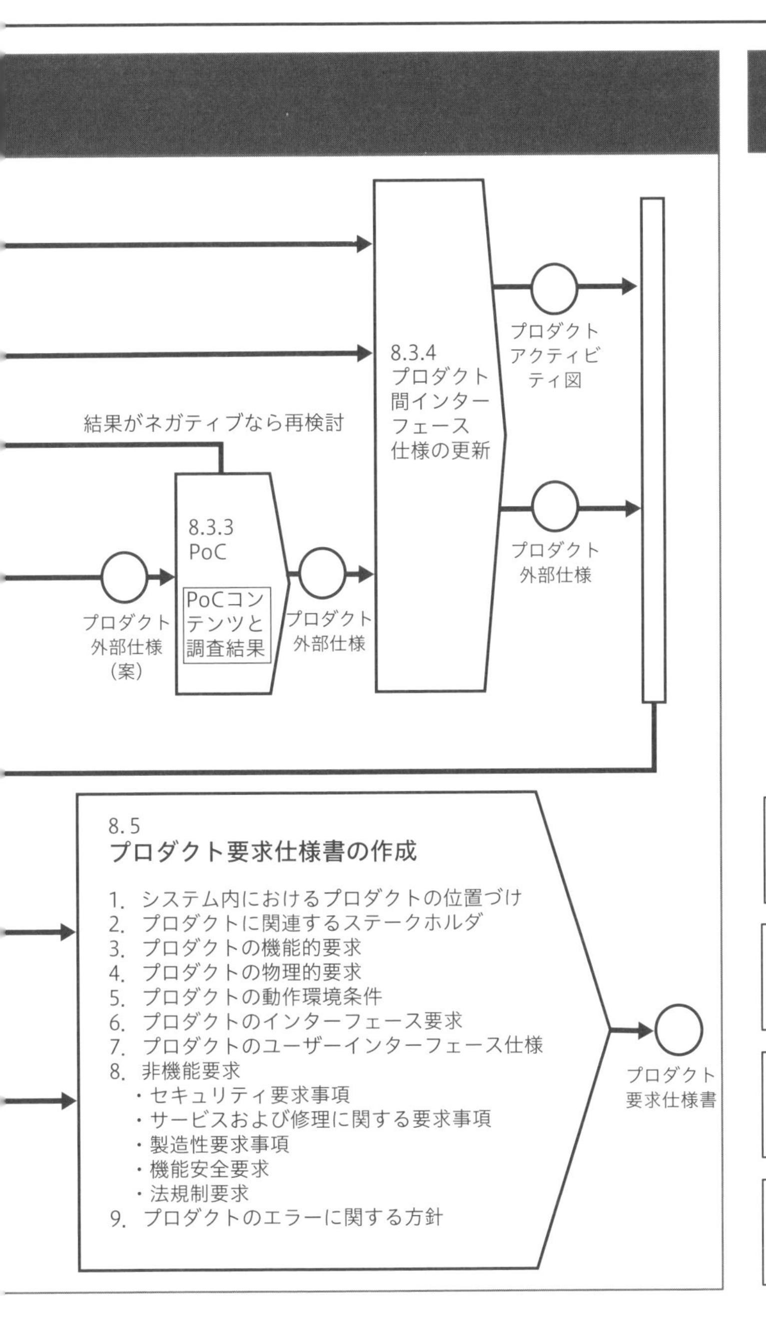

OUTPUT

ステークホルダ要求図(更新)

プロダクトワークフロー図

プロダクト要求仕様書

プロダクト間インターフェース仕様書(更新)

8.2 プロダクト要求定義の準備

8.2.1 プロダクトフェーズへのインプット情報の確認

7.6節で説明した、プロダクトフェーズへのインプットであるシステムレベルの成果物が最新の状態で揃っているか、他のプロダクト開発者と同じ版を参照しているかを確認しましょう。

異なる版を参照していると、当然ですがプロダクト間で齟齬が生じ、プロダクト間の不整合の元となります。プロダクトレベルの検討では、システムに関わるすべての開発者が同じ情報を前提にして、開発を進めることが極めて重要です。そのために必ず成果物の管理責任者を定め、版数管理と更新の周知をプロジェクト全体で徹底するとよいでしょう。

8.2.2 検討範囲の確認

システムレベルの成果物から、これから検討するプロダクトの物理的境界、プロダクト外とのインターフェース、プロダクトに関連するステークホルダ、プロダクトの動作環境、プロダクト内で実現すべき機能を確認します。プロダクト内で実現すべき機能は、システム内部構造図とシステムアーキテクチャトレーサビリティ表が役立ちます（**図8-1**）。

システム内部構造図では、システム内のプロダクトの位置づけとプロダクト間のインターフェースを確認することができ、トレーサビリティ表では、プロダクトでどの機能を実現すべきかを確認することができます。

8.3 プロダクト要求の分析

8.3.1 プロダクトの外部機能の分析

プロダクトの検討範囲の確認が終わったら、プロダクト要求の検討に進みましょう。プロダクト要求とはプロダクトをブラックボックスと見立てて、外から見える機能とその性能値を定義したものです。システムレベルの検討でも、プロダクトの外部機能につながる機能は出てきていますが、それはあくまでも

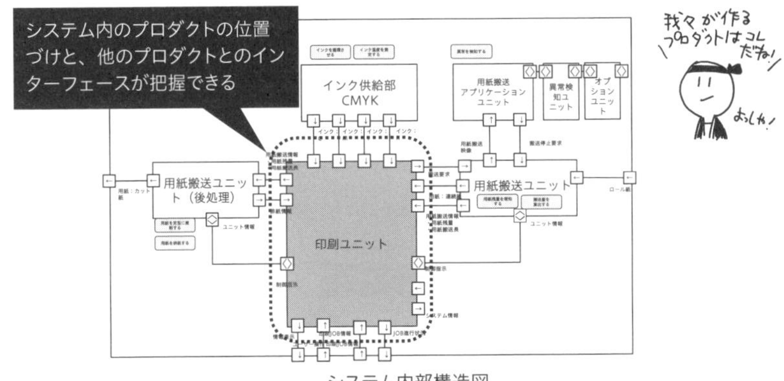

システム内部構造図

機能の目的別分類（論理アーキテクチャの階層） 第1階層	第2階層	印刷ユニット	インク供給ユニット	用紙搬送ユニット	用紙搬送アプリケーションユニット	用紙搬送（後処理）ユニット
起動機能	起動機能	○	○	○	○	○
印刷機能	インク吐出機能	○				
	インクヘッド制御機能	○				
	クリーニング機能	○				
インク供給機能	インク粘度調整機能		○			
	インク残量検出機能		○			
	インク使用期限管理機能		○			
用紙搬送機能	搬送機能					
	裁断機能					
	加工機能					
	用紙交換機能（手動）			○		
	用紙交換機能（自動）			○		
画像形成機能	画像面展開	○				
	濃度むら補正機能	○				
	用紙エッジ補正機能	○				
	色補正機能	○				
	自動色調整	○				

システム論理機能のうちプロダクトに割り当てられた機能が、実現すべき対象の機能となる

システムアーキテクチャトレーサビリティマトリクス

図8-1　プロダクト検討範囲の確認に利用できる成果物

システムの視点です。細かい機能や操作、画面表示などはプロダクトの範囲と責務が決まったこの時点で初めて検討ができるようになります。

この段階の検討の流れは次の3ステップで行います。

❶システムアーキテクチャトレーサビリティ表から、プロダクトが責務を持つ機能を抽出する

❷システムレベルのアクティビティ図から検討対象のプロダクトのスイムレーンのみ抜粋する

❸プロダクトが持つ機能の外部仕様を、詳細度を上げて定義する

❶システムアーキテクチャトレーサビリティ表から、
プロダクトが責務を持つ機能を抽出する

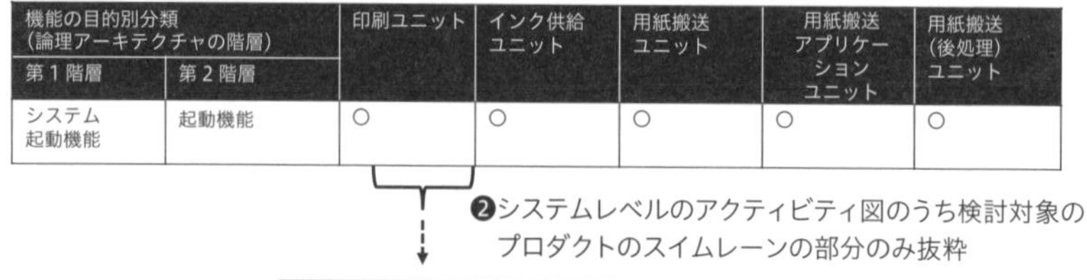

機能の目的別分類（論理アーキテクチャの階層）		印刷ユニット	インク供給ユニット	用紙搬送ユニット	用紙搬送アプリケーションユニット	用紙搬送（後処理）ユニット
第1階層	第2階層					
システム起動機能	起動機能	○	○	○	○	○

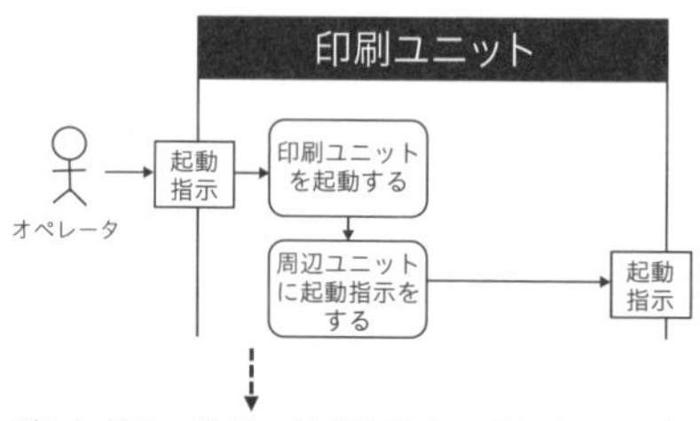

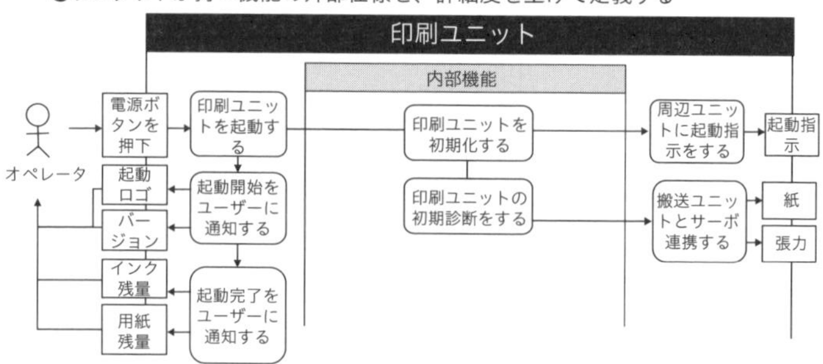

図8-2　プロダクトレベルの外部機能の詳細化の流れ

具体的な事例を、**図8-2**を用いて説明しましょう。

この例では、印刷ユニットにも責務がある「システムを起動する」というシステム要求を対象に考えます（図8-2❶）。この部分に関連したシステムのアクティビティ図から、印刷ユニットのスイムレーンを抜粋します（図8-2❷）。これが、プロダクトがどう使われるか、といったプロダクトレベルでのワークフローを表す原型になります。

システムレベルの検討では、システム起動において、印刷ユニットはオペレータから何かしらの手段で起動指示を受け取ります。すると、印刷ユニットが起動して、さらに搬送ユニットやインク循環ユニットなど他のプロダクトに対して起動指示を伝達します。ここまでが検討されていました。これからプロダクトレベルへと詳細度を上げていきます。例えば、以下のようなことを考察

❶システムアーキテクチャトレーサビリティ表から、プロダクトが責務を持つ機能を抽出する

機能の目的別分類（論理アーキテクチャの階層）		印刷ユニット	インク供給ユニット	用紙搬送ユニット	用紙搬送アプリケーションユニット	用紙搬送（後処理）ユニット
第1階層	第2階層					
保護機能	システム内部接触防止機能	○	○	○	○	○

操作者などが、印刷ユニットの内部にうかつに接触してケガをしたり、内部の機構を壊したりしないようにする機能になる（先々物理手段として「筐体」などになる論理機能）

❷システムレベルのアクティビティ図から検討対象のプロダクトのスイムレーンのみ抜粋する

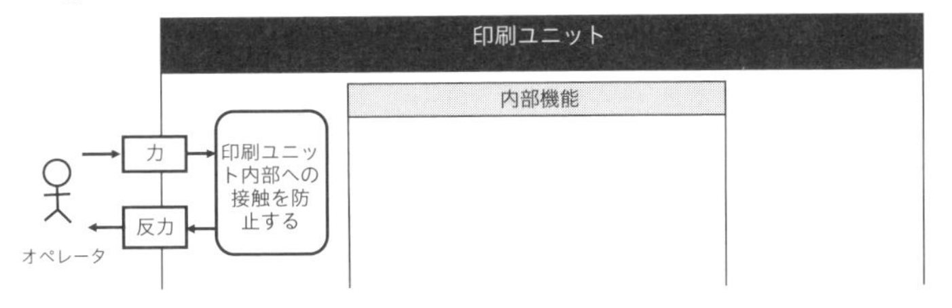

図8-3　動きのないプロダクトの外部機能の例

してプロダクトのワークフローを決めていきます。

○どうやって印刷ユニットを起動させるか？

○印刷ユニットが起動したことをどうやってオペレータに理解させるか？

○起動はただ、電源を入れるだけでよいのか？　初期動作診断などプロダクトを安全に運用するための何かしらの機能を実行するか？

このような検討をすることにより、プロダクトとプロダクト外（ユーザーや外部機器）とのインタラクションが詳細化され、プロダクトとして必要な外部仕様が具体化されます。外部機能を考察する場合、粗いレベルでも内部機能に触れておかないと何をしているか全く伝わらない場合は、（図8-2❸の例の「印刷ユニットの初期診断をする」など）「現時点での考え方」を定めて、内部機能を仮定義します。この後のPhase8プロダクトアーキテクチャ定義にて、正式に内部の実装手段を決めていくのです。

図8-2は動作のある機能の例でしたが、もう一つ動作のない機能についても例を見てみましょう。動きのないものの例としては、力学的な方式を持つものが主になります。支える、保持するなどです。

図8-3の例では、システムの内部とオペレータとの接触を防止するための「保護機能」について考察しています。この機能はオペレータが印刷ユニット

に接触しても、接触した力を押し返すので、印刷ユニットの内部に接触しないというものです。この機能は、内部の詳細な動作がないので、プロダクトの外部機能のみで表現されることになります（図8-3❷）。

8.3.2 プロダクト分割によるステークホルダ要求の詳細化

プロダクトの外部機能を検討していくと、システム要求定義では出てこなかった新たな外部機能を追加しなければならないことも多々あります。**図8-4**の例を見てみましょう。システムレベルの検討では、プロダクトごとの「起動完了通知機能」とその性能値は扱われておらず、当然その機能の性能値を決めるためのステークホルダの要求もありませんでした。それらはステークホルダにとって存在して当たり前で、重要ではなかったからです。しかし、プロダクトとして成り立たせるためには、ステークホルダーからの声がなくても必要です。すべての外部機能と性能値をプロダクト要求として定義し、それらがステークホルダを満足させる形でなければなりません。そのためには性能値を定める根拠が乏しく、再びステークホルダの意見を確認することが必要です。

ステークホルダの意見は、インタビューまたはアンケートで収集しましょう。具体的に意見を聞いていくことで、「起動時間は2分以内にしてほしい。

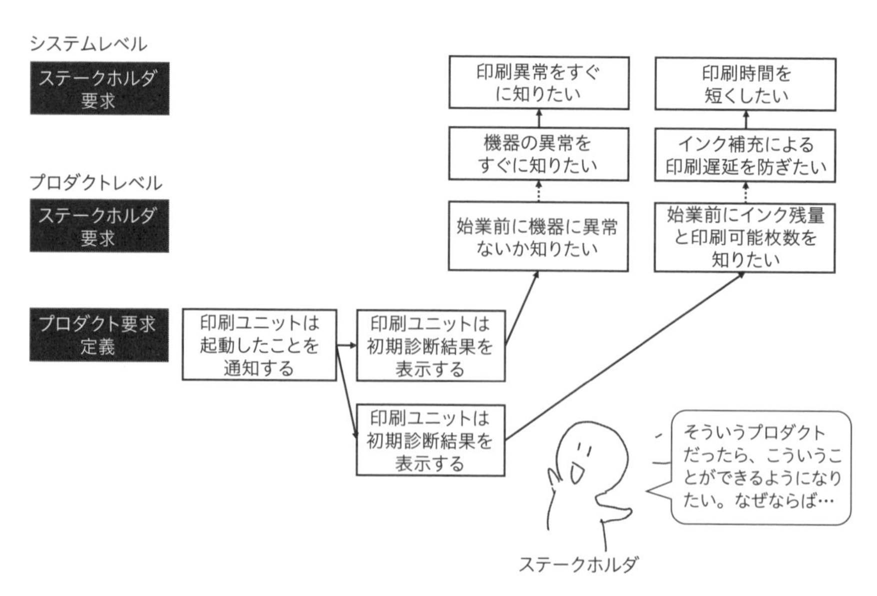

図8-4　プロダクト分割によるステークホルダ要求の詳細化

2分間ならインクボトルの確認や、周辺の点検などをしているので待てる」や、「インク残量確認は起動時診断の中でやってほしい。印刷途中でインク切れになることを防止したいから」といった回答を得ることができます。ここで新たに付け加えられたステークホルダ要求は、システムレベルのステークホルダ要求図に追記更新します。

8.3.3 プロダクト外部機能のアイディエーション

プロダクトレベルの検討で出てきた新たな外部機能は、いったん論理的な機能表現にして、それを具現化する方式をアイディエーションしていきます。5.3.2項で説明したシステムレベルのアイディエーションとやり方は同じです。

図8-5の例では、「印刷ユニット内部への接触を防止する」外部機能について検討をした例です。アイディエーションの手法（116ページのコラム参照）を用いて様々な案を検討した結果、印刷ユニットに“外装”を施し、かつ内部へのアクセスについては印刷ユニット前方に“インタロック付きドア”を、背面には“ねじ止め式脱着パネル”を設置することとしました。詳細な数値や形状はPhase9のプロダクトアーキテクチャ定義に任せるとして、方式に基づくプロダクトの外部機能は一部、物理的な構成を含めて、このアイディエーションで決めていきます。

アイディエーションが完了したら、プロダクトの機能コンセプト案としてまとめ、そのアイディアが受け入れられるものなのか、必ずPoCをしましょう。

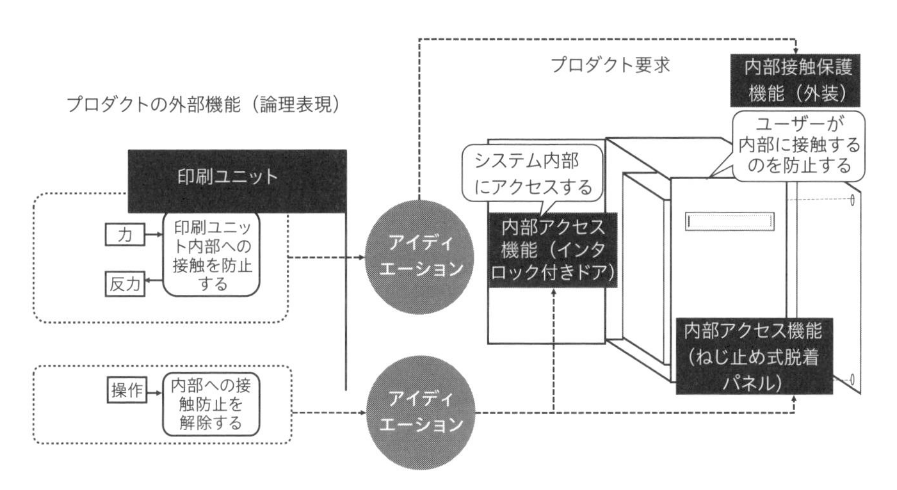

図8-5　プロダクトの外部仕様の検討

PoCのやり方はPhase5と基本的に同じですが、より具体的に意見を引き出せるようにモックアップやシミュレーションなどを活用するとよいでしょう。

8.3.4　プロダクト間のインターフェース仕様の更新と確認

プロダクトの外部機能を詳細化してプロダクト要求を決めていくと、これまで想定していなかったことも出てきます。システムレベルで十分に検討したとしても、検討の詳細度が上がっているわけですから、仕様の追加などが出てくるのは当然だとも言えます。

そういった状況下では、システムレベルで決めた、プロダクト間のインターフェース仕様も変更したくなることがあります。このような場合は、どれかのプロダクトの担当者が一方的に新たなインターフェース仕様を決めるのではなく、システムアーキテクチャ担当者、インターフェースに関わるプロダクトの担当者の三者で、変更内容を討議してからインターフェース仕様を変更しましょう。Phase7でも書きましたが、プロダクト間のインターフェース仕様は約束事です。変更内容は必ずプロダクト間インターフェース仕様書に反映し、プロジェクト全体に変更内容を周知してください。

8.4　ユーザーインターフェースの検討

8.4.1　検討の流れ

プロダクトの外部機能を導出したら、それらをプロダクト全体として成り立つように統合していきます。この段階で検討しなければならないのは、ユーザーインターフェース（UI）です。UIは、プロダクトのフロントエンドになっており、それゆえ様々な外部機能が統合されて成り立っています。システムレベルの検討の最後にプロダクトの境界が決まったばかりですので、プロダクトの境界部分に相当するUIや外観は、このプロダクト要求定義にて重点的に検討をする必要があるのです。ただ、システムの機能を利用できるようにすればよいのではなく、UIを通してより良いUX（User Experience：製品の使用体験）の提供を目指してください。

システムズエンジニアリングの規格ISO15288でも、ISO9241-210人間工学—インタラクティブシステムの人間中心設計の規格を参照するように推奨されています。そして、人間中心設計の6つの原則の中には、UXを考慮して設計をすることが提唱されています。そのためにシステムズエンジニアリングの開発プロセスの中では、以下のような流れでユーザーインターフェースを検討していきます。

1）プロダクトワークフロー図からユーザーとの接点となる機能を抽出する
2）UX観点を入れながら、機能ごとのユーザー操作を統合しUIを決める
3）ユーザーにPoCを行い、フィードバックを受ける

たまに、「パネル操作などグラッフィックユーザーインターフェース（GUI）はソフトが開発するから、ソフトの要求定義で決めればよいのでは？」という質問も受けますが、答えは「NO」です。

ユーザビリティに関わる“何をどのように配置するか”はプロダクト要求段階で決めます。なぜならば、GUIを含むUIはプロダクトの外部機能であり、それが決まらないと、プロダクトの内部の設計は進められないからです。また、ユーザビリティは商品の売れ行きに大きく影響を与え、ビジネスにも直結するため、特定の技術分野の開発で決めることではなく、プロダクトレベルでビジネス部門の判断が必要になるからです。

皆さんもどこに何のメニューがあるか探すのに苦労するような、操作性の悪い商品を購入した経験があると思います。そんなときは、いくら機能が良くても「二度と買わない」と思ったことでしょう。ユーザビリティは、それだけビジネスへの影響が大きいのです。ただし、いわゆる画面上のパーツデザインや表示フォント、配置などの微調整については、メカ、エレキ、ソフトに別れた設計レベルでの検討に回してもよいでしょう。

UXデザインについては、それだけで書籍が一冊書けるくらいの奥深さがありますので、他の良書を参照してしっかりと学んでください。本書ではシステムズエンジニアリングの開発プロセスで、特に重要な部分に絞って説明をしていきます。

8.4.2 ユーザーインターフェースの抽出

ユーザーインターフェースはプロダクトワークフロー図から抽出を行います。抽出の仕方は非常に簡単で、アクターが人である部分の外部機能はすべてユーザーインターフェースとなります。これらを抽出して一覧表にまとめます（**図8-6**）。

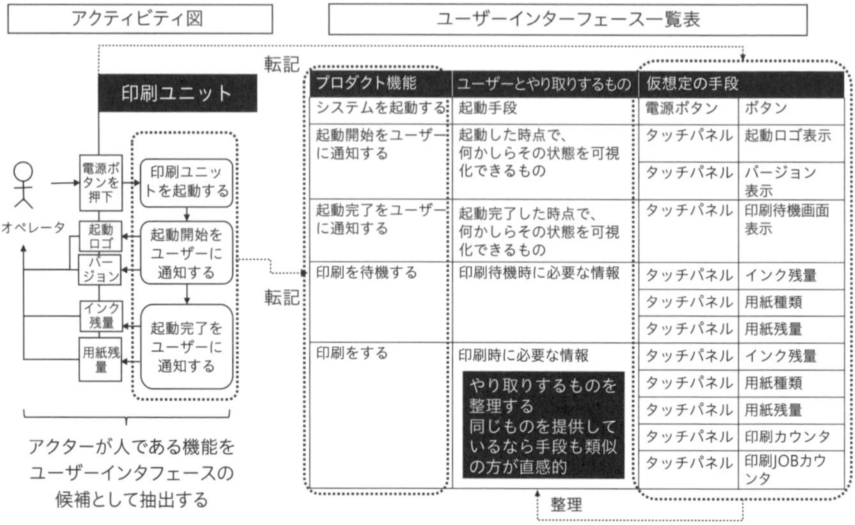

アクティビティ図

ユーザーインターフェース一覧表

転記

印刷ユニット

オペレータ

電源ボタンを押下

起動ロゴ

バージョン

インク残量

用紙残量

印刷ユニットを起動する

起動開始をユーザーに通知する

起動完了をユーザーに通知する

アクターが人である機能をユーザーインタフェースの候補として抽出する

転記

プロダクト機能	ユーザーとやり取りするもの	仮想定の手段	
システムを起動する	起動手段	電源ボタン	ボタン
起動開始をユーザーに通知する	起動した時点で、何かしらその状態を可視化できるもの	タッチパネル	起動ロゴ表示
		タッチパネル	バージョン表示
起動完了をユーザーに通知する	起動完了した時点で、何かしらその状態を可視化できるもの	タッチパネル	印刷待機画面表示
印刷を待機する	印刷待機時に必要な情報	タッチパネル	インク残量
		タッチパネル	用紙種類
		タッチパネル	用紙残量
印刷をする	印刷時に必要な情報	タッチパネル	インク残量
		タッチパネル	用紙種類
		タッチパネル	用紙残量
		タッチパネル	印刷カウンタ
		タッチパネル	印刷JOBカウンタ

やり取りするものを整理する
同じものを提供しているなら手段も類似の方が直感的

整理

図8-6　ユーザーインターフェース一覧表の例

この一覧表は、どの外部機能が、何をユーザーとやり取りするか、という表になります。これから具体的な方法を検討していきますが、もしこの段階で仮想定している操作や利用部品があれば記載しましょう。人に触れる部分は、具体的な実装手段がある方が議論しやすいためです。ただし、ここではあくまでも仮案としておき、正式な実装手段の決定は次のプロダクトアーキテクチャ定義に預けましょう。

8.4.3　UX観点での洗練

ユーザーインターフェース一覧表の“ユーザーとやり取りするもの”の欄をもとに、内容の統合を進めます。ユーザーとやり取りするものが同種であれば、類似の操作性を提供する方が受け入れやすいですし、操作のミスがありません。このような統合をしていく場合は、Peter Moville氏が提唱したUXハニカムの6つの要素を参考にするとよいでしょう（**図8-7**）。

これはユーザー中心のUXを評価する6つの要素であり、これらの要素が満たされると人はその製品に価値を感じるというものです。

1つ目の要素“Useful”は検討済みとしてよいでしょう。なぜなら、すでにステークホルダ要求に基づいて外部機能を定義してきたからです。以降の5つの要素を意識しながらユーザーインターフェースの検討を進めます。

要素	プロダクトを対象にした場合の解釈
Useful 有用である	プロダクトにユーザーニーズを満たす機能が備わっていること
Usable 使いやすい	プロダクトを使用するときにユーザーがストレスを感じないデザイン、画面、操作になっていること
Findable 見つけやすい	ユーザーが必要とする機能や情報が、マニュアルなどを見なくても製品上で簡単に見つけたり利用したりすることができること
Credible 信頼できる	必要なや機能および性能が提供され、安心して使用することができること
Accessible アクセスしやすい	様々なハンディキャップを持った人でも利用しやすい工夫がされていること
Desirable 好ましい	ユーザーの興味を引く魅力的なデザインや機能によって、好感度の高いプロダクトとなっていること

図8-7 UXハニカムと製品適用時の解釈の例

「印刷ユニットの起動をする」から「起動完了をユーザーに通知する」までの一連のユーザーインターフェースを事例に考えてみましょう。システムが「起動手段」をユーザーに提供しているわけですから、ユーザーはその行為を成し遂げたかを確認したいのです。では、プロダクトとユーザーとの間にどのようなやり取りがあれば、ユーザーはストレスを感じずに済むのでしょうか。Usableの観点から考えてみましょう。以下の3点が満たされればよいと考えられそうです。

1）起動指示が受け付けられたかを確認できる
2）印刷ユニットが起動開始したことを確認できる
3）印刷ユニットが起動完了したことが確認できる

上記「1）起動指示が受け付けられたかを確認できる」をもう少し深掘りしてみましょう。ユーザーがストレスなく確認できる手段として、以下の3つが考えられます。

a）ボタンを押し込んだときに、カチッとクリック音がする
b）ボタンを押し込んだときに、ボタン周辺のLEDランプが点灯する
c）ボタンをシーソースイッチやトグルスイッチにしてON/OFFが外から可視化できるようにする

さて、この3つの中のどれがよいでしょうか。印刷ユニットの起動がそのユニットの通電行為を意味するのであれば、より「通電している」ことが直感的

にわかるb）案が良いかもしれません。また、周辺の騒音を考慮すると、クリック音は聞こえづらいかもしれません。"Accessible"の観点で考えた場合、c）案がよいかもしれません。なぜならば、視覚や聴覚にハンディがある方はa）案やb）案の情報は受け取りにくいかもしれないからです。c）案は物理的な形状でスイッチが入っていることがわかるので、最も認識できるものになりそうです。どのような人がユーザーになり得るかも想定しながら考察しましょう。

ユーザーを具体的に想定することをUXデザインでは、「ペルソナを設定する」と呼びます。システムズエンジニアリングでは、ステークホルダプロファイルの検討で代用ができます。また、どのような環境でプロダクトが使用されるかは、ステークホルダ要求定義で作成した動作環境定義を活用することが可能です。

続いて、「2）印刷ユニットが起動開始したことを確認できる」についても考えてみましょう。2つの方法が考えられます。

a）印刷ユニットに付属しているタッチパネルモニタに何かしらの情報を表示する

b）印刷ユニットから何かしらの起動音を鳴動させる

ユーザーインターフェース抽出リストの仮案では、a）案に近い「タッチパネルにバージョンとプロダクトのロゴを出す」という案でした。しかし、それだけで十分でしょうか。単に「何か出しておけばわかるだろう」といった考えではありませんか？

皆さんは、機器の起動画面に出るバージョン情報をどれくらい覚えていますか。おそらく、ほとんど覚えていないでしょう。ロゴの表示も、「あぁ起動したな」とちらっと見るだけで、すぐに関心はどこかに行ってしまうでしょう。何かを表示させるのであれば、もっとユーザーの興味を引いたり、有益な情報にしたりして、その状況において最大限価値を出すことを考えてみましょう。

筆者が過去見た視線検知とVRを使った医療機器では、起動中の画面上に、とてもきれいな映像と模様が表示されました。それだけでも魅力的でしたが、さらにその模様が幾何学的に美しく動き、時折「ここを見てください」と案内を表示してくれました。画面の指示に従って何点か指示された模様を見つめると起動が完了しました。また同時に、視線のキャリブレーションも終わっていました。美しく、待ち時間を感じさせず、視線のキャリブレーションが完了する、"Usable"で"Desirable"な価値を提供する起動画面でした。

もちろん、すべてのプロダクトがこのような起動画面の工夫をする必要はありません。お伝えしたかったのは、意味づけの優先度が低い起動画面でも、UXを考慮すれば"Usable"で、"Desirable"、"Findable"、"Accessible"であり、ユーザーに価値を与えるものが作れるということです。価値創出を追及するために、UXの6つの要素を活用してください。

8.4.4 グラフィックユーザーインターフェース（GUI）の洗練

GUIの洗練に進みましょう。UX観点の洗練に加えて、システムズエンジニアリングの観点から以下の点を注意しながら検討をしてください。

◯全体の配置を考える場合は最悪ケースを想定する
◯ステークホルダニーズ分析をもとに何が重要な情報かを検討する
◯表示情報の属性を決める（数字の桁数、文字数など）

◆ 全体の配置を考える場合は最悪ケースを想定する

デザイン部門とGUIの仕様を決めるときに、代表画面だけで決めることがあります。しかし、プロダクトは同時にいくつかの機能が動作し、その結果を画面に表示します。ですから、最も多くの情報を同時に表示する最悪ケースを想定しておかないといけません。なぜなら、設計が進んでから画面表示の場所が不足していることに初めて気づくことになるからです。その結果、ユーザビリティが悪化したり、画面の見直しという手戻りが発生したりすることになります。

システムズエンジニアリングでは**図8-8**のように、プロダクトワークフロー図を使ってユーザーとのインタラクションを分析するため、どのような機能が同時に動作し、どのような情報を表示される可能性があるのかが明確に把握できます。これらを抽出して、GUIの配置コンセプトを考えましょう。

◆ ステークホルダニーズ分析をもとに何が重要な情報かを検討する

GUIの場合、1つの画面に多くの情報が表示されます。しかし、そのすべてが同じ重要度ではありません。ユーザーにとって重要な情報は大きく、見やすい位置に配置しましょう。加えて、レイアウトの代表的な構成として「Zの法則」「Fの法則」が知られています（**図8-9**）。画面を見る人の視線の習性に従って、配置されたものです。重要なものは左上に配置し、重要でないものは下方、または思い切って一階層下の画面でもよいでしょう。

「ユーザーが重視していることは何か」「どのように見たいか」という情報

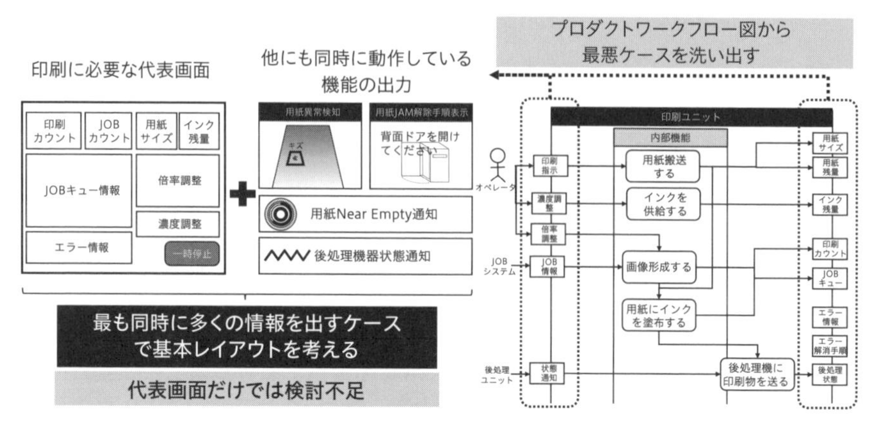

図8-8　プロダクトワークフローに基づき最悪ケースでレイアウトを考える

は、「プロダクトの分割によるステークホルダ要求」で分析したニーズから抽出できます。**図8-10**は、「インク残量表示」に関連する検討の例です。表示に関するニーズは「インク残量を一目で把握したい」となっています。この本質的なニーズは、上位階層の「印刷中断時間を短く」するために「インク交換準備のタイミングを把握したい」です。つまり、ユーザーは「インク残量がこのくらいになったら交換準備をしよう」と考えています。

インクが豊富にあるときの残量は関心が薄いわけです。重視しているのは残量が少なくなってきてから、となります。そうなると、GUIの案はどれが適切でしょうか。A案のように数値が知りたいわけではありません。また、B案のように「均等のインク残量アイコン」だけでは、“残量が少なくなってきた状態”を細やかに捉えることができません。この案の中では、C案がユーザーが重視している情報を提示できていることになりそうです。このように、GUIの検討においてもニーズ分析を活用することで、より良い形で実現していくことができます。

◆ 表示情報の属性を決める（数字の桁数、文字数など）

表示情報の数値単位や、分解能などの属性もこの段階で決めておきます。なぜならば、それらも設計へのインプット情報になるからです。属性情報に応じて、センサの精度やプロセッサの演算能力の要求が変わってきます。GUIに限らず、外部仕様の性能値とその精度は、この先のプロダクトのアーキテクチャや、さらにその先のメカ、エレキ、ソフトの設計にも影響があるため、この段

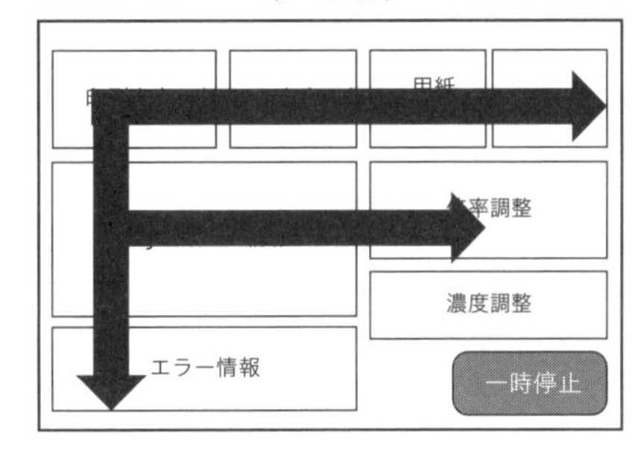

図8-9　視線の動き（Zの法則、Fの法則）

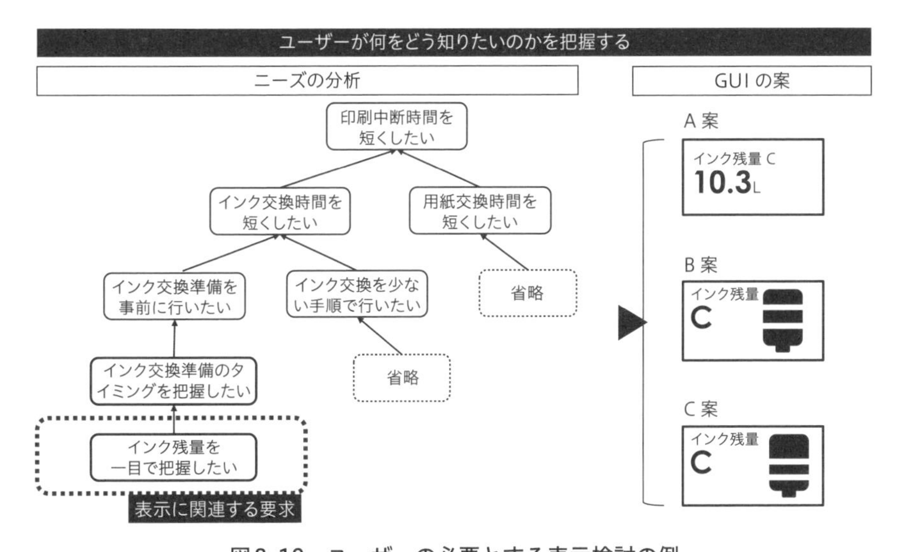

図8-10　ユーザーの必要とする表示検討の例

階で定義しておきましょう。

8.4.5　ユーザーインターフェースのPoCとプロダクト要求の検証

UI、UXに関するPoCはプロダクトの機能に関するPoCより先行して、できるだけ早いタイミングから段階的に行いましょう（**図8-11**）。というのもUX、UIの検討は、ユーザーからのフィードバックを多く受ける必要があるため、時間がかかるからです。

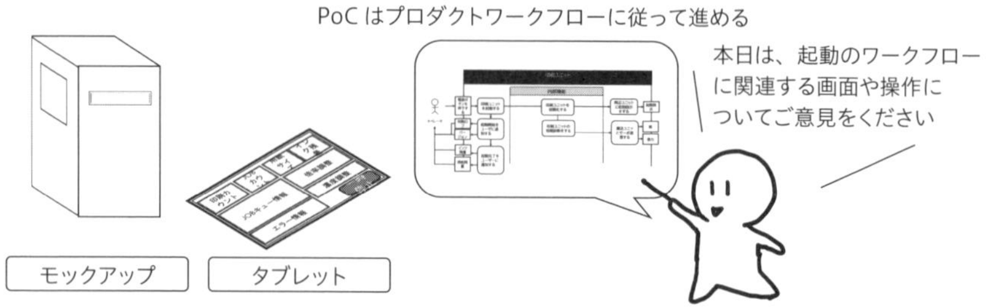

PoCはプロダクトワークフローに従って進める

本日は、起動のワークフローに関連する画面や操作についてご意見をください

モックアップ

タブレット

図8-11　UI/UXに関するPoCの進め方

最初は、ユーザーと一緒にプロダクトのワークフロー図を見ながら、各シーンにおいて必要となる情報やそれらの重要性の確認から始めていきます。実寸大のモックアップなどを用意し、操作を体験しながら意見を引き出していくのがよいでしょう。

各シーンでの必要情報や重要性を把握できたら、UXハニカムの要素も意識しつつ、具体的なUIの構成を詰めていきます。ここでも複数回モックアップを更新して、ユーザーからのフィードバックを受けていきます。

ユーザーが「これなら使いたい」というレベルまで洗練できれば、反復は終了です。この作業は、ISO9241-210の人間中心設計の6つの原則の「4. プロセスは繰り返し行う」にも該当します。

効率的に意見を収集するためには、事前に社内でプロダクトワークフロー図に従ってリハーサルを行うとよいでしょう。これはシステム要求を検証することにもなります。

8.5　プロダクト要求仕様書を作成する

8.5.1　プロダクト要求仕様書のねらい

プロダクトの外部仕様の定義が終わったら、プロダクト要求仕様書を作成します。プロダクトの要求仕様書は、プロダクトが実現すべき外部機能と性能値を詳細に記述したもので、「プロダクトの外部仕様はすべて定義しきれている」ことが重要です。

この先プロダクトアーキテクチャの検討に進み、最終的にはメカ、エレキ、ソフトやその他の技術分野と設計分業へとつながっていきます。さらに分業が

表8-1 プロダクト要求仕様書の代表的な記載事項

1. システム内におけるプロダクトの位置づけ	6. プロダクトのユーザーインターフェース仕様
2. プロダクトに関連するステークホルダ	7. プロダクトのインターフェース要求
3. プロダクトの機能的要求	8. プロダクトの信頼性要求
4. プロダクトの物理的要求	9. プロダクトに関する安全要求
5. プロダクトの動作環境条件	10. プロダクトのエラーに関する方針
	11. プロダクトの法規制要求

進むため、プロジェクトに関わるすべての開発者がどんな形状で、どんな表示がされ、どんな機能が搭載されているのかといったプロダクトの仕様を、「一意」に想定できなければなりません。

作るべきプロダクトの前提が異なると、分業中に膨大な数の不整合が発生してしまいます。これらの不整合は結合段階まで見過ごされ、莫大な手戻り工数を作り出します。これを防止するために、プロダクト要求として「決め切り」、プロダクト要求仕様書は「常時参照される」ことがとても重要なのです。もちろん実装段階に入り、より詳細な設計をすることで変更を余儀なくされる部分もあるでしょう。しかし、現段階において考えられ得るすべてのことを定義し尽くす、というマインドで取り組んでください。

プロダクト要求仕様書の代表的な記載内容は**表8-1**のようなものがあります。内容が網羅されていれば、仕様書自体は分冊で作成しても構いません。

以降、代表的な部分の記載内容について説明していきます。

8.5.2 システム内におけるプロダクトの位置づけ

システムの視点で、このプロダクトがシステムのどこに位置づくかを定義している項目です。システム構成図をもとに記述します。あわせて、「システムアーキテクチャトレーサビリティ表」をもとに、システム内におけるこのプロダクトの責務も記載します。これにより、プロダクトの対象範囲が明確に定義されます（**図8-12**）。

8.5.3 プロダクトに関連するステークホルダ

このプロダクトに関係するステークホルダを定義している項目です。Phase3で定義したシステムのステークホルダプロファイルから、対象のプロダクトに関わるステークホルダを転記します（**表8-2**）。どのステークホルダがこのプロダクトに関係があるかは、プロダクトワークフロー図のアクターか

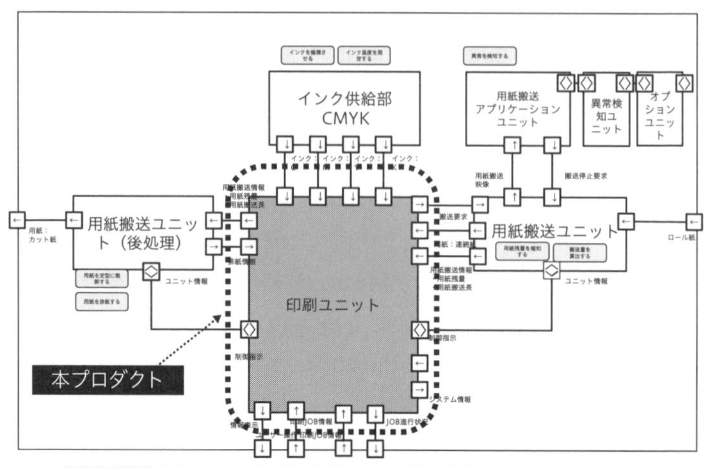

プロダクト名	責務
印刷ユニット	JOB情報および印刷データを取得し、 用紙にインクを塗布して印刷を行う システム全体の印刷ページ管理を行う

図8-12　プロダクトの位置づけの記載例

表8-2　ステークホルダプロファイルからステークホルダの抜粋

ステークホルダ			役割
社外	印刷業者	オペレータ	印刷機を操作し、印刷作業を行う
		JOB管理者	入稿された原稿から印刷JOBを生成する
社内	サービスマン	サービスマン	定期的に顧客を訪問し、印刷パラメータの調整、消耗品の確認と交換、故障時対応を行う 故障時対応の場合は、現地または持ち帰りで修理を行う

ら抽出することができます（**図8-13**）。

8.5.4　プロダクトの機能的要求

プロダクト要求のうち、外部から見た機能について定義した項目です。システムと同様に、「機能」「動作」「状態」の3つの視点で表現されます。以降は、プロダクト機能要求の記述方法について「ヘッドクリーニング機能」を例に説明していきます。

◆ 機能仕様の記述

機能が何を果たすのかという「目的」と、その機能はどういう方式で実現さ

ステークホルダ			役割
社外	印刷業者	オペレータ	印刷機を操作し、印刷作業を行う
		JOB管理者	入稿された原稿から印刷JOBを生成する
社内	サービスマン	サービスマン	定期的に顧客を訪問し、印刷パラメータの調整、消耗品の確認と交換、故障時対応を行う 故障時対応の場合は、現地または持ち帰りで修理を行う

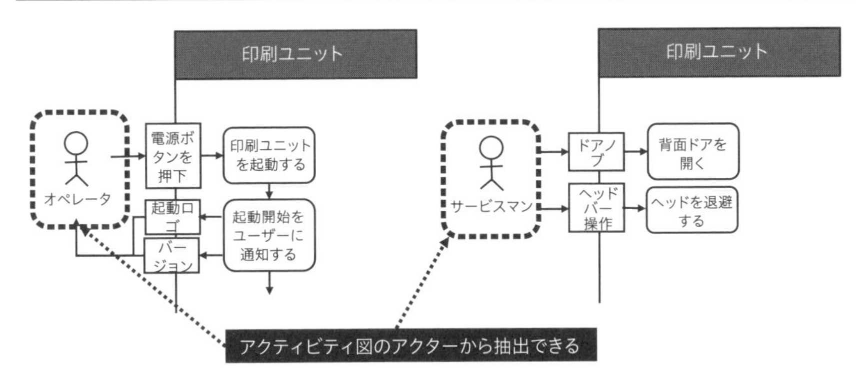

図8-13　プロダクトワークフロー図からのステークホルダ抜粋

れていて、その性能値は何かという「機能」を定義している項目です。

機能の目的の項には、「何のためにこの機能があるか」を示すために、この機能に紐づくステークホルダ要求を引用します。**表8-3**の例では、「印刷の品質低下要因(着弾ずれ、濃度むら、ノズル抜け)を除去する」を記載します。機能仕様の項には、ヘッドクリーニング機能の方式である、「ヘッドおよび吐出ノズルに残留したインクを取り除去し、正常にインクを吐出できるようにする」を記載します。

ヘッドクリーニングが正しく機能したことを判断するための、性能指標と性能値も合わせて定義します。例えば「インクの着弾ずれが±5.0μ以内」に収まれば、ヘッドは綺麗になったと判断が可能です。

インクヘッドをどのように掃除するかといった具体的な内部の仕組みは、この後のアーキテクチャ設計を経てプロダクト設計仕様書に記述します。

◆ 動作仕様の記述

機能を時系列な動作と状態の観点で定義した項目です。時系列の動作の記述においては、「誰が」「何をどうする」という記述をしてください。この記述は基本的にプロダクトのワークフローの検討結果を転記します。

表8-3　機能仕様の記述例

1.1　ヘッドクリーニング機能　ID：PR01-1234

1.1.1　機能の目的
印刷の品質低下要因（着弾ずれ、濃度むら、ノズル抜け）を除去する。

1.1.2　機能仕様
ヘッドおよび吐出ノズルに残留したインクを除去し、正常にインクを吐出できるようにする。

性能指標	性能値	備考
ヘッドクリーニング後のインク着弾ずれ	± 5.0 μ	テストパターンにて評価
ヘッドクリーニング後の濃度むら	ΔE = 3以内	テストパターンにて評価
ヘッドクリーニング後のノズル抜け	ノズル抜けなきこと	テストパターンにて評価
ヘッドクリーニング時間	2分以内	CMYK全色
ヘッドクリーニング時のインク飛散許容レベル	インク飛散なきこと	
ヘッドクリーニングリトライ数	6回	
自動ヘッドクリーニング開始印刷カウント	A4換算　5,000枚	

表8-4　動作仕様の記述

1.1.3　動作仕様

操作者がクリーニングを起動する場合：
1. 操作者はヘッドクリーニングを指示する
2. 印刷ユニットはタッチパネルモニタにクリーニング中を表示する（画面ID:0233)
3. 印刷ユニットは、ヘッドおよび吐出ノズルに残留したインクを除去する
4. 印刷ユニットは、テストパターン（図1）印刷を行い、吐出不良（インクの着弾ずれ、濃度むら、ノズル抜け）の有無を検知する
5. 印刷ユニットは、吐出不良が検出されなければ、クリーニングを終了する
6. 印刷ユニットは、印刷待機中の表示（画面ID:0220)を行う
7. 印刷ユニットは、クリーニング動作を行っても吐出不良ノズルが解消しない場合、タッチパネルモニタに「吐出不良ノズルありの警告」表示（画面ID:0221)を行う

表8-4のように文章で記載する場合は、「操作者はヘッドクリーニングを指示する」「印刷ユニットはタッチパネルモニタにクリーニング中を表示する」などと主語と述語がわかるように記述します。また、**図8-14**のように図的表現をする場合は、プロダクトワークフロー図をそのまま引用することも可能です。GUIに関する定義は、デザイン部門との協業も考慮して別章立てとして切り出し、「GUI画面仕様」および「画面遷移仕様」でまとめて定義するため、ここでは画面のID番号を割り当て、どの画面を表示するのかを紐づけられる

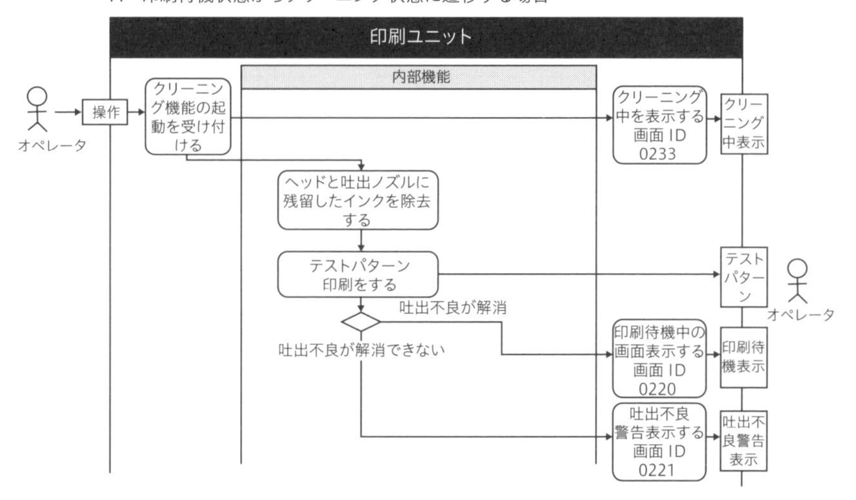

図8-14　動作仕様のプロダクトワークフロー記述

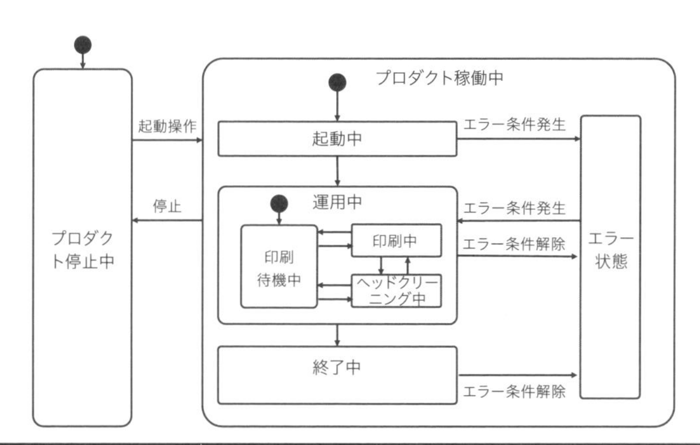

状態	状態の目的
プロダクト停止中	印刷に関連する価値提供を待機する（電源投入されていない状態）
プロダクト稼働中	印刷に関連する価値を提供する（電源投入されている状態）
起動中	プロダクトが印刷に関連する価値を提供できるように準備する
運用中	プロダクトが印刷に関連する価値を提供する
印刷待機中	すぐに印刷ができるようにインク、紙の状態を適切な状態に維持する
印刷中	印刷を実施する
ヘッドクリーニング中	印刷品質を維持するために、ヘッド周辺に付着した汚れを除去する
終了中	次回稼働時のために印刷時のためにヘッドと用紙を保護し、不要な印刷情報を消去する
エラー中	異常発生時に操作者やプロダクトに危害が及ぶことを防止する

図8-15　クリーニング機能の状態遷移図記述

ようにしておきます。

◆ 機能の状態遷移の記述

機能に状態がある場合には、状態遷移図を使ってどのような状態を持っているかを記述します（**図8-15**）。

◆ 機能的要求の詳細な記述

「機能仕様」と「動作仕様」によって機能を定義しますが、機能を一意に定義するために、詳細な説明が必要となる場合があります。

例えば、「クリーニング時に使うテストパターン」が該当します。テストパターンはクリーニング機能で使われるものです。詳細なパターンはプロダクトアーキテクチャ定義の中で具体的な印刷ヘッドが決まらないと定義できませんが、テストパターンがどんなものを前提として考えているか、関係者が同じものを想定できるように、**図8-16**のように図などを用いて仕様と方式を記述します。

1.1.4　テストパターン

テストパターンはヘッドおよび搬送系の設計に強く依存するため、本仕様書ではテストパターンの詳細なパターンの定義は行わない。

具体的なテストパターンの定義は、印刷ユニット設計仕様書にて定義する。ただし、テストパターンは以下の仕様を満たすこと。

1. テストパターンは　用紙搬送方向先頭より、濃度むら・ノズル抜け検出パターン（C,M,Y,K）、着弾ずれ評価パターンの順とする
2. テストパターン間隔は1.0cmとする
3. 自動検知のための位置マーカーはテストパターンの前後に印字してよい。ただし、テストパターンとの間隔は2.0cmとする

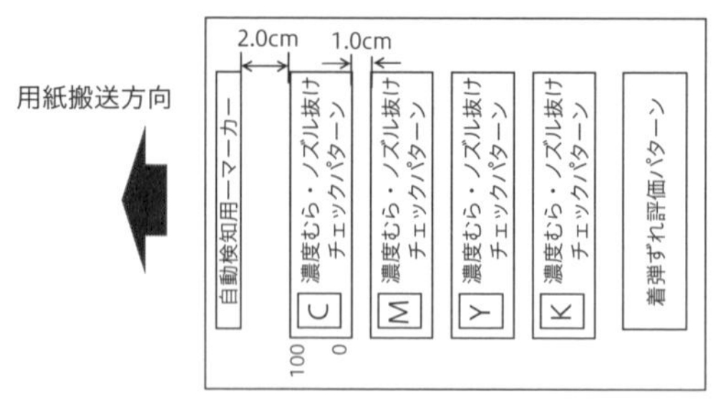

図1-4　テストパターン

1.1.5　制約事項

着弾ずれ評価パターンは、現行A機種で使用しているものと同じとする。

図8-16　機能個別の詳細仕様の記述例（テストパターン）

◆ 制約事項の記述

プロダクトのアーキテクチャ設計を行う前から、制約事項として決定していることを記述します。例えば、実装で使用する部材や、機能を実現する内部の方式を指定します（図8-16下部参照）。

8.5.5 プロダクトの物理的要求

プロダクト要求のうち、主に動きのない物理的な要求を定義する項目です。プロダクトのサイズ、重量、消費電力、防水、防塵などの機能と、その性能などが該当します。この段階では、まだプロダクトの具体的なアーキテクチャ検討をしていないため、システムの物理アーキテクチャ定義時にプロダクト間で分配された物理的な値をそのまま転記します（**図8-17**、**図8-18**）。

この値は、プロダクトのアーキテクチャ検討の制約として扱われます。インターフェース仕様と同じく、変更をする場合は他のプロダクトとの整合が必要です。

8.5.6 プロダクトの動作環境要求

プロダクトの動作環境は、基本的にはシステムレベルで定めた使用環境定義（図4-12参照）の情報をそのまま踏襲することになります。この中で定められたシステム内の共通な項目（温度、湿度、気圧）などに加え、そのプロダクトが保有する機能や設置環境依存の固有な項目を追加します（粉塵、防水など）（**表8-5**）。

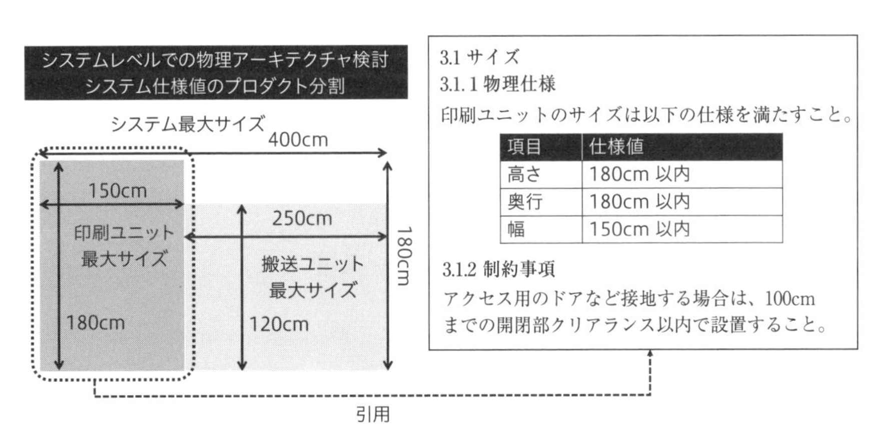

3.1 サイズ
3.1.1 物理仕様
印刷ユニットのサイズは以下の仕様を満たすこと。

項目	仕様値
高さ	180cm 以内
奥行	180cm 以内
幅	150cm 以内

3.1.2 制約事項
アクセス用のドアなど接地する場合は、100cm までの開閉部クリアランス以内で設置すること。

図8-17　プロダクト分割時の仕様値配分（サイズ）

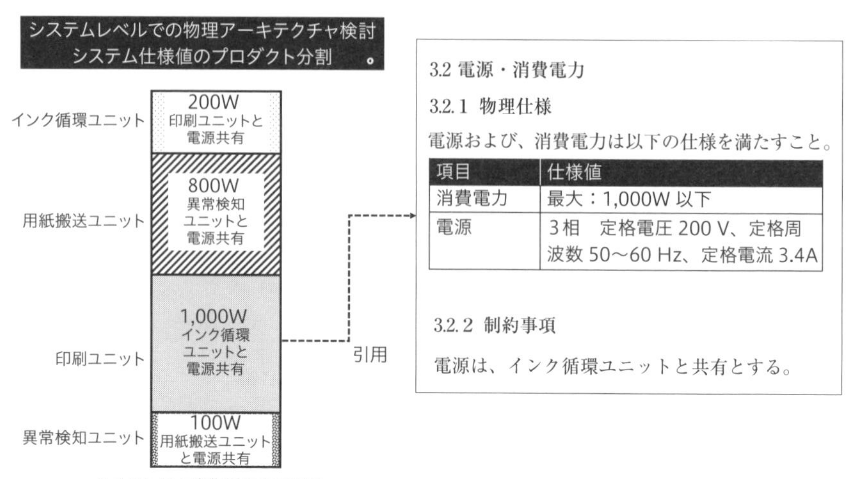

システム最大消費電力 2,100W
3相定格電圧 200V、定格周波数 50～60 Hz、
定格電流 3.4 A

図8-18　プロダクト分割時の仕様値配分（電源・消費電力）

表8-5　動作環境要求の記述例

6. 動作環境　ID：PR06-0001

1.1　温度、湿度、気圧条件

性能指標	性能値	備考
周囲温度範囲	5℃～50℃	
相対湿度範囲	30～85% 結露なきこと	
気圧範囲	700～1,060［hPa］	

6.2　粉塵条件

性能指標	性能値	備考
設置環境における空気清浄度	ISO 14644-1 クラス8以上	

8.5.7 プロダクトのインターフェース要求

◆ システム内のプロダクトとのインターフェース

システム内の他のプロダクトとのインターフェースを定義する項目です。インターフェースは、**図8-19**に示す通りシステム内部構造図やプロダクト間インターフェース仕様書としてまとめられ、常に更新されているはずです。ま

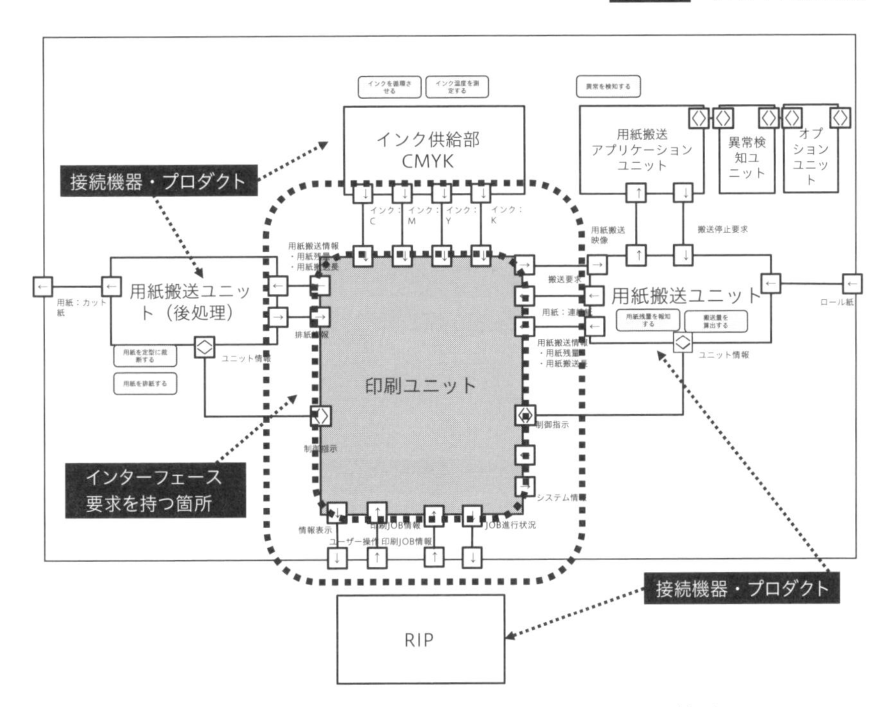

図8-19 システム内部構造図とインターフェース箇所

た、過去機種からのコンパチビリティを取るかについては、ビジネス部門がビジネス要求として、どの世代までのどのプロダクトに対して互換性を維持するかをステークホルダ要求分析の時点で提示しているはずです。新たに要求を作成する必要はなく、それらの仕様書を参照引用して記述します（**表8-6**）。

◆ **プロダクト間インターフェース仕様の記述方法**

プロダクト間インターフェース仕様書内では、静的な仕様と動的な仕様の2側面から定義をします。静的な仕様は、映像や通信の規格、嵌合（かみ合わさる部分）などの物理的形状などが該当します（**図8-20**、**図8-21**）。

動的な仕様は、インターフェース間の動作の順番や、通信のハンドシェイクなどが該当します（**図8-22**）。

◆ **インターフェース仕様書の管理方法**

インターフェース仕様書は接続対象ごとに作成しますが、基本別冊で作成して管理します。というのも、インターフェース要求がプロダクト要求仕様書内に収まっていると、それぞれのプロダクト要求仕様書で二重定義をすることに

表8-6　インターフェース（接続先一覧）の記述例

6. インターフェース要求　ID：PR06-0001

印刷ユニットは以下の機器およびソフトウェアとのインタフェースを持つ。
インターフェースの仕様は下表に記載しているインターフェース仕様書を参照のこと。

6.1　システム内接続ユニット

名称	インタフェース仕様
インク循環ユニット	印刷ユニットーSuperRIP間インターフェース仕様書参照
用紙搬送ユニット	印刷ユニットーImageMagic間インターフェース仕様書参照
異常検知ユニット	印刷ユニットープリント侍間インターフェース仕様書参照

6.2　後処理機

接続機器	型番	メーカー	インターフェース仕様
中綴じ製本システム	BG1425－E3	D社	印刷ユニットー中綴じ製本システム
	BG1435－E3		インターフェース仕様書
バッファスタッカ	BS1425	D社	印刷ユニットーバッファスタッカ インターフェース仕様書

印刷ユニット・用紙搬送ユニット間　インターフェース仕様書

1. 物理的インターフェース
印刷ユニット・用紙搬送ユニット間のインタフェースは、以下の物理的構成とする。

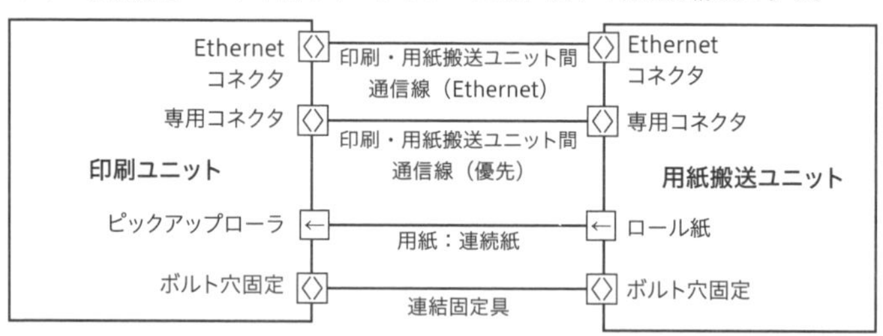

1.1　印刷ユニット・搬送ユニット間通信線
ユニット間の通信に用いられる。通信内容の優先度は持たせず発生順に通信を行う。
このため、5ms以下のリアルタイム性を必要とする通信は、別途設ける優先通信線を用いる。
物理的仕様は以下の通り。

項目		インタフェース仕様
規格		Ethernet Cat6
コネクタ形状	印刷ユニット側	RJ45
	用紙搬送ユニット側	RJ45
ケーブル		クロスケーブル結線
通信内容		搬送要求　用紙搬送情報

図8-20　プロダクト間の静的なインターフェース要求の記述（通信線）

1.4　連結固定装置

印刷ユニット、搬送ユニット間を連結させるための装置は下の仕様を満たしたものとする。

項目		インタフェース仕様
連結固定具形状	高さ	100mm ユニット底部基準点より100mmに設置 Tentative：プロダクト設計により変更可能
	幅	200mm Tentative：プロダクト設計により変更可能
	厚さ	5mm Tentative:プロダクト設計により変更可能
設置方法		全面および背面に1カ所ずつ連結固定装置を設置 ボルト4点によるねじ止め Tentative：プロダクト設計により変更可能
固定強度		800Nで脱落なきこと

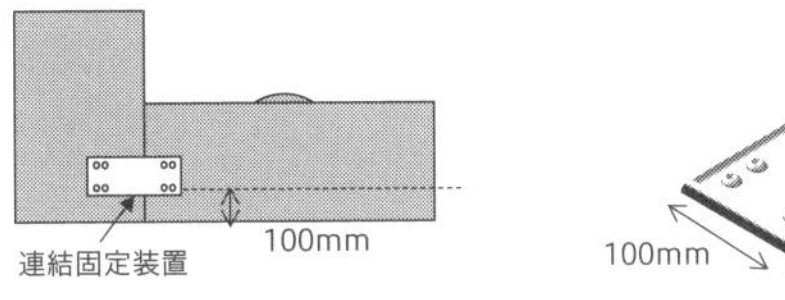

5mm
200mm
100mm

図8-21　静的なインターフェース仕様記述（物理形状）

用紙ユニット・用紙搬送ユニット間　インターフェース仕様書

2. インターフェース 通信仕様

通信は印刷ユニットをマスター、周辺機器をスレーブとする、マスタスレーブ方式とする。
またコマンドに対して、スレーブ側からの通信要求はリクエストI/Oを通じて通知する。通信のパケット構成、詳細なハンドシェイクについては、本仕様書の以降の版で定義され、本仕様書を更新する。

2.1　用紙搬送張力サーボインタフェース
用紙搬送張力サーボ制御に関するプロダクト間のハンドシェイクは、以下のアクティビティ図を参照すること。通信の詳細なコマンドハンドシェイクについては、本仕様書の以降の版で定義され、本仕様書を更新する。

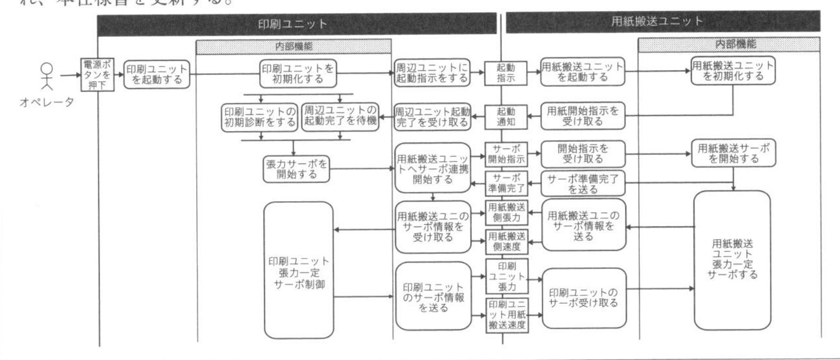

図8-22　動的なインターフェース仕様記述（通信シーケンス）

なり、齟齬が起きやすくなるからです。

また、インターフェース仕様は、詳細度を上げながら更新を続けていきます。そして確定するのは、各プロダクトの詳細設計完了時です（**図8-23**）。それに伴い、インターフェース仕様書も頻繁に更新され、常時参照されるため別冊の方が保守しやすいのです。検討が進み、内容の変更が必要になった場合は、この仕様書をもとに関係開発者全員の合意の下で更新します。

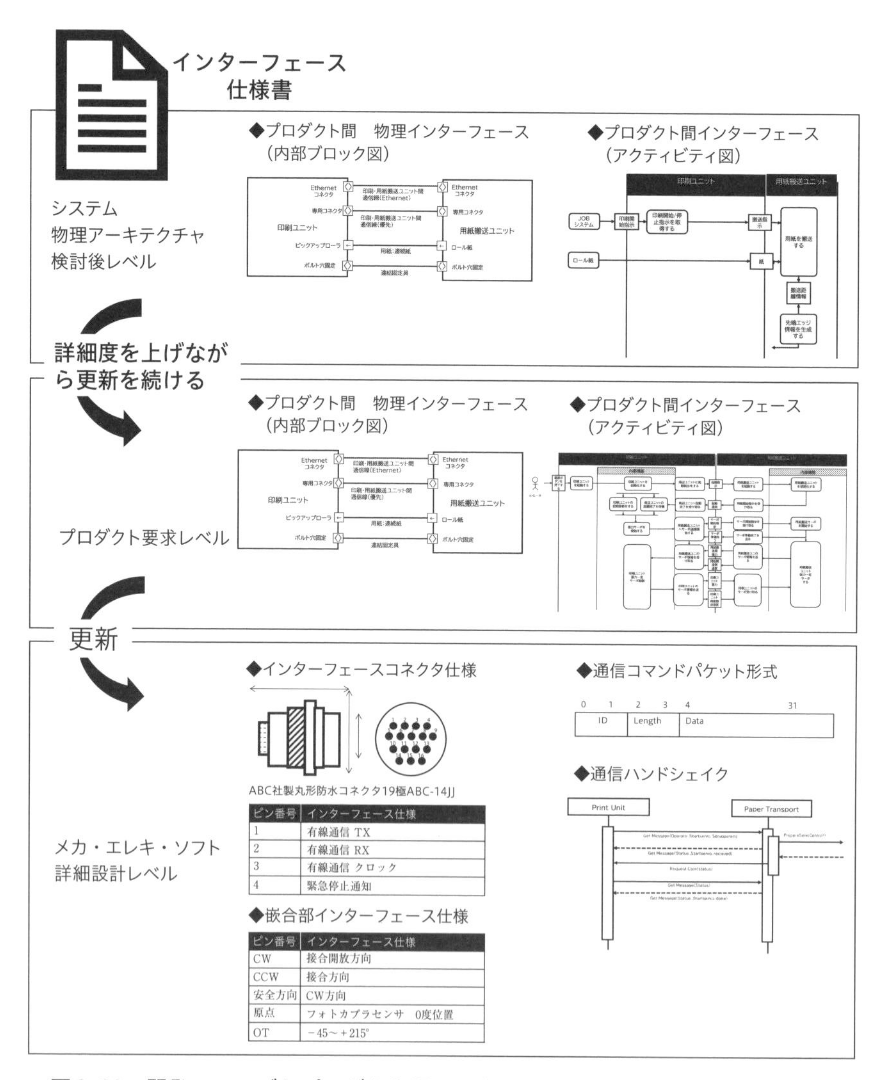

ピン番号	インターフェース仕様
1	有線通信 TX
2	有線通信 RX
3	有線通信 クロック
4	緊急停止通知

ピン番号	インターフェース仕様
CW	接合開放方向
CCW	接合方向
安全方向	CW方向
原点	フォトカプラセンサ　0度位置
OT	−45～＋215°

図8-23　開発フェーズとプロダクト間インターフェース仕様書の詳細度の変化

8.5.8 プロダクトのユーザーインターフェース要求

このプロダクトのユーザーインターフェースを記述する項目です。8.4節で検討したユーザーインターフェースの仕様を記載します。この段階ではプロダクトの外観デザインや、画面デザインは完全には完成していませんが、先ほどのインターフェース仕様書と同じように、詳細が決まるごとに更新をしていきます。

プロダクトのユーザーインターフェース仕様書は、下記の3つの観点から仕様を定義します。

○プロダクトの外観、操作部の仕様
○プロダクトのGUI画面仕様
○プロダクトの画面遷移仕様

ユーザーインターフェースの検討は、デザイン部門と連携して行います。部門間での仕様書のやり取りが頻繁に行われるため、ユーザーインターフェースに関する部分は、プロダクトの設計仕様書から独立した別冊として管理します。

◆ **プロダクトの外観、操作部の仕様**

プロダクトの外観や操作部・画面などの仕様を定義します。これは、8.3.3項のプロダクト外部機能のアイディエーションにより導出されたもののうち、プロダクトの外観などに関連する部分を転記します。**図8-24**の例では、プロ

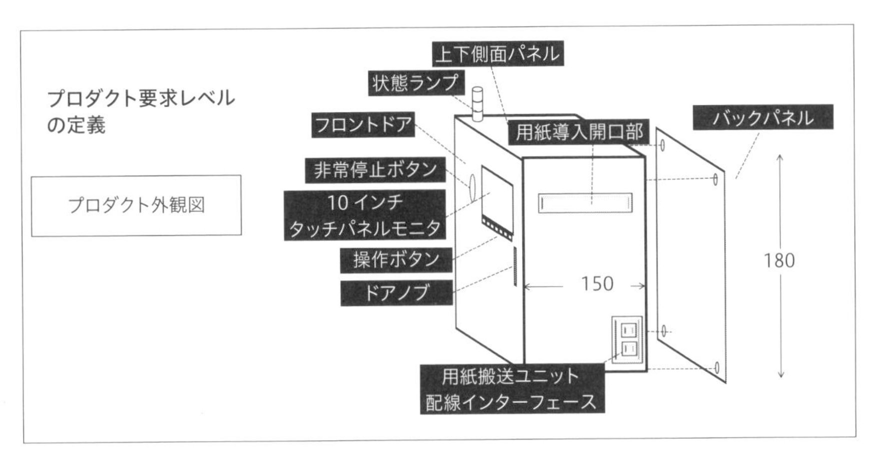

図8-24　印刷ユニットの外部ユーザーインターフェース全体仕様

ダクト全体にどんなユーザーインターフェースが配置されているかの全体配置と各部の名称が記載されています。

全体配置と各部名称に加え、それぞれのユーザーインターフェースについてもここまでに検討した結果を記載します。**図8-25**は、本体前部のドア上に配置されるハードボタンのユーザーインターフェースの仕様例です。

まだ具体的なボタン上に配置される文字や、ボタンの詳細なデザイン、電気的な仕様は決まっていませんが、少なくともPoCを経て、どこにどんなボタンを配置したら使いやすいか、そのボタンのサイズや配置位置は、使用者のプロファイルをもとにしたら適切かという考察は済んでいるはずです。PoCを経て決定されたものについては、必ず記載するようにしましょう。これは設計制約となります。

◆ プロダクトのGUI画面仕様

プロダクトのモニタ上に表示する画面の仕様を定義します。画面仕様は1画面ずつの仕様で、画面全体のレイアウトと、画面内のパーツが何の項目で、どのような操作系を持つのかを定義したものになります。この段階で、画面仕様として定義しておきたいのものを記載します（**表8-7**）。

プロダクト要求段階では、まだ具体的な画面デザインを行っていないので、簡単な文字や図形を使ってその内容を定義します（**図8-26**）。Web系の開発

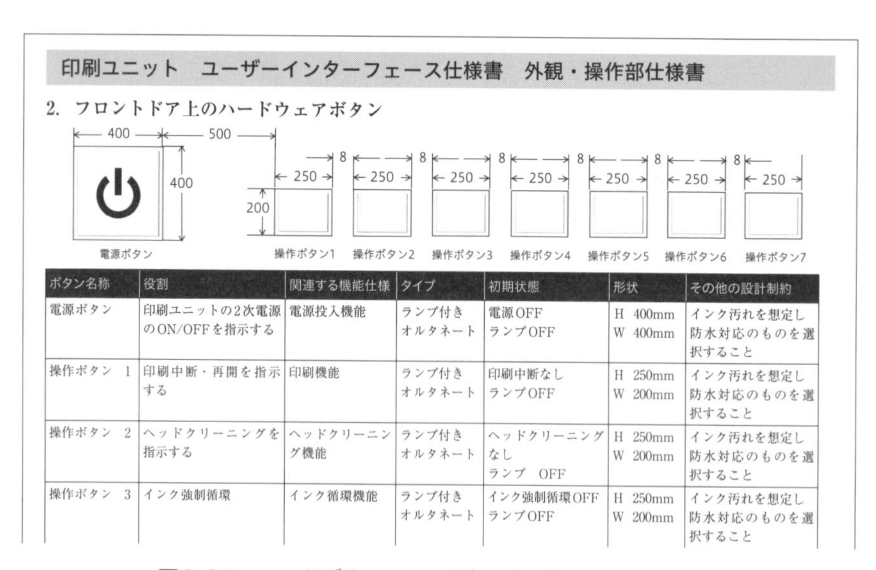
印刷ユニット　ユーザーインターフェース仕様書　外観・操作部仕様書

2. フロントドア上のハードウェアボタン

ボタン名称	役割	関連する機能仕様	タイプ	初期状態	形状	その他の設計制約
電源ボタン	印刷ユニットの2次電源のON/OFFを指示する	電源投入機能	ランプ付き オルタネート	電源OFF ランプOFF	H 400mm W 400mm	インク汚れを想定し防水対応のものを選択すること
操作ボタン 1	印刷中断・再開を指示する	印刷機能	ランプ付き オルタネート	印刷中断なし ランプOFF	H 250mm W 200mm	インク汚れを想定し防水対応のものを選択すること
操作ボタン 2	ヘッドクリーニングを指示する	ヘッドクリーニング機能	ランプ付き オルタネート	ヘッドクリーニングなし ランプ OFF	H 250mm W 200mm	インク汚れを想定し防水対応のものを選択すること
操作ボタン 3	インク強制循環	インク循環機能	ランプ付き オルタネート	インク強制循環OFF ランプOFF	H 250mm W 200mm	インク汚れを想定し防水対応のものを選択すること

図8-25　ハードボタンのユーザーインターフェース仕様

表8-7 プロダクト要求フェーズで定めておきたいGUI属性

定義すべき属性項目	内容
項目内容	何を表示すべきか、どのような操作をするものなのかといったUIの目的
表示文字列・表示図	表示すべき文字列や図を明らかにする
単位	数値の場合、単位系を明確にする
初期値	画面に表示される初期値を記載する
最大値	画面に常時可能な最大値（最大表示文字数も含む）
最小値	画面に常時可能な最大値（最小表示文字数も含む）
最小単位	数値を更新する際の最小単位数
有効/無効/消滅/更新/優先条件	操作ボタンなどの有効無効 表示の更新、優先表示などの条件
対象のGUIパーツの操作	表示されているパーツが操作可能か
操作後のアクション	操作をした後の画面の振る舞い
制約条件など	すでに決定されている制約事項
ボタンの表示状態変更条件	ボタンのアクティブ/非アクティブ、表示/非表示が切り替わる条件

印刷ユニットユーザーインターフェース仕様書 GUI 画面仕様書

1. 印刷中画面

1.1 画面表示項目・レイアウト（画面 ID：P-00001）

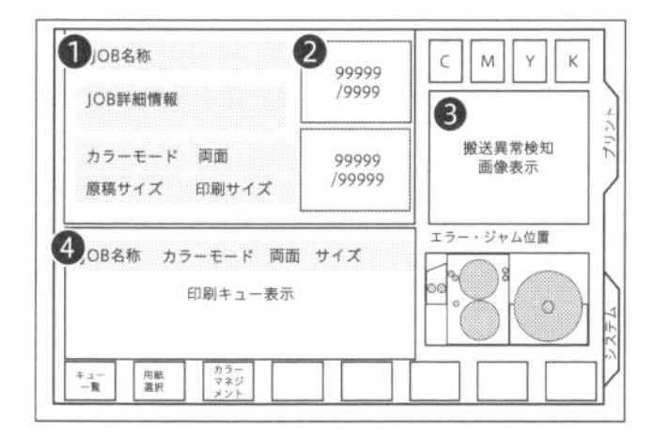

印刷キュー表示

❹-1 JOB名称	❹-2 カラーモード	❹-3 印刷サイズ	❹-4 面付け	❹-5 ページ	❹-6 部数
迷わず実務に適用…	モノクロ	B5	両面	240	1400
イベントリーフレット	カラー	A4	片面	1	50000

1.2 表示項目詳細

項目分類	項目No.	項目分類	項目内容	表示文字列表示図	単位	初期値	最大値	最小値	最小単位	有効/無効/消滅/更新/優先条件	対象のGUIパーツの操作	操作後のアクション	制約条件など	ボタンの表示状態変更条件	備考
印刷画面	1	JOB名称	JOBファイル名称 長押しによってサーバ上のファイルを選択することができる	文字列 フォントおよびフォントサイズ T.B.D.	なし	JOBファイル名称	20文字	1文字	なし	条件なし	ボタンタップ	JOB選択画面(IDP-00025)へ移行する	20文字超えたら最後の文字を・・・に置き換え表示	条件なし	なし
	2	ページカウンタ	JOB内の印刷ページカウンタ ページが印刷ユニットから排紙されたタイミングで更新される	現在カウンタ フォント および サイズ T.B.D.	ページ	0	999999	0	1	条件なし	表示のみ	操作アクションなし	最大値を超えたら1に戻る	操作アクションなし	ページカウントは5m離れていても視認できること
				総ページ フォント および サイズ	ページ	0	999999	0	1	条件なし	表示のみ	操作アクションなし	なし	なし	なし
	3	搬送異常検知表示	搬送異常検出時	搬送異常検出なし時「検出なし」文字列のみ表示	なし	検出なしグレー画面	なし	なし	なし	異常画像検出時	画像タップ	異常画像検出ポップアップ表示(ID124)へ移行	初回発生画像を表示	異常画像解消操作後検出なしに戻る	なし

図8-26 GUI画面仕様書の例

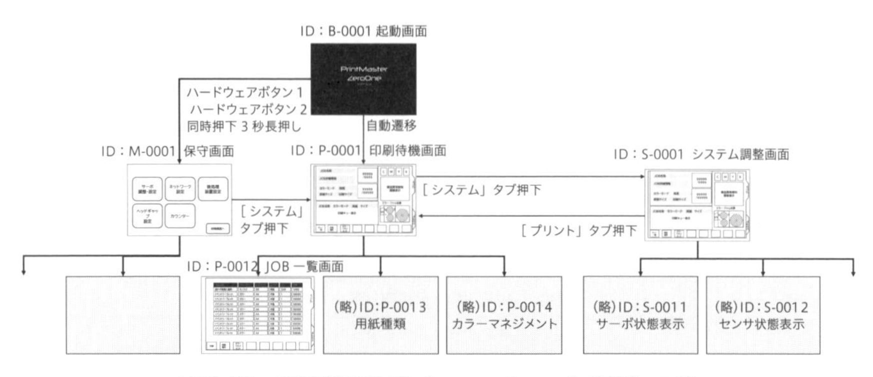

図8-27　画面遷移仕様（フローチャート表現）の例

でワイヤーフレームと呼んでいる作業とほぼ同じものです。

◆ **プロダクトの画面遷移仕様**

画面がどのように切り替わるかという、画面遷移を定義します。

画面遷移仕様は、**図8-27**に示すフローチャート表現や、**図8-28**にテーブル表現で記述します。いずれの方法も、どのトリガー操作によってどの画面に遷移するかを定義します。ただ画面遷移テーブルは、操作トリガーが多くなると見通しが悪くなりますので、プロダクトの操作系に合わせて選択をするとよいでしょう。

昨今では画面デザインツールとして、画面遷移検討ができるものも販売されています。これらのツールは、PoCなどのプロトタイピングからプロダクトの画面仕様、画面遷移、最終的な画面の配置までや、画面に関する開発の上流から詳細設計までをまとめて管理できるものもあるので、ぜひ活用しましょう。

8.5.9　プロダクトの非機能要求

システムの段階で非機能要求であったものも、プロダクト要求の段階ではすでに機能仕様とその仕様値になっているものも多くあります。例えば、設置性の項目で、「使用環境定義図で定義した環境に設置できること」であったものが、プロダクトでは「プロダクトの上限サイズや重量」といった物理的要求に変換されています。非機能要求は開発のフェーズが進むにつれ、だんだん仕様化され性能値が定まります。

プロダクト要求フェーズで非機能要求として定義するのは、システムレベルで非機能として定義されたもののうち、まだ機能に変換できていないものです。

画面遷移トリガ →

画面 ↓

	ボタンA	ボタンB	ボタンC	スイッチ1	スイッチ2	非常停止	電源ボタン
画面S0	S1	S2	S3	—	S4	E1	電源断
画面S1	S0	—	—	S3	S4	E1	電源断
画面S2	S0	V1>V2 S0	—S	3	—	E1	電源断
画面S3	S1	S0	—	—	S4	E1	電源断
画面S4	—	—	—	S1	S0	E1	電源断
画面E1	—	—	—	—	—	—	電源断

遷移条件がある場合は記述

遷移先を記述

図8-28　画面遷移仕様（テーブル表現）の例

プロダクトのアーキテクチャが定まらないと、機能に変換できない代表的な項目を示します。これらの項目は、システムレベルの非機能要求を踏襲します。

○セキュリティ要求事項

○サービスおよび修理に関する要求事項

○製造性要求事項

○機能安全要求

○法規制要求

8.5.10　プロダクトのエラーに関する方針

エラーの仕様も設計が進むにつれて、内容が充実するものの一つです。外から見て要因がわかるエラーは、プロダクトの状態遷移図でも表現されているため、ある程度定義することができます。しかし、システム内部で発生するようなエラーは設計が進まないと、すべてを定義することはできません。

そのため、この段階ではエラーの種類の定義、種類ごとのエラー発生要因の種別、発生時のプロダクトの動作、エラーの解除条件、エラー時の状態遷移といった基本方針を定義しておきます（**図8-29**）。この方針に基づき、今後のアーキテクチャ設計などで新たに明らかになったエラーの仕様を定義するようにします。この時点で、すでに明らかになっているエラーについてはエラー一覧を作成して、定義をします（**表8-8**）。

エラー一覧の項目に最低限記述するのは、エラー番号/種類/検出条件/検

8.1.1 エラー方針

印刷ユニットで発生するエラーは下記の2種類とし、以下の方針で分類する。

	復旧可能エラー（Cエラー）	致命的エラー（Fエラー）
エラー方針	ユーザーがエラー発生要因を除去できるエラーとする エラー発生時に、ユーザー、印刷ユニット本体に危害が発生しないエラー事象を対象とする	ユーザーがエラー発生要因を除去できないエラーとする エラー発生時にユーザーおよび印刷ユニット本体に危害が発生する恐れのあるエラー事象を対象とする
エラー発生時の振る舞い	エラーが発生した場合、 ・搬送停止 ・エラー発生要因の内部ユニットおよび関連するユニットを安全位置まで退避させて停止する	エラーが発生した場合、 ・すべての可動部を即時停止する
エラー解除条件	エラー発生要因が消滅 インターロックカバーを閉 電源断	電源断
例	用紙詰まりエラー インク切れエラー 印刷異常検知エラー など	印刷ドラム駆動異常 搬送ローラサーボ異常 カットローラ負荷異常 など

8.1.2 エラーの状態遷移図

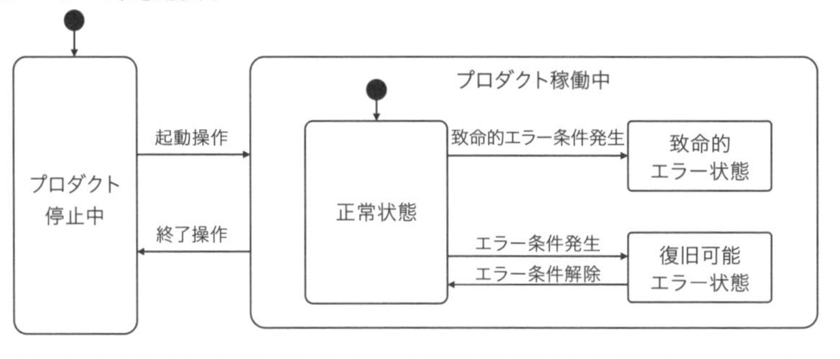

図8-29　エラー方針の記述例

表8-8　エラー一覧の例

	エラー番号	種類	検出条件	検出タイミング	発生時の振る舞い	解除条件
C00010	用紙詰まり	C	プロダクトアーキで決定	200ms周期以下	搬送停止 ヘッドJAM解除位置へ退避	用紙除去 フロントドア閉
C03001	廃液フル	C	プロダクトアーキで決定	10s周期以下	搬送停止 クリーニング停止 廃液停止	廃液タンク空 フロントドア閉
C05002	搬送ドラム過負荷	F	プロダクトアーキで決定	200ms周期以下	すべての駆動系停止	電源断
以降随時追記						

出タイミング/発生時の振る舞い/解除条件です。このうち、エラーの検出条件は、どのようなセンサや仕組みで検出するかプロダクトのアーキテクチャ検討をしてみないとわからないため、未定のままで構いません。設計制約として、何かしらのセンサなどを使うことが決まっている場合は、記載しておきましょう。エラー仕様書もプロダクト要求仕様書の別冊として作成し、常に更新をしていく方が扱いやすいでしょう。

8.6 このフェーズの成果物とチェックポイント

◆ プロダクトワークフロー図<成果物>

□一つひとつのアクションの入力と出力が十分に検討されていますか？

□動きのない機能も抽出されていますか？

◆ ステークホルダ要求図<中間成果物>　※更新

□新たに出たプロダクト要求がステークホルダ要求に紐づいていますか？

□新たに出たステークホルダ要求の妥当性を検証できていますか？

◆ PoCコンテンツと調査結果<中間成果物>

□プロダクトの外部仕様はステークホルダ要求を満足していますか？

□PoCの実施は恣意的な扱いをしていませんか？

◆ プロダクト要求仕様書<成果物>

□プロダクト要求（外部機能）とその性能値が定義されていますか？

□ステーホルダ要求とすべて紐づけがされていますか？

□関係者全員が同じプロダクトを想定できますか？

◆ プロダクト間インターフェース仕様書<成果物>　※更新

□インターフェース間でやり取りされる内容が定義されていますか？

□設計が進まないと定義できない項目は明らかですか？

□更新内容が接続先のプロダクト開発部隊と合意がとれていますか？

◆ プロダクト要求仕様書：ユーザーインターフェース仕様書<成果物>

□ユーザーインターフェースはUXの観点が考慮されていますか？

□最も表示や操作が多い最悪ケースに対して検討されていますか？

◆ プロダクト要求仕様書：エラー仕様書<成果物>

□プロダクトのエラー方針が定義できていますか？

□現時点で定義されているエラーはすべて記載されていますか？

8.7　このフェーズで現れるモンスター

浦島太郎モンスター

攻撃技：タイムリープボム

破壊力：顧客満足度の低下、リリース遅れ

生息地：老舗企業

◆ 特徴

従来の手法に慣れ親しんでいるため、従来踏襲を優先してしまう。そのためシステムレベルから展開されてきた要求を、従来踏襲に何とかして置き換えようとする。過去にクレーム以外の仕様変更に対して、市場に受け入れられなかったことがあるなどの理由などにより、従来仕様との差異に対して過剰に不安を抱え、極力従来踏襲の仕様を維持しようと図る。

◆ 破壊力

システムの全体最適を低下させ、不要な制約を追加して後工程の工数を無駄に増大させるため、顧客満足度の低下、リリースタイミングの遅れを引き起こすことがある。個々の破壊力は大きくなくても、数珠つなぎで関連する仕様に影響して誘爆することもあるため注意が必要だ。

◆ モンスターの攻略法

過去の経験から臆病になっていることが多いため、仕様決定の責任をきちんと上位者が持つと宣言すること。市場からのクレームを担当者の責任にしがちな文化によって、過剰な不安を与えてしまっている。

プロジェクト全体の信頼感の醸成によって対策することができる。一人で不安がる必要がないことに気づいてもらった後は、経験もスキルも豊富なので良い情報や分析をしてくれるはずだ！

Phase 9

プロダクトアーキテクチャ定義

技術分野の開発責務を確定しよう

ISO/IEC/IEEE 15288:2015　6.4.3アーキテクチャ定義プロセス

Phase8までで、プロダクトの外部仕様であるプロダクト要求を定義しました。これにより、本プロダクト開発の関係者全員が同じプロダクトを想定して設計を進めることが可能となりました。

ここからは、プロダクト内部のアーキテクチャ検討を行います。進め方はシステムレベルのアーキテクチャ検討と基本的に同じです。

まずは、外部仕様を満たす方式をアクティビティ図に記述して、内部機能を抽出します。大きな機能の内部構造はシステムレベルで一度検討しているため、その情報も参考にしながら最適化を行います。次に、これらを具現化するために物理的なメカ、エレキ、ソフト、その他の技術分野で役割を分担します。これにより、各担当が並行して詳細設計、実装が進められるようになります。これがプロダクトアーキテクチャ検討の流れとなります。

この章では、プロダクトアーキテクチャ検討の仕方と、成果物であるプロダクト設計仕様書の書き方を中心に解説していきます。

9.1　誰も教えてくれない！実務プロセスチャート

INPUT

- ステークホルダ要求図（更新）
- プロダクトワークフロー図
- プロダクト要求仕様書
- プロダクト間インターフェース仕様書（更新）

実務プロセス〈プロダクトアーキテクチャ定義〉

プロダクトの論理アーキテクチャ検討

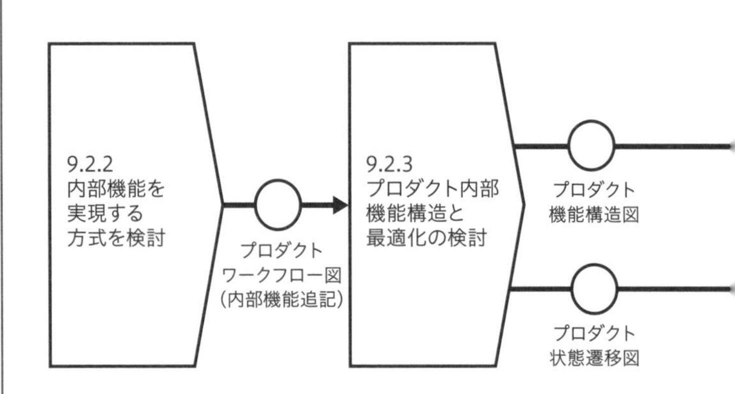

プロダクトの物理アーキテクチャ検討

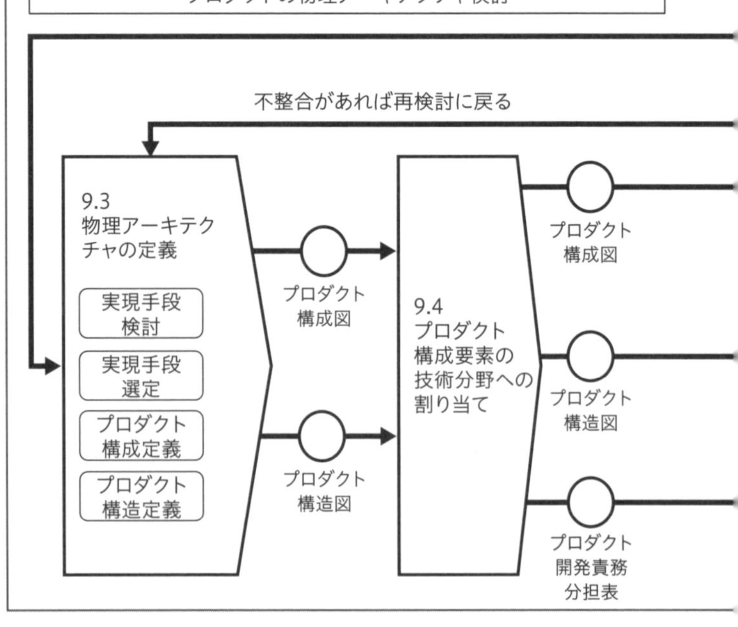

9.2.4
プロダクトの
内部機能の
階層化

プロダクト
機能構成図

9.2.5
プロダクト論理
アーキテクチャ
の検証

プロダクト
ワークフロー図

プロダクト
機能構造図

プロダクト
機能構成図

プロダクト
状態遷移図

9.5
プロダクト
アーキテク
チャの検証

プロダクト
シーケンス
図

プロダクト間
インターフェ
ース仕様（更新）

9.6
プロダクト設計仕様書
の作成

1. プロダクトの外観と各部
の役割
2. プロダクトの全体構成図
3. 各部の構成
4. プロダクト内部の機能仕様
5. トレーサビリティマトリクス

プロダクト
設計仕様書

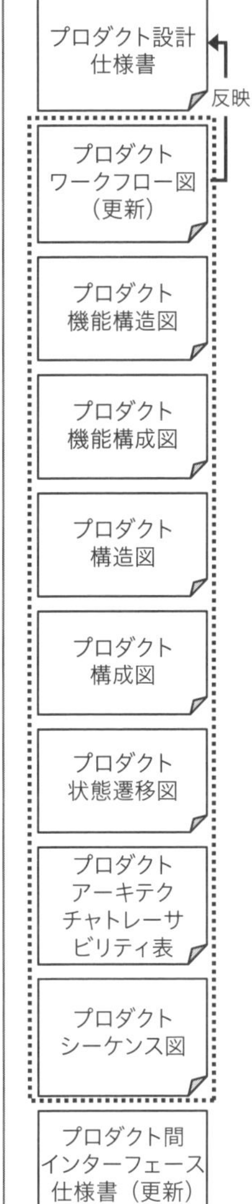

9.2　論理アーキテクチャの定義

9.2.1　プロダクトの内部機能抽出の流れ

それでは、プロダクトの論理アーキテクチャを定義していきましょう。論理アーキテクチャを構成する内部機能を、プロダクトワークフロー図を用いて考えていきます（**図9-1**）。この検討のやり方はシステムレベルの論理アーキテクチャ定義と基本同じですが、システムレベルと比較して、より実装に近い検討をしていくため、内部機能の実現方法を確定させるには試作品による実験などの設計行為も一部必要となります。それぞれの技術分野のエキスパートから成るチームを作って検討を進めるのがよいでしょう。

9.2.2　内部機能を実現する方式を検討する

最初に、どのような方式で実現するかを考えるアイディエーションを行います。内部機能を抽出し、それに相当する実装手段を当てはめるというプロセスが理想的ですが、プロダクトフェーズではより実装に近い手段を考える必要があるので、「方式」と「実装手段」と「部品」を行ったり来たりして最適解を

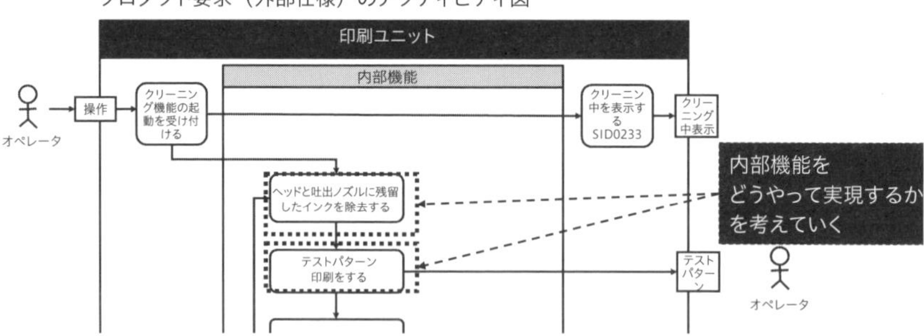

図9-1　プロダクトアーキテクチャ検討のスタートポイント

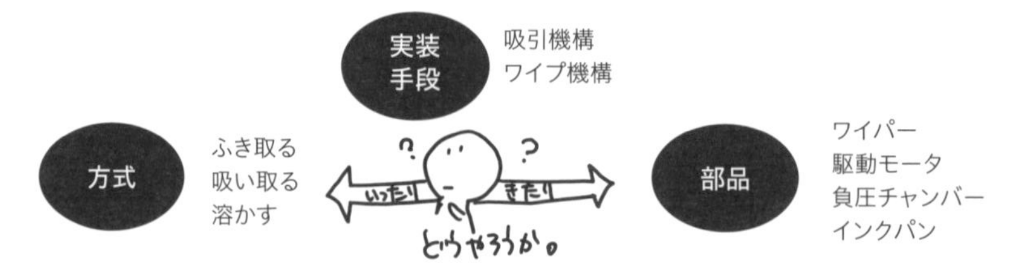

探る方が現実的です。

インクヘッド汚れ除去を例に、内部機能について考えていきましょう。インクジェットプリンタの場合、ヘッド周辺部のインク付着と、インクを吐出するノズル出口のインク目詰まりをヘッド汚れの対象とします（**図9-2**）。

このインク汚れを除去する方法を検討します。まずは、どうやってインク汚れが除去できるかの方式を5W1Hで考えます。どこをクリーニングするのか（Where）、なぜ汚れるのか（Why）、それはいつ汚れるのか（When）などを紐解いていきます。その結果、**図9-3**のように複数のクリーニング方式案が出てきました。

もともとは、「すでに汚れてしまったヘッドをいかに綺麗にするか」という観点でアイディエーションをスタートしましたが、5W1Hの観点で考えた結果、汚れを除去するだけではなく、そもそもヘッドを汚さない方式にまで考え

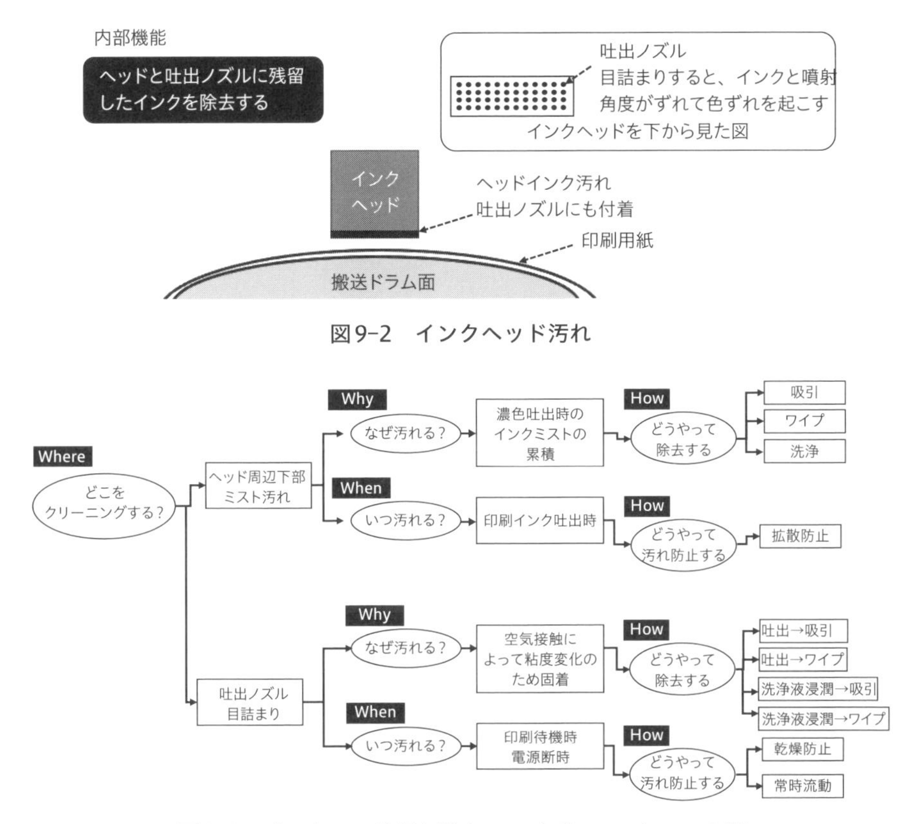

図9-2　インクヘッド汚れ

図9-3　インクヘッド汚れ除去のアイディエーションの例

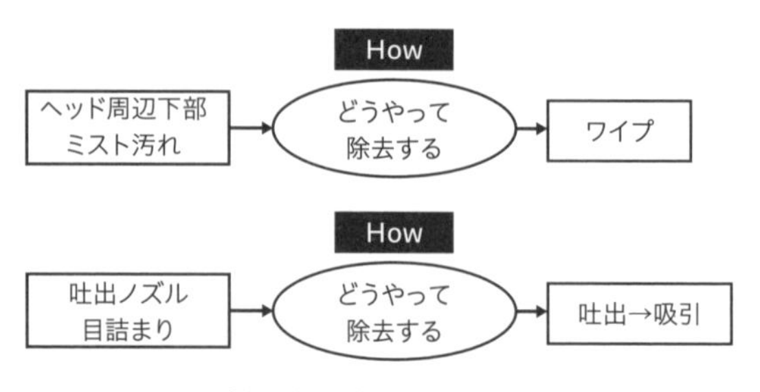

図9-4　採用されたインク汚れ除去方式

が及びました。

この段階で、開発者が必要に応じて実験なども行いながら、具体的な汚れを除去する方式はどれがよいかを検討していきます。今回は、**図9-4**のようにヘッド周辺下部はふき取り（ワイプ）で、吐出ノズルの目詰まりはインク吐出と吸引で除去する方式を採用することとします。

他にもいくつかの候補がある場合は、システムレベルのアーキテクチャ検討の方法と同じく、Pros/Consを明らかにして最も良い方式を選択してください。なお、プロダクトアーキテクチャの検討段階での方式選定はシステム内部に関することであり、顧客などに直接影響与えるものではありません。そのため、開発原価や開発費など制約条件を逸脱しない限り、ビジネス部門の判断を仰ぐことは基本的には不要です。

採用した方式をプロダクト内に実装するためには、どのような内部機能が必要となるでしょうか。ヘッド清掃そのものの機能の他に、ヘッドの位置をずらして清掃機構がアプローチできるようにする機能も必要になります。このような内部の動作は、プロダクト要求フェーズで作成したプロダクトワークフロー図をさらに詳細化していくことで明確になります。

今回は、内部の論理的な方式として**図9-5**の案を採用することとします。このような検討をプロダクトの要求仕様書に記載された、すべての機能的要求について検討を行い、プロダクト内部に必要な内部機能を導出します。もし機能に状態がある場合には、「6.4　機能ごとの状態を分析する」を参考にして機能の状態を分析し、その状態ごとに必要な内部機能を抽出してください。

9.2.3　プロダクトの内部機能構造と最適化の検討

ワークフロー図をもとに内部機能を抽出したら、それらをプロダクトの内部

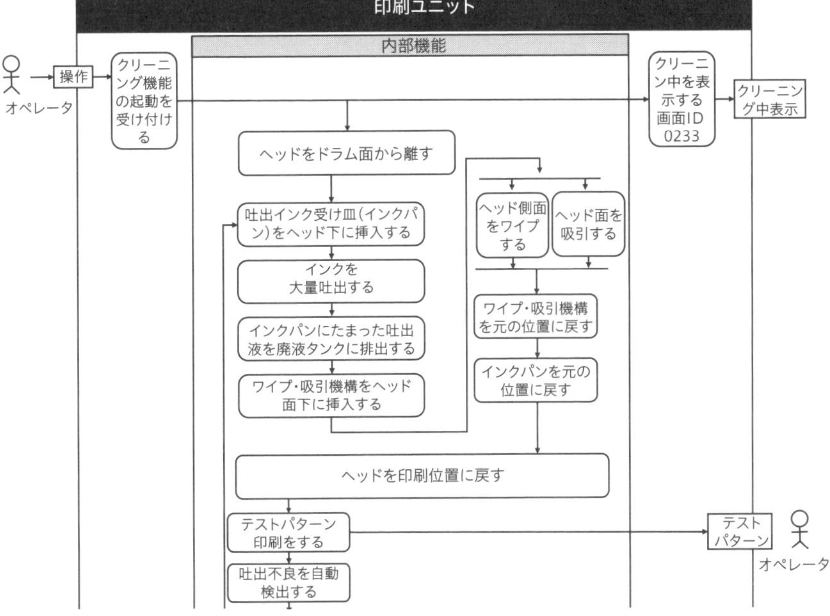

図9-5　インクヘッド汚れ除去の方式と必要となる内部機能

機能として統合するために、プロダクトワークフロー図上の内部機能をプロダクトの機能構造図に転記していきます（**図9-6**）。転記して統合する際には、機能間の矛盾の解消や最適化をする必要があります。これらのやり方については、「6.6　内部構造の統合」「6.7　システム機能構造の最適化」と基本的に同じです。違いは詳細度だけとなりますので、Phase6を参考にしてプロダクトの機能構造を明らかにしましょう。

最終的な印刷ユニットのプロダクト機能構造図は**図9-7**のようになります。

9.2.4　プロダクトの内部機能の階層化

プロダクトの機能構造図が完成したので、プロダクト内部の機能を同じような目的を持つ機能群としてまとめて階層化します。この階層化の単位が、プロダクト内の大きな機能区分となり、基板の単位やメカと制御のユニットなどにつながっていきます。この階層構成を表した図をプロダクト機能構成図と呼びます。

図9-8のプロダクト機能構成図では、ヘッドクリーニング機能が4つの大き

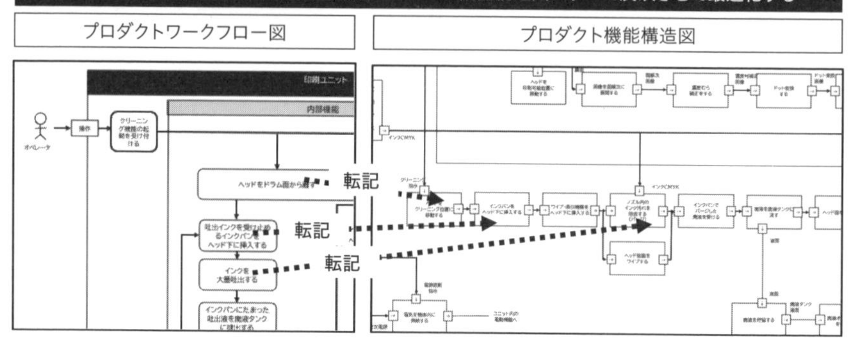

図9-6　プロダクト機能構造図への転記

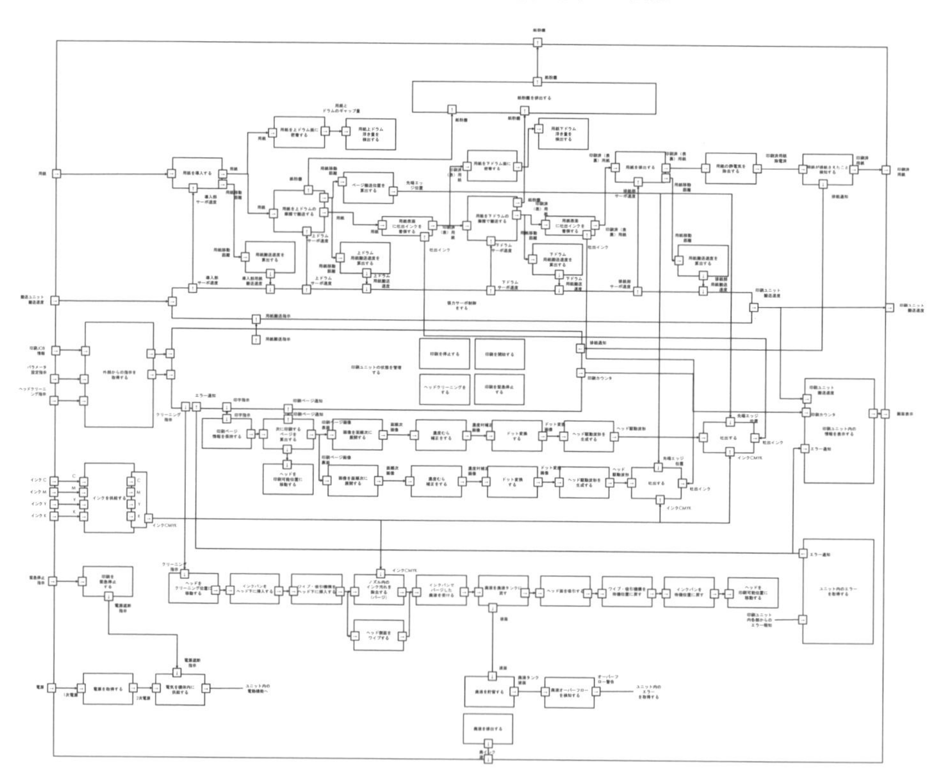

図9-7　印刷ユニットのプロダクト機能構造図

な機能と、関連する詳細な機能へと整理されていることがわかります。

プロダクト機能構成図を見ると、機能は大きく2階層に分かれます。一つの層は、“基本機能の層”です。図9-8では、「インクヘッドの位置を調整する機

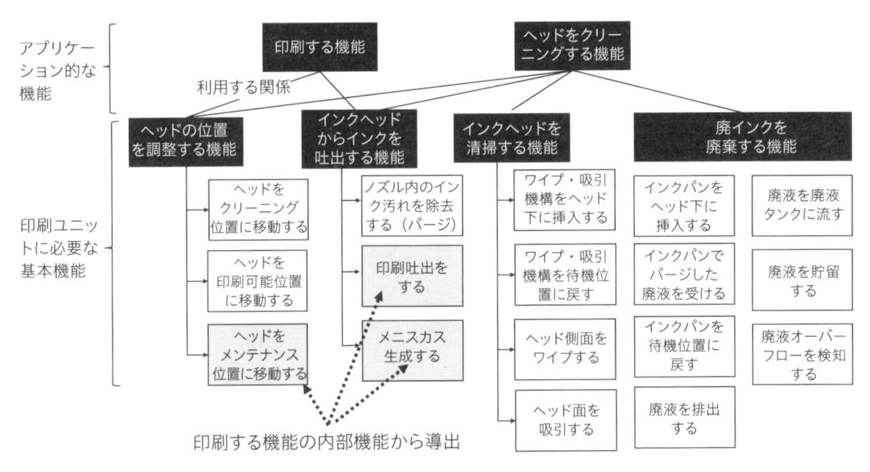

図9-8　プロダクトの機能構成図

能」や、「インクヘッドからインクを吐出する機能」などが該当します。

もう一つの層は、基本機能を組み合わせて利用し、ユーザーが求める機能を提供する“アプリケーション的な機能”の層です。図9-8では、「印刷する機能」や「ヘッドをクリーニングする機能」が該当します。基本機能は複数のアプリケーション的な機能に“利用”される機能となるため、汎用的なインターフェースを持ち、モジュール化を意識した設計が求められます。

この例ではヘッドクリーニング機能に着目して説明をしましたが、実際には、図9-7のプロダクト機能構造全体に対しての階層化が必要です。

9.2.5　論理アーキテクチャの検証

ここまで検討した内容で、プロダクトの論理的なアーキテクチャが成り立っているかを検証します。「6.8　論理アーキテクチャの検証」と同じで、プロダクト機能構造図にある内部機能を使い、プロダクト要求が実現できるかをプロダクトのワークフロー図を用いて検証します。以下の4点を確認してください。

①プロダクト要求で定義された機能と性能を達成できるか

②内部機能に過不足がないか

③入出力に過不足はないか

④内部機能間の関係に過不足や矛盾がないか

すべてのプロダクト要求に関して検討を行い、過不足や矛盾が見つからなければ、論理アーキテクチャの定義はここで完了です。

9.3 物理アーキテクチャの定義

9.3.1 機能から実装手段への転換の流れ

論理アーキテクチャが完成したら、次に具体的な実装手段である物理アーキテクチャの検討に進みます。この検討は、Phase7のシステム物理アーキテクチャと同じ考え方を適用します。システムレベルの物理アーキがプロダクト構成であるのに対して、プロダクトレベルでは具体的な機構や部品など、物理的に実装する具体的な方式とメカ、エレキ、ソフトなどの技術分野への割り当てを考えます（**図9-9**）。

最初に、論理アーキテクチャの機能を実装手段に転換するところから始めます。これは**図9-10**で示すように3ステップで検討します。

最初に実装手段を検討します（図9-10①）。プロダクトの可能性を最大限に引き出すために、実装手段を1つに決め打ちせず複数立案していきます。図で

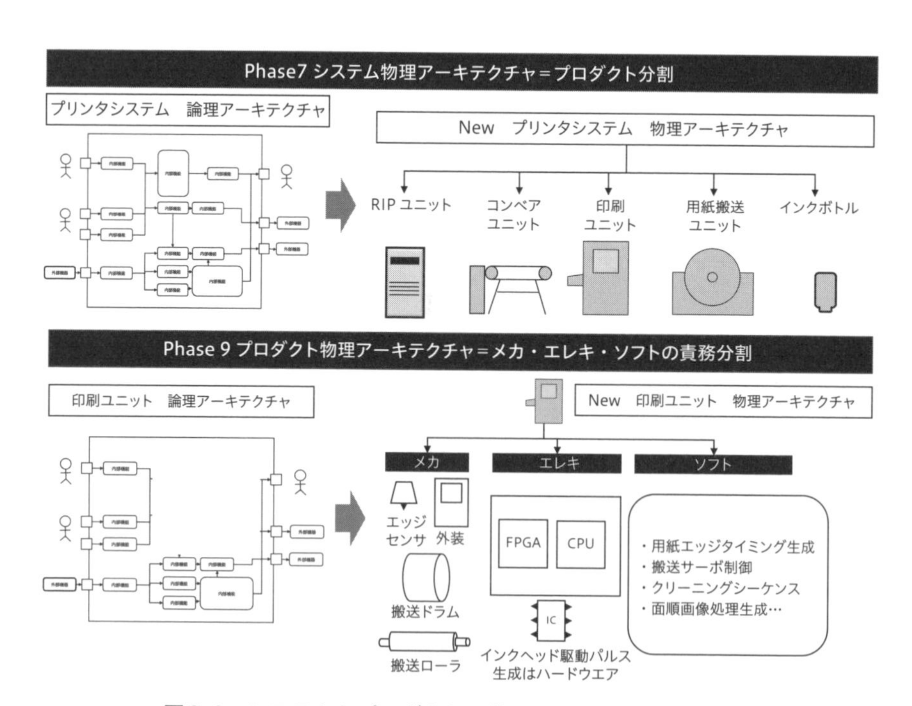

図9-9　システムとプロダクトの物理アーキテクチャの比較

はヘッドが上下に昇降してクリーニングする方式と、ヘッドが横スライドしてクリーニングする方式の2案が考えられている例です。次にそれぞれの案のPros/Consを比較して選定します。検討の詳細度が上がったため、1D-CAEなどのシミュレーションや試作ができるので、それらを活用してフィージビリティのある方式を選択できるようにします（図9-10②）。最終的に選択された実装手段の機構やその部品がプロダクトの構成要素となります（図9-10③）。

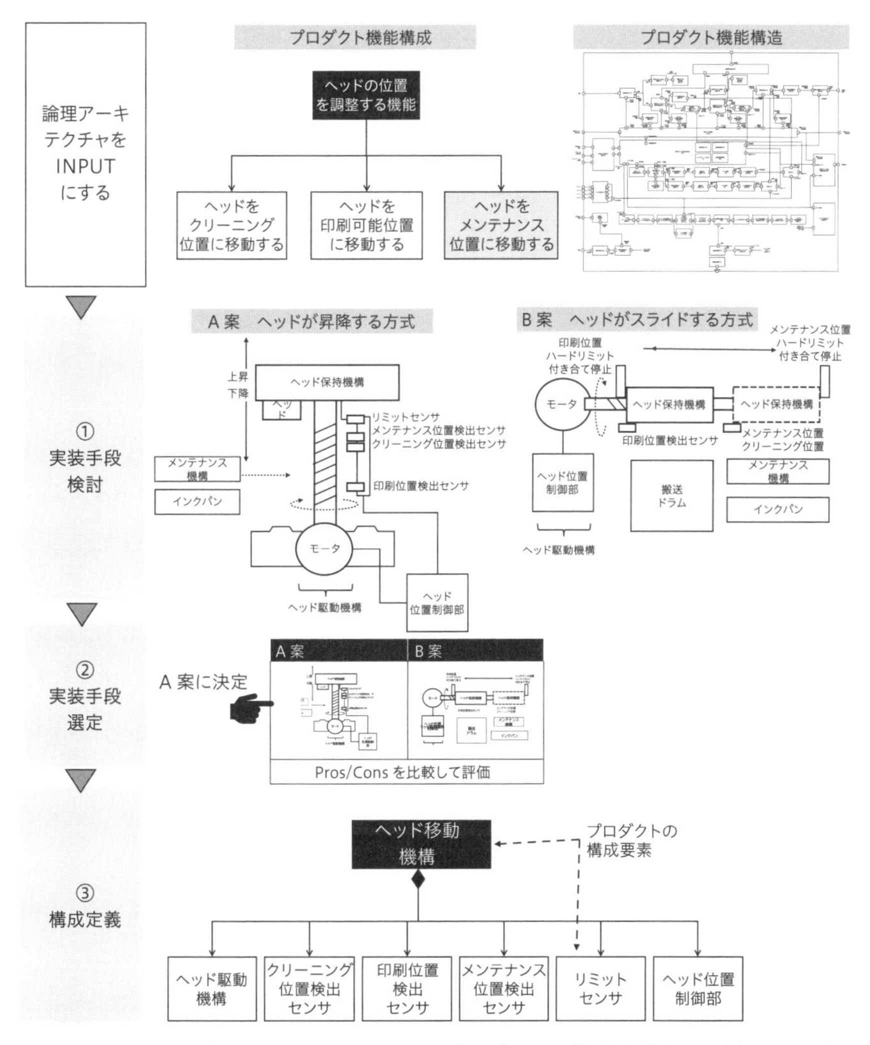

図9-10　論理アーキテクチャからプロダクトの構成定義までの流れ

9.3.2 プロダクト構造（構成要素の関係）を明らかにする

具体的な実装手段が定義できたら、プロダクト構造図を作成して構成要素間の相互関係を定義します。これには、**図9-11**のように構成要素を結線して、プロダクト内部構造図を作成します。結線することで構成要素が他のどの構成要素と連携するのか、その入出力と方向を明確にします。これにより入出力の

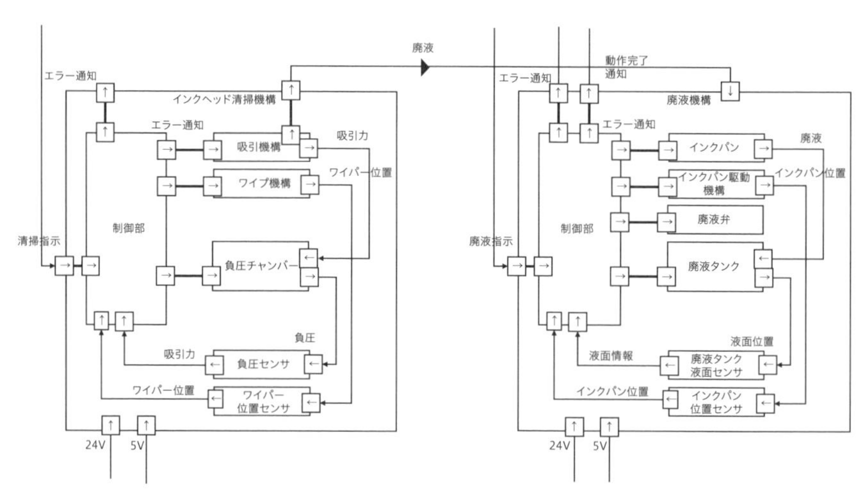

図9-11　インクヘッドヘッドクリーニング・廃液まわりのプロダクト内部構造

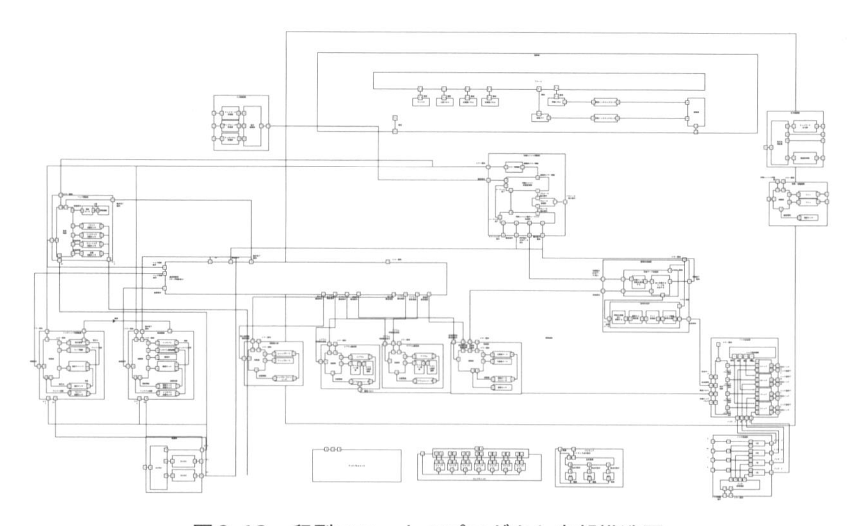

図9-12　印刷ユニットのプロダクト内部構造図

不足や不整合を、詳細な設計に入る前から検出することができるのです。すべての実装手段の構成要素を結線すると、プロダクト全体の内部構造を俯瞰的に把握することができます（図9-12）。

9.4 プロダクト構成要素の技術分野への割り当て

9.4.1 割り当ての考え方

プロダクトの内部構造が明らかになったら、さらに詳細度を上げ、構成要素を実装する具体的な部品や、メカ、エレキ、ソフトなどの技術分野の割り当てに進みます。割り当て方は構成要素の実装技術に応じて、以下の3つの観点で割り当てをしてください。

1. 構成要素が同じ技術分野内で閉じるケース

ここでは詳細度を上げずに、メカ、エレキ、ソフトと大きく割り当てをしておきます。例えばヘッドホルダと昇降シャフトはメカ設計だけで完結するので、それ以上の詳細度を上げず、その構成要素はメカで設計するようにします。

2. 他の技術分野に跨がるケース

技術分野間のインターフェースまで分解して、割り当てを検討する必要があります。例えばヘッド昇降部のギアとモータは、メカとエレキに跨ったインターフェースになります。また、ソフトは電気的な部品を利用して動作するため、必ず他の技術分野と接点を持ちます。どのようなプロセッサやICを使用するか、プロセッサのどのような周辺機能を使ってメカを駆動するアクチュエータを制御するかなどを、具体的に検討することが必要です。

3. すり合わせるケース

詳細設計を進めないと、割り当てやインタフェースの仕様が決まらない場合が相当します。例えば、電気基板の大きさはメカ設計、エレキ設計が相談しながら決めます。フィルタの定数はメカやエレキの実際の出力を見つつ、ソフトとも相談しながら決定します。こうした部分は、どこにすり合わせの部分があるのかを明らかにして後工程に回します。

1, 2, 3それぞれのケースにおいて、エレキでもできるがソフトでも実現できるなどいくつかの割り当て案が考えられます。この検討には各技術分野か

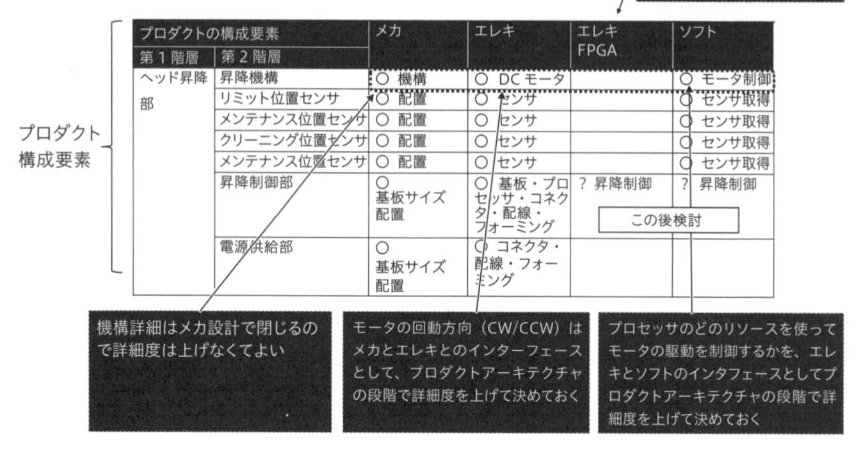

図9-13　開発責務分担表の例

ら専門家を出して行ってください。特定の技術分野の考えが強くなると、その技術で何とか構成要素を実現させようとして設計が複雑になることがあるからです。したがって、これまでと同様にPros/Cons表を作成し、客観的に最も適切なものを選択するようにしてください。

9.4.2　プロダクト構成要素の責務分担

プロダクトの構成要素をどの技術分野が担うのかという割り当てが決まったら、構成要素の開発責務分担表を作成します（**図9-13**）。

基本的に開発責務分担は技術分野別にしますが、企業の開発部門の分業体制によっては、さらに一段細かく分けて記載してもよいでしょう。図の例では、エレキの開発が基板や回路設計する部隊と、FPGAのような電子デバイス開発に分かれているケースです。各技術分野への割り当ては、つまるところ、この先の実装段階における各開発部隊が開発するものに向けた要求を割り当てることと同意となります。

9.4.3　プロセッサの割り当て

エレキとソフトの割り当てを考える場面で少し特殊な作業として、プロセッサの割り当てがあります。プロセッサは複数の機能を実現させるデバイスであ

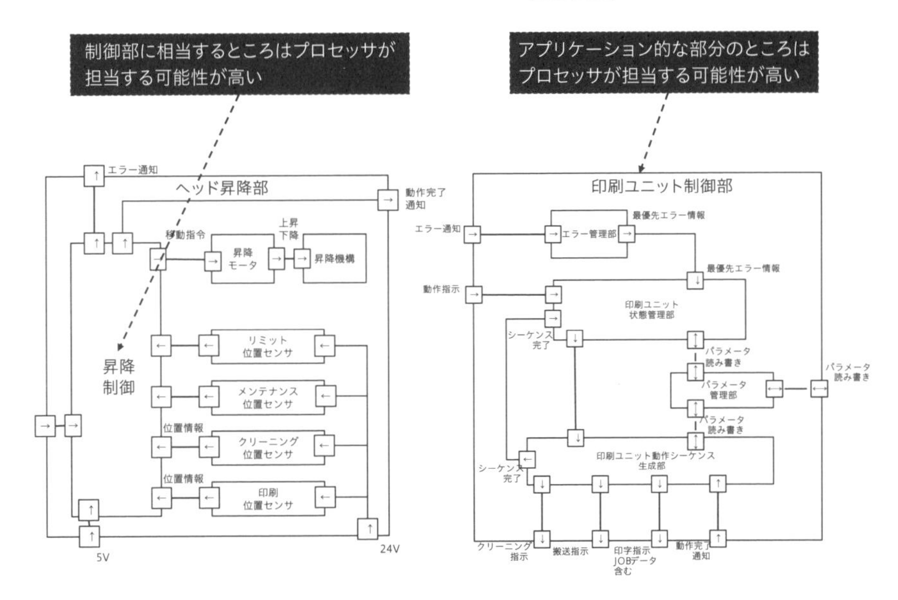

図9-14　プロセッサが割り当たる可能性の高いブロック

りながらも、デバイス上の機能（割り込み、タイマ、AD変換など）や、信号を入出力する端子数などのリソースの制約が伴います。ですから、選択したプロセッサでエレキとソフトの役割分担が本当にできるかは、プロセッサの機能と端子レベルの検討を行って確認しなければならないのです。この先はエレキとソフトが分業して実装を進めていくので、この段階でプロセッサを決定しておくことが必要です。

プロセッサの割り当ての検討はプロダクト構成図、またはプロダクト内部構造図よりプロセッサに割り当てられる可能性のある部分の抽出から始めます。

各構成要素に「制御部」などの名称がついている、可変な情報を取り扱う要素がある場合はプロセッサに割り当てられる可能性が高いです（**図9-14**左)。プロダクトの状態遷移や、状態ごとのシーケンスなどを司るアプリケーション的な部分も、基本的にはプロセッサに割り当てられます（図9-14右)。

また、プロダクト外部との情報や信号の入出力にも、プロセッサが介在することが多いです。このようなブロックは開発責務分担表からも、FPGA開発やソフト開発が担当する候補になっているはずです。どのプロセッサで実現するかは、この後に述べるプロセッサ割り当ての検討を経てから決定します。

プロセッサに割り当てる構成要素を特定したら、プロセッサのリソース数、

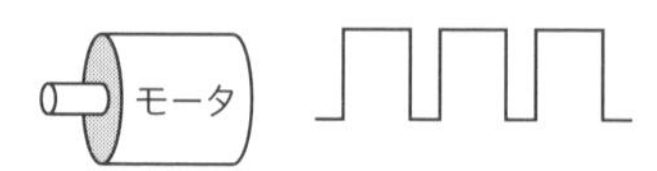

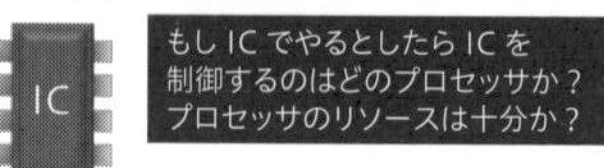

図9-15　プロセッサ資源の検討

過去の設計資産、プロセッサのコストなどを考慮して、搭載する部品（デバイス）を決定します。例として、ヘッド昇降機構を対象に見ていきましょう（**図9-15**）。ヘッド昇降機構はDCモータで駆動させ、昇降の速度制御に電圧制御のPWM制御を使うことは、実装手段の検討結果から決定しています。このPWM制御信号を出力する手段として、プロセッサ側の機能を使った出力とPWM制御の専用ICの搭載の2つの案が考えられます。どちらを選ぶかによって、エレキとソフトの役割範囲が大きく変わります。

もし、プロセッサ側で制御信号を作る場合、矩形信号を生成できるようなタイマカウンタ機能を有したものを選択することが必要です。タイマカウンタを複数のPWM制御以外の構成要素で用いる想定がある場合、タイマカウンタの数が足りているかの確認が欠かせません。

こうした考察をしながら可能性のあるプロセッサを選定し、コストやデバイスの供給期間などを比較しながら決定していきます。リソース不足やセキュリティなどの理由から、1プロセッサではなく複数プロセッサに分けるなどのトレードオフも、このタイミングで行います。同じアーキテクチャのプロセッサを採用すれば、過去の設計資産をそのまま流用することができ、開発期間短縮が期待できます。一方で、技術トレンドを活用した性能の引き出しができなくなったり、ディスコンのリスクが高まったりとデメリットもあります。性能だけでなく、開発の効率性や供給安定性の面もよく吟味して選定してください。

決定したデバイスに基づき、利用するリソースを追記すると、そのままこの後のエレキ、ソフトへのインターフェース資料とすることができます。**表9-1**は、CPUのリソース割り当ての例です。

表9-1 CPU選定後のリソース割り当て

No.	CPU端子名	端子機能	信号名	I/O	初期値	使用用途	ポート状態	ソフト論理値/端子機能補足説明
1	P400	GTIOC6A	TBD	O	L	ヘッド昇降モータ PWM出力制御	H L	
2	P401	GPIO	TBD	O	L	RTCモジュール CE0/CE1制御	H L	RTC 1:Select 0:NonSelect
3	P402	GPIO	TBD	I	―	搬送部エラー割り込み	H L	1:アラーム割り込み発生 0:割り込みなし
4	P403	GPIO	TBD	O	L	ランプスイッチ1制御	H L	ROW×COLの論理積で制御するため仕様参照
5	P109	SCI　TX	TBD	O	L	外部制御用シリアルTX	―	―
6	P110	SCI　RX	TBD	I	―	外部制御用シリアルRX	―	―

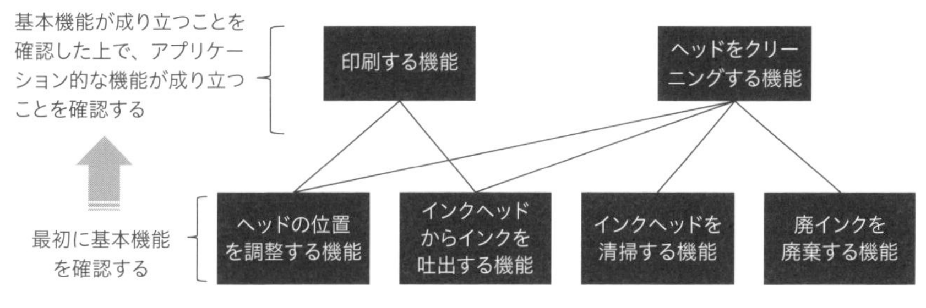

図9-16 段階的な検証の流れ

9.5 プロダクトアーキテクチャの検証

9.5.1 検証の流れ

プロダクト構成要素の技術分野への割り当てが終わったら、ここまで検討してきたプロダクトアーキテクチャで、プロダクト要求を実現できるかを検証します。検証は、プロダクトの基本機能が動作的に成り立つことを確認した上で、その基本機能を利用するアプリケーション的な機能が成り立つことを確認していきます（**図9-16**）。なぜならば、基本機能は複数のアプリケーション的な機能が利用するため、基本機能が成り立っていなければ当然、アプリケーション的な機能も成り立たないからです。

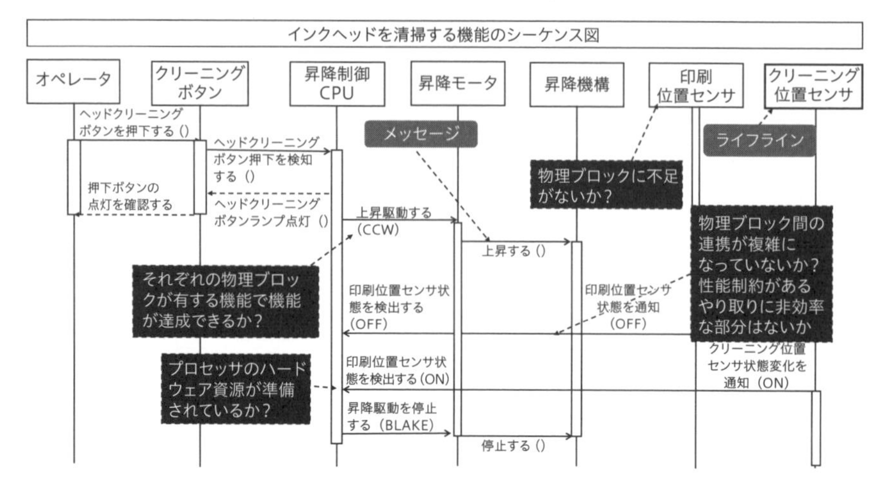

図9-17　シーケンス図を用いたプロダクトアーキテクチャの検証

9.5.2　アーキテクチャの検証方法

時系列に沿って基本機能がプロダクト構成要素の相互作用により、矛盾なく実装できるかを検証します。この検討には、**図9-17**のようにSysMLのシーケンス図を用いるとよいでしょう。基本機能に関連するプロダクトの構成要素のライフラインを並べ、それぞれの構成要素が持つ機能をメッセージ線でつないでいきます。

シーケンス図を記述しながら、以下の観点でアーキテクチャが成り立つことを確認していきます。

○プロダクトの構成要素に不足はないか？

○プロダクトの構成要素が持つ機能に過不足がないか？

○プロセッサのハードウェア資源に過不足はないか？

○プロダクト構成要素間のやり取りが複雑になっていないか？

基本機能が成り立つことを確認できたら、アプリケーション的な機能の検証も行います。この作業は、非常にタフで時間もかかる作業です。ですが、ぜひともやり抜いてください。想定されるすべてのユースケースに対して、これまで考えてきたアーキテクチャの機能と構成を使い、この段階までの検討結果の妥当性を検証する行為です。ここでしっかり検証しておくことが、後戻りのないモノづくりや結合段階での不整合の防止につながります。

表9-2 プロダクト設計仕様書に記載すべき項目

1. プロダクトの外観と各部の役割
2. プロダクトの全体構造
3. 各部の構成
4. プロダクト内部の機能仕様
5. トレーサビリティマトリクス

ここで成り立たないものは、その先の各技術分野での検討でも成り立たず、不具合や手戻りの原因（リスク）になります。結局、この段階で妥当性をしっかり見ていくことにより、開発期間はぐっと短縮します。フェーズごとに自己工程完結していくことは、システムズエンジニアリングの重要なポイントです。

9.6 プロダクト設計仕様書の作成

9.6.1 プロダクト設計仕様書の構成

プロダクトアーキテクチャの検討結果を、成果物としてプロダクト設計仕様書にまとめていきます。プロダクト設計仕様書に記載する内容は以下の5つが代表的です（**表9-2**）。これらの内容はすでに分析が完了しているので、転記するだけで仕様書を作成することができます。

9.6.2 プロダクトの外観と各部の役割

最初にプロダクトの外観と各部の役割を記述します。これは、プロダクトがどのようなものであるか、仕様書を読む開発者に正しく理解を促すためのものです。

プロダクトの外部的な物理的要求は、2つの仕様書に記載してきました。「プロダクト要求仕様書（ユーザーインターフェース仕様書として別冊作成）」と、「インターフェース仕様書」です。プロダクトアーキテクチャ検討の際に内部の検討が進むと、外部の物理的な仕様やインターフェースがより具体化され、変更も発生するため、これを更新していきます。外観の説明には、検討時に使用した3D CADなどを添付するとわかりやすくなるでしょう。

図9-18はメカとエレキ間での検討が進み、全面と背面パネルのインターフェースとその配置が決まり、その仕様を更新した例になります。

9.6.3 プロダクト全体構成図

プロダクトの全体構成図とは、プロダクトの内部がどのように構成されているかをハードウェア視点で記述したものです（**図9-19**）。プロダクト内部構造図とプロダクト構成図を引用します。各構成要素の責務もあわせて記述します。プロダクト構成要素がどう連携してプロダクト要求を満たすかは、「4. プロダクトの内部機能仕様」の項目で説明されます。

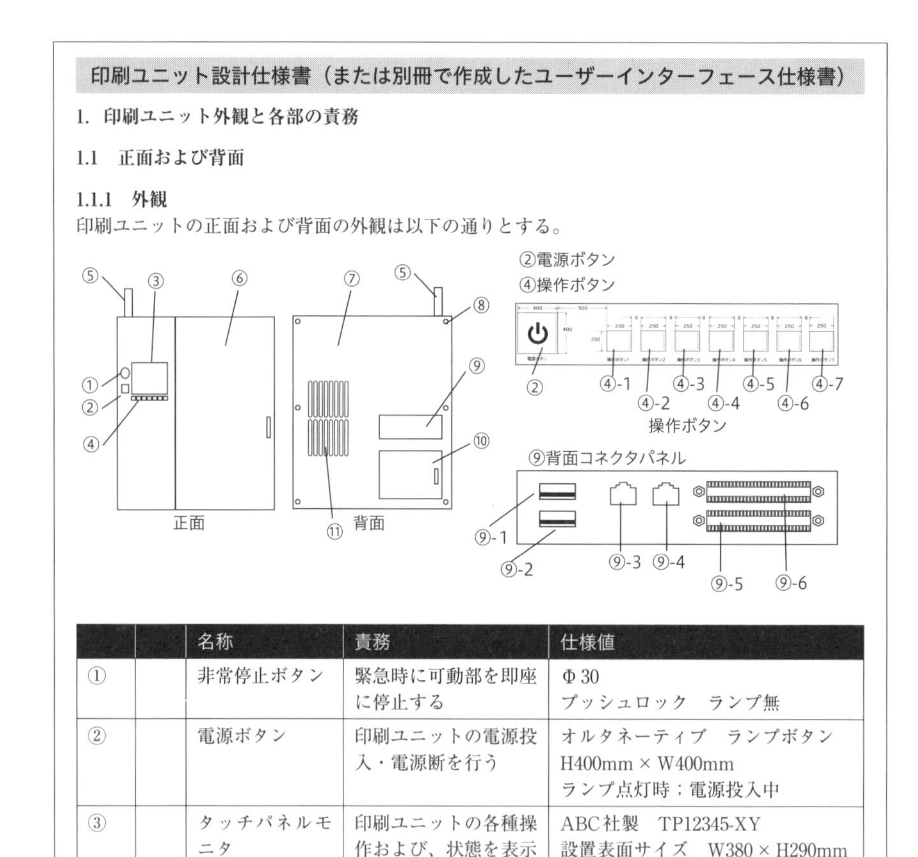

印刷ユニット設計仕様書（または別冊で作成したユーザーインターフェース仕様書）

1. 印刷ユニット外観と各部の責務

1.1 正面および背面

1.1.1 外観

印刷ユニットの正面および背面の外観は以下の通りとする。

		名称	責務	仕様値
①		非常停止ボタン	緊急時に可動部を即座に停止する	Φ30 プッシュロック　ランプ無
②		電源ボタン	印刷ユニットの電源投入・電源断を行う	オルタネーティブ　ランプボタン H400mm × W400mm ランプ点灯時：電源投入中
③		タッチパネルモニタ	印刷ユニットの各種操作および、状態を表示する	ABC社製　TP12345-XY 設置表面サイズ　W380 × H290mm TFTカラー液晶パネル　15インチ 画素1024 × 768 タッチパネル　アナログ抵抗膜方式 供給電源24V 画面仕様はGUI要求仕様書、GUI遷移仕様書を参照のこと

図9-18　プロダクトの外観と責務の記載例

9.6.4 各部の構成

プロダクトの全体構成図で示された構成要素について、具体的な実装手段とその構成を記述します。これは、9.3節で検討し、決定した実装手段と、その構成要素を転記します（**図9-20**）。

また構成要素がプロセッサなどを用いて制御をする場合は、あわせて9.4

印刷ユニット設計仕様書

2. 全体構造と各部の責務

2.1 全体構造図

印刷ユニットの全体構造図は以下の通りとする。

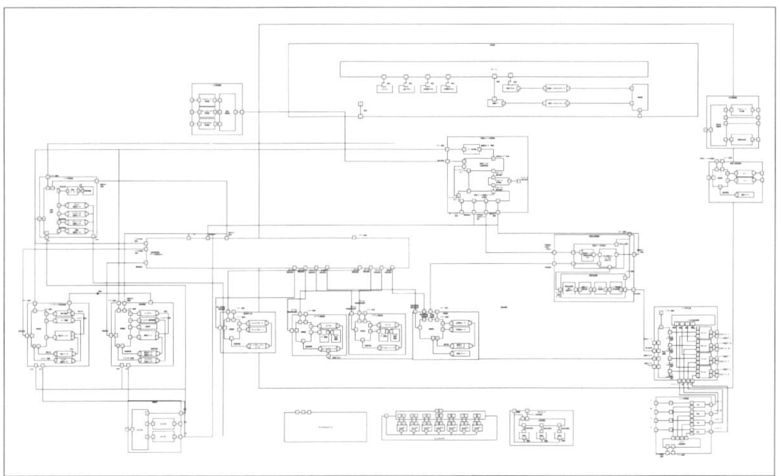

図2-1 印刷ユニット全体構造図

2.2 各部の名称と責務

ブロック名称	責務
印刷ユニット制御部	印刷ユニット全体の状態管理、動作シーケンス制御を行う 用紙搬送と、印刷制御の同期も担う
画像形成部	JOB情報に含まれる印刷画像情報から印刷ヘッドの吐出波形を形成する
インク供給部	インクボトルからインクをヘッドの供給する 適正な粘度を保つためにインク温度管理、循環管理を行う
搬送導入部	用紙搬送ユニットから連続紙を導入する 用紙搬送ユニットおよび印刷ユニット内の上ドラム搬送部、下ドラム搬送部、排紙部とサーボ連携動作を行う
…	

図9-19 プロダクト全体構成の記述

印刷ユニット 設計仕様書

3. 各部の詳細

3.1 ヘッド昇降部

3.1.1 ハードウェア構成

ヘッド印刷ユニットの正面および背面の外観は以下の通りとする。

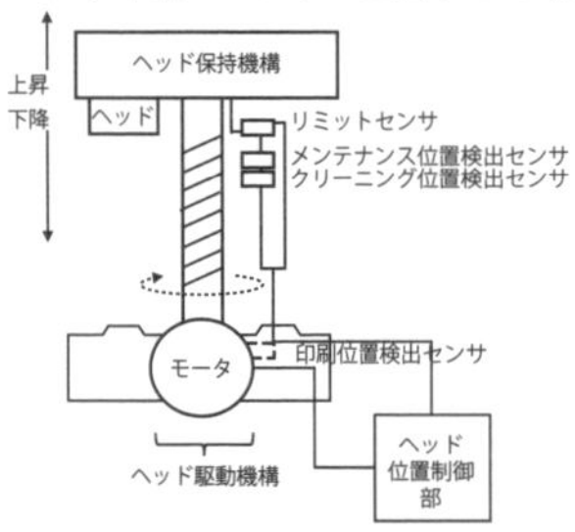

名称	責務	仕様値	備考
ヘッド保持機構	緊急時に可動部を即座に停止する	詳細はヘッド保持機構の項を参照	
ヘッド	印刷ユニットの電源投入・電源断を行う	詳細はインク吐出部の項を参照	
昇降シャフト	シャフトを回転することによってヘッド保持部を昇降させる	ねじシャフト設計値：T.B.D. シャフト設計値および1回転昇降量はメカ設計にて定義する CW　下降　Tentative CCW　上昇　Tentative	T.B.D.・Tentative項目あり
昇降モータ	昇降シャフトを回転させる	DCモータ 型番・メーカーは電気設計にて決定する CW　下降　Tentative CCW　上昇　Tentative	T.B.D.・Tentative項目あり
リミットセンサ	ヘッド昇降の上限位置を検出する ヘッド保持部に設置されたセンサドクにて遮蔽することにより検知する	マイクロフォトセンサ 型番・メーカー、サイズは電気設計にて決定する	T.B.D.・Tentative項目あり
ヘッド位置制御	ヘッド保持機構の位置を管理し、指令されたヘッド位置に昇降モータとセンサを強調させて位置決めする	CPUにて制御 プロセッサリソースの割り当てなどは3.1.3を参照	

3.1.2 昇降位置と他ユニットとの関係

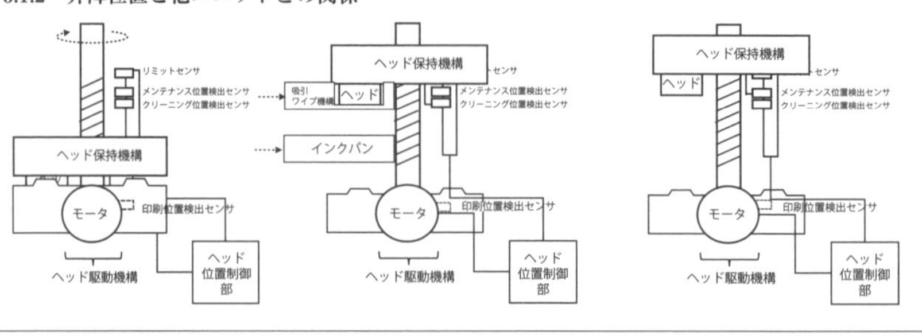

図9-20　各部の詳細仕様の記述例

節で検討したプロセッサのリソースや、それを用いた動作シーケンスを転記します（**図9-21**）。

9.6.5　プロダクトの機能仕様

内部の構成要素をどのように連携動作させれば、プロダクト要求を達成できるかを、内部の仕様の説明とシーケンス図を用いて記述します。プロダクトアーキテクチャの検証で用いたシーケンス図を転記すればよいです（**図9-22**）。

各構成要素の詳細な動作シーケンスは「9.6.4　各部の構成」の項で記述済

3.1.3 制御リソース

ヘッド昇降部が使用するプロセッサのリソースは以下の通りとする。

<table>
<tr><th>責務</th><th>プロセッサ</th><th>端子機能</th><th></th></tr>
<tr><td>モータ駆動制御</td><td>CPU</td><td>I/O</td><td>P41：昇降モータ回路RIN
P42：昇降モータ回路FIN<table><tr><th></th><th>P41</th><th>P42</th></tr><tr><td>START</td><td>High</td><td>Low</td></tr><tr><td>STOP</td><td>Low</td><td>High</td></tr><tr><td>BREAK</td><td>High</td><td>High</td></tr></table></td></tr>
<tr><td>印刷位置センサ取得</td><td>CPU</td><td>I/O</td><td>P51　位置付き　High　位置外　Low</td></tr>
<tr><td>クリーニング位置センサ取得</td><td>CPU</td><td>I/O</td><td>P52　位置付き　High　位置外　Low</td></tr>
<tr><td>メンテナンス位置センサ取得</td><td>CPU</td><td>I/O</td><td>P53　位置付き　High　位置外　Low</td></tr>
<tr><td>リミットセンサ位置取得</td><td>CPU</td><td>I/O</td><td>P54　位置付き　High　位置外　Low</td></tr>
</table>

3.1.4　制御シーケンス

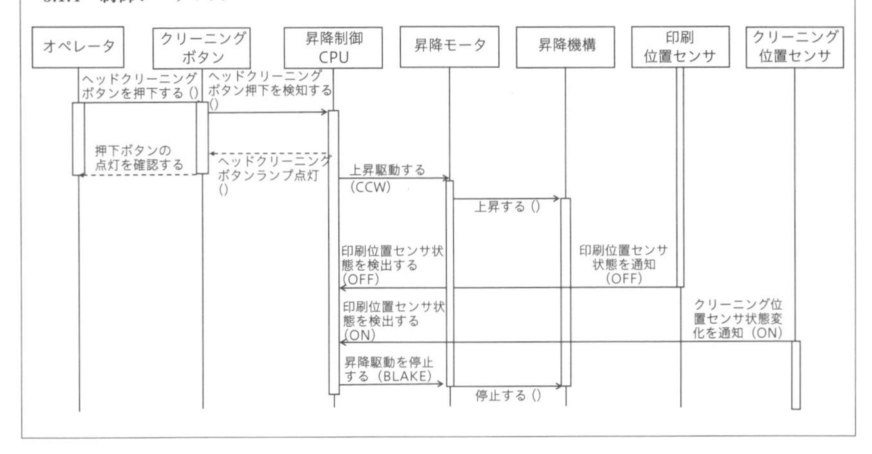

図9-21　制御に関する仕様記述

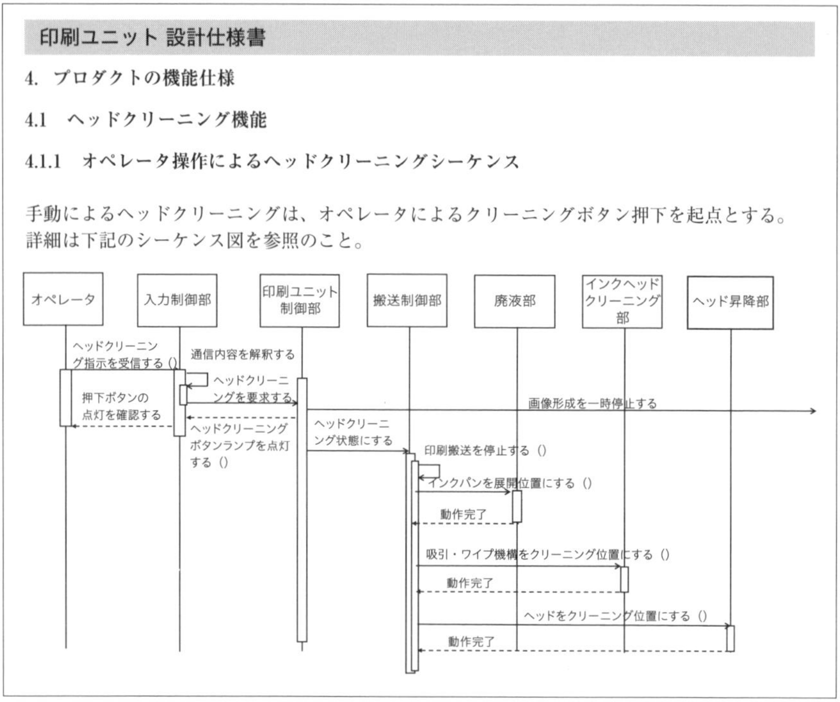

印刷ユニット 設計仕様書

4. プロダクトの機能仕様

4.1 ヘッドクリーニング機能

4.1.1 オペレータ操作によるヘッドクリーニングシーケンス

手動によるヘッドクリーニングは、オペレータによるクリーニングボタン押下を起点とする。
詳細は下記のシーケンス図を参照のこと。

オペレータ
入力制御部
印刷ユニット制御部
搬送制御部
廃液部
インクヘッドクリーニング部
ヘッド昇降部
ヘッドクリーニング指示を受信する ()
通信内容を解釈する
ヘッドクリーニングを要求する
押下ボタンの点灯を確認する
ヘッドクリーニングボタンランプを点灯する ()
画像形成を一時停止する
ヘッドクリーニング状態にする
印刷搬送を停止する ()
インクパンを展開位置にする ()
動作完了
吸引・ワイプ機構をクリーニング位置にする ()
動作完了
ヘッドをクリーニング位置にする ()
動作完了

図9-22 ヘッドクリーニング機能仕様（シーケンス図）

みであるため、システム全体が見通せるように、用紙搬送部やヘッド昇降部など一段抽象度の高い構成要素間の関係性で記述をしてください。

9.6.6 プロダクトトレーサビリティマトリクス

このマトリクスは2段階で作成します。作成する目的は、メカ、エレキ、ソフトなどの技術担当者が自分たちの技術分野の責務分掌がどこにあるか、それぞれの分野の要求のインプットを明らかにするためです。1段階目は、プロダクト要求がどの構成要素によって実現されるかの関係性を示すマトリクスです（**図9-23**）。

2段階目は、プロダクトの構成要素とその実装を担う技術分野の役割分担を表すマトリクスです（**図9-24**）。それぞれの技術分野で担う部分が、この次の実装レベルのメカ開発、エレキ開発、ソフト開発への要求事項となります。

プロダクト構成要素

プロダクト要求

プロダクト要求 ID		入力部	印刷ユニット制御部	搬送制御部	搬送導入部	上ドラム搬送部	下ドラム搬送部	ヘッド昇降部	ヘッド清掃部	画像形成部
PR0001	印刷をする（JOB 通知）	○	○	○	○	○	○	○		○
PR0002	ヘッドクリーニングをする	○	○	○				○	○	
……	……									

図9-23　プロダクト要求とプロダクト構成要素のトレーサビリティマトリクス

技術分野単位

プロダクト構成要素

プロダクトの構成要素・		メカ	エレキ	エレキ FPGA	ソフト
第 1 階層	第 2 階層				
ヘッド昇降部	昇降機構	○機構設計	○DC モータ	○PWM 制御	○モータ制御
	リミット位置センサ	○配置	○センサ		○センサ取得
	メンテナンス位置センサ	○配置	○センサ		○センサ取得
	クリーニング位置センサ	○配置	○センサ		○センサ取得
	メンテナンス位置センサ	○配置	○センサ		○センサ取得
	昇降制御部	○基板サイズ配置	○基板・プロセッサ・コネクタ・配線・フォーミング		○昇降制御
	電源供給部	○基板サイズ配置	○コネクタ・配線・フォーミング		

メカ開発の要求事項となる　エレキ開発の要求事項となる　エレキ FPGA 開発の要求事となる　ソフト開発の要求事項となる

図9-24　プロダクト構成要素と実装技術分野のトレーサビリティマトリクス

9.6.7　プロダクト構成要素間、技術分野間のインターフェース仕様

最後にプロダクト構成要素間または、技術分野間のインターフェース仕様書を作成します。この先、プロダクトの実装フェーズに移行していきますが、その際には各プロダクト構成要素単位、またはメカ、エレキ、ソフトといった技術分野間で並行開発が開始されます。システムレベルのプロダクト間インターフェース仕様と同様にプロダクト構成要素間、技術分野間のインターフェース仕様書としてまとめていきます。

インターフェースの導出は、**図9-25**に示すようにプロダクト内部構造図、およびアーキテクチャ検証の際に作成したプロダクトシーケンス図を用いて導

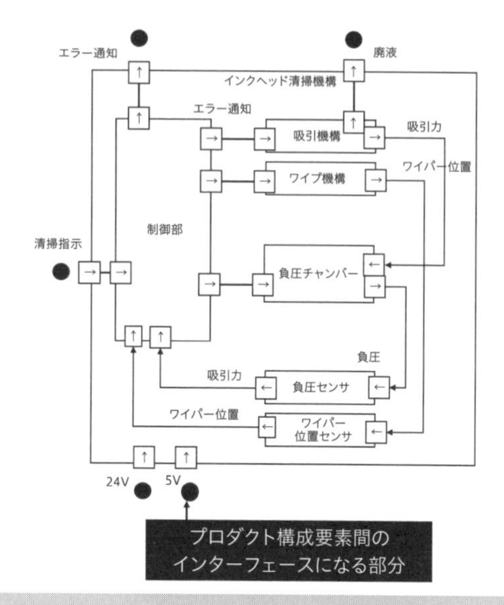

物理的なインターフェースはプロダクト構造図から抽出する

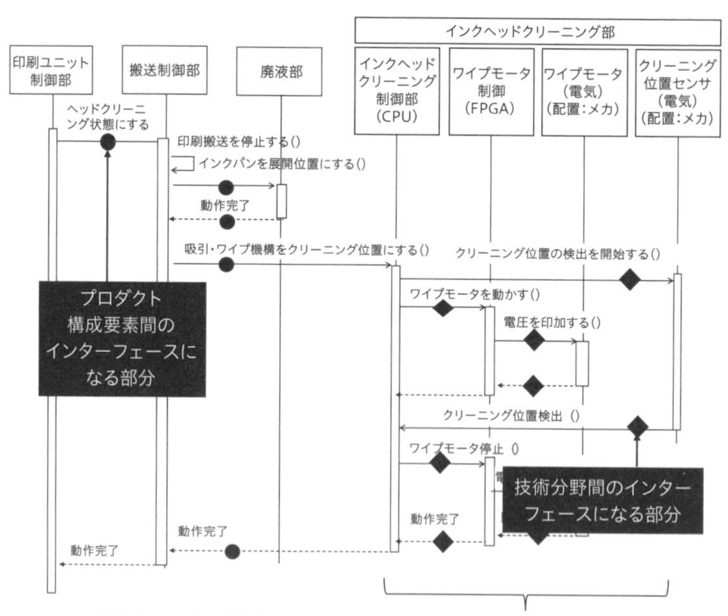

機能的なインターフェースはプロダクトシーケンス図から抽出する

図9-25　プロダクト構成要素間、技術分野間のインターフェースの抽出

出します。プロダクト内部構造図については、構成要素から外に出るポートがインターフェースになります。また、プロダクトシーケンス図については、構成要素間を跨ぐ線があるところがインターフェースとなります。このほか、構成要素間のやりとりのシーケンスそのものもインターフェースの定義に必要です。

構成要素をさらに「プロダクト構成要素と実装技術分野のトレーサビリティマトリクス」に従って詳細化すれば、技術分野間でのインターフェースも定義できます。システムレベルのインターフェース仕様書と同様に、常時その仕様書を参照し、変化があったら更新をすることを徹底してください。

9.7 実装フェーズへの準備

ここまででプロダクトのアーキテクチャの検討が終了したので、プロダクトレベルとしての検討もすべて完了となります。

Phase8〜Phase9の作成資料と、仕様書への反映先を次ページに一覧表としてまとめました（**表9-3**）。本書では扱いませんが、これから先はそれぞれの技術分野に分かれて、詳細設計、実装、検証と進んでいきます。移行する前に、プロジェクトに関わる全員に対してこれらの成果物を共有し、同じプロダクトの仕様を前提として開発が進められるようにしましょう。

表9-3　システムレベルの検討で作成される資料と仕様書としてのまとめ先

	検討内容	検討のために作成する資料		仕様書への転記先	仕様書名称
プロダクト要求	プロダクトの範囲の確認	システム内部構造図 （システムレベル検討からのインプット）	→	システム内におけるプロダクトの位置づけ	プロダクト要求書
	プロダクトに関係するステークホルダの確認	ステークホルダプロファイル （システムレベル検討からのインプット）	→	プロダクトに関連するステークホルダ	
	プロダクトの動作環境の確認	使用環境定義書 （システムレベル検討からのインプット）	→	プロダクトの動作環境条件	
	プロダクトの外部仕様の分析	プロダクトワークフロー図	→	プロダクトの機能的要求（動作）	
	プロダクト分割によるステークホルダ要求の詳細化	ステークホルダ要求図（更新）		ー	
	プロダクト外部仕様のアイディエーション	アイディエーション資料、 プロダクト機能コンセプト案		ー	
	プロダクト外部仕様のPoC	プロダクト外部仕様	→	プロダクトの外観と各部の役割	
		プロダクト外部仕様	→	プロダクトの機能的要求	
		プロダクトワークフロー図	→	プロダクトの機能的要求（動作）	
		プロダクト間インターフェース仕様（更新）	→	プロダクトのインターフェース要求	
	ユーザーインターフェースの検討	ユーザーインターフェース仕様	→	プロダクトのユーザーインターフェース	
	グラフィックユーザーインターフェースの検討	画面仕様、画面遷移仕様	→	プロダクトのユーザーインターフェース	
	ユーザーインターフェースのPoC	ユーザーインターフェース仕様 画面仕様、画面遷移仕様	→	プロダクトのユーザーインターフェース	
	プロダクト要求の検証	プロダクトワークフロー図	→	プロダクトの機能的要求（動作）	
	プロダクトに関係する信頼性要求の確認	システム要求（非機能） （システムレベル検討からのインプット）	→	プロダクトの信頼性要求	
	プロダクトに関する安全性要求の確認	システム要求（非機能） （システムレベル検討からのインプット）	→	プロダクトに関する安全要求	
	プロダクトに関するエラーに関する要求検討	エラー方針	→	プロダクトのエラーに関する要求	
	プロダクトの法規制要求の確認	ステークホルダ要求図：法規制 （システムレベル検討からのインプット）	→	プロダクトの法規制要求	
プロダクトアーキテクチャ	プロダクト要求を満たす論理的な方式の検討	プロダクトワークフロー図（内部機能追記）		ー	プロダクト設計仕様書
	プロダクトの内部機能構造と最適化の検討	プロダクト機能構造図	→	プロダクト内部の機能仕様（機能）	
		プロダクト状態遷移図	→	プロダクト内部の機能仕様（状態）	
	プロダクトの内部機能の階層化	プロダクト機能構成図	→	各部の構成	
	実装手段の検討	実装の方式、プロダクト構造図	→	各部の構成	
	プロダクトの構成要素の検討	プロダクト構成図	→	プロダクトの全体構造	
	プロダクト構成要素の相互関係を明らかにする	プロダクト内部構造図	→	プロダクトの全体構造	
	プロダクト構成要素の技術分野への割り当て	開発責務分担表	→	トレーサビリティマトリクス	
			→		
	プロダクトアーキテクチャの検証	プロダクトシーケンス図	→	プロダクト内部の機能仕様（動作）	
	プロダクト構成要素間、技術分野間のインターフェースの抽出	プロダクトシーケンス図	→	インターフェース仕様	プロダクト構成要素間インターフェース仕様書

9.8　このフェーズの成果物とチェックポイント

◆ **プロダクトワークフロー図　＜中間成果物＞※更新**

□プロダクト要求を実現する動作が記述できていますか？

□エラーなどの異常系の動作も検討されていますか？

◆ **プロダクト機能構成図・プロダクト機能構造図　＜中間成果物＞**

□プロダクトワークフロー図で抽出した内部機能が反映されていますか？

□動きのない機能も、漏れなく抽出されていますか？

◆ **プロダクト状態遷移図　＜中間成果物＞**

□プロダクト全体の状態遷移が機能の状態遷移を網羅できていますか？

◆ **プロダクト構成図・プロダクト内部構造図　＜中間成果物＞**

□プロダクト内部構造図で定義した構成要素がプロダクト構成図にすべて含まれていますか？

□Pros/Consを比較して適切な構成や部品を選定できていますか？

◆ **プロダクトの動作検証（シーケンス図）＜中間成果物＞**

□プロダクト要求が、プロダクトの構成要素の相互作用によって成り立つことを、シーケンスによって検証できていますか？

◆ **プロダクトアーキテクチャトレーサビリティ表　＜中間成果物＞**

□各技術分野の開発責務分担が明確になっていますか？

◆ **プロダクト設計仕様書　＜成果物＞**

□プロダクト全体構成図は、プロダクト内部構造図を引用していますか？

□プロダクトの各部の構成は、プロダクト構成図、プロダクト機能構成図、制御方式、プロダクトシーケンス図を引用して説明できていますか？

◆ **プロダクト構成要素間・技術分野間インターフェース仕様書　＜成果物＞**

□プロダクト構造図のポート、プロダクトシーケンス図の構成要素間を跨がる部分から、インターフェースを漏れなく抽出できていますか？

9.9　このフェーズで現れるモンスター

井中の蛙モンスター

攻撃技：牢獄トラップ
破壊力：顧客満足度の低下、リリース遅れ
生息地：縦割り組織

◆ 特徴

システムズエンジニアリングに不慣れなため、プロダクトフェーズに入るとこれまでの個別の製品開発と混同し、製品ごとにサイロ化して外部との連携を忘れ、すべてを自分の範疇で解決しようと行動してしまう。

もともと横の連携を億劫に感じていたり、そもそも自分以外を信用していないため関係者に相談する意識が希薄だったりと、殻に閉じこもりたがる素養が強い人がなりがち。

◆ 破壊力

課題の解決手段が限定的なだけで、直接的な破壊力は低い。しかし、システム全体で俯瞰した際にはシステムの全体最適を低下させ、不要な制約を追加して後工程の工数を無駄に増大させるなどの影響がある。顧客満足度の低下、リリースタイミングの遅れを引き起こすため、放置は危険だ。

◆ モンスターの攻略法

プロダクトフェーズに移行しても、システムを開発していることを常に意識していくことが重要である。そのために全体を見回しながら、必要なコミュニケーションを促していこう。

担当者目線では気がつきにくいことは必ずあるので、第三者的に状況を確認することで、他部門との連携の可能性を示唆することができるのである。周囲の仲間からのアドバイスをもらい、近視眼的だった自分の行動に気づいてもらった後は、経験もスキルも豊富なので良い情報や分析をしてくれるはずだ！

Phase 10

推進時の留意点

エンジニアリングをうまく進めよう

この章では

- ●現在の組織成熟度に合わせた導入方法がわかる
- ●よくある問題への対処方法がわかる

実務プロセスチャートに沿って、さあシステムズエンジニアリングを導入しようと思っているあなた。ちょっと待ってください。最後の章では、導入前に意識しておいた方がよい点を２つ紹介します。

１つ目は、組織成熟度に応じた進め方についてです。システムズエンジニアリングは組織活動であり、組織の状態（成熟度）によって進め方が異なってくるということです。つまり、目標と現実のGAPが大きい場合と小さい場合では、本プロセスチャートを同じように使っても結果は異なるのです。

２つ目は、私たちが体験してきた失敗事例の中から、特に留意した方がよいものをピックアップして紹介します。皆さんがシステムズエンジニアリングをスムーズに進められるように、それらへの対処法をあわせて紹介しますので、参考にしてください。

４つの失敗事例

- ○気がつけば元の開発に戻っている
- ○プロジェクトマネジメントとの足並みが揃わない
- ○分析作業が膨大で途中で挫折する
- ○成果物作成が目的化してエンジニアリングとしての効果が出ない

10.1　システムズエンジニアリングを推進するためのコツ

ここまでシステムズエンジニアリングの実務に適用できるサブプロセスと、具体的なやり方について解説をしてきました。このサブプロセスを適用することで、システム開発を迷わずに進めることができるようになります。しかし、システムズエンジニアリングを成功に導くためには、もう一つ大きな要因があります。それが「組織の成熟度」です。システムズエンジニアリングは、開発に関わるすべての人たちとの共通の認識と、開発者の技術力のバランスが必須です。これらが揃っている場合、開発プロセスはスムーズに進行し、高品質なシステムが生み出されます。

しかし、組織が未成熟な段階で広範囲にシステムズエンジニアリングを導入すると、考え方が統一できないため進め方もバラバラになってしまいます。そのため、従来の開発と同じか、悪くなることさえあり得ます。組織がまだ十分に成熟していない場合はプロジェクトの規模を絞り、小さく回して段階的にシステムズエンジニアリングの勘所をつかみ、成功体験を積みながら組織を成熟させていくことをお勧めします。

組織の成熟度を評価するためには、以下の指標が参考になります。

- プロジェクトマネジメントが健全に機能しているか
- 意思決定が迅速で明確か
- エンジニア集団に技術的偏りがないか
- ビジネス部門と密なコミュニケーションがとれているか
- フロントローディングに必要な工数と予算を上流工程に配分できるか
- システムズエンジニアリングを理解し、推進できる人材がいるか。その人に開発の推進における明確な権限を与えられているか

これらの指標に不適合なものが多い場合は、システムズエンジニアリング導入以前にまず健全なプロジェクト運営と、意思決定の強化、技術者育成をすることから始めた方がよいでしょう。もし企業がトップダウンで、システムズエンジニアリングの導入を推進する場合であっても、導入に問題があった場合は現場任せにせず、トップの意思で解決するという方針を持つべきでしょう。

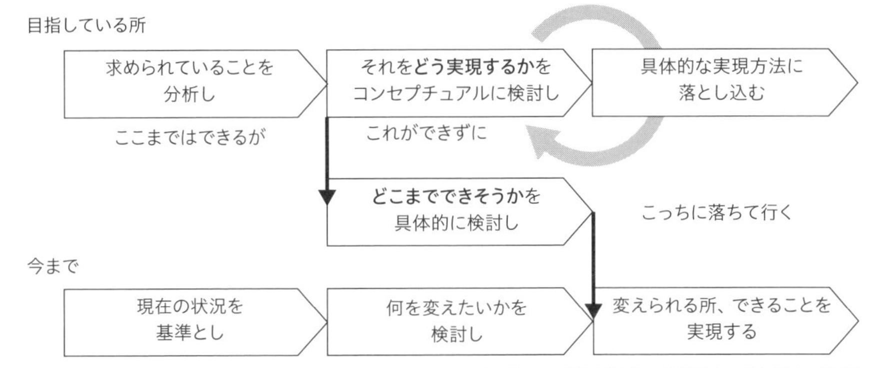

引用元　顕微鏡開発へのシステムアーキテクチャフレームワークの適用 ～効果と課題～ 渡部秀夫、北原章広　2019

図10-1　元の開発スタイルに戻る流れ

10.2　導入時によくある失敗事例とその対策

ここからは、システムズエンジニアリングを導入する際に、よくある失敗事例と対策を紹介します。失敗から学ぶことで、同じ轍を踏まずに導入ができるでしょう。

10.2.1　気がつけば元の開発に戻っている

◆ **失敗事例**

システムズエンジニアリングを導入しても、いつの間にか元の開発スタイルに戻ってしまうという事例です。

本来は、システムズエンジニアリングの考え方に従い、「求められていることを分析」し、「どう実現するかをコンセプチュアルに検討」して、「具体的な実現手段に落とし込む」べきであったのに、途中から「どこまでできそうかを具体的に検討する」というサイクルに入ってしまうのです（**図10-1**）。

このサイクルに陥る原因の一つには、フロントローディングの壁があると考えられます。目指す姿の開発をするには、要求の分析、内部の最適化、検討結果の検証といった反復的な活動を含み、これまでの下流工程で行ってきた作業をフロントローディングする形となります。

これらはそれなりの工数を必要とするため、従来の感覚からすると進みが悪く感じられ、"焦り"が生じるのです。

さらに、しばらくすると、後工程は今よりももっと多くの工数を投入することになるのではないか、という恐怖がだんだんと襲ってきます。フロントローディングをしているにもかかわらず、これまでの経験則で工数の予測をしてしまうのです。

結果、“焦り”と“恐怖”を乗り越えられなくなり、「結局、分析や設計を最適化することは理想的だが、莫大な工数と日程を要する。今できることに“絞って”検討をしよう」となり、その結果、元の開発スタイルに戻ってしまうのです（**図10-2**）。

◆ 対策

フロントローディングの“焦り”と“恐怖”を克服するカギは「成功体験」です。

開発が元のスタイルに戻ってしまう背景には、「過去の成功体験」が影響しています。未知のシステムズエンジニアリングよりも、たとえ問題が多かったとしても過去に「なんとか製品を出した」という経験は、安心感を提供する要素になるためです。このパターンを打破するためには、システムズエンジニアリングのプロセスで過去の経験を上回る成功を体験することが重要です。

そのために、以下の対策が考えられます。

- いきなり大規模な取り組みをするのではなく、小規模なプロジェクトから始める
- 開発関係者にシステムズエンジニアリングの意義と効果を理解してもらい、最後までやり抜くことを確約してもらう
- 混乱を避けるためにガイド役（経験者や外部コンサルタント）にプロジェクトの権限を持たせて推進してもらう

検証日程の圧倒的な短縮や、顧客満足度の向上などシステムズエンジニアリングの効果は、開発の後半で初めて見えてきます。まずはプロセスを一通り経験し、「成功事例」を作りましょう。また、取り組む際には工数や日程などのメトリクスを取得し、効果を定量的に評価できるようにしておきましょう。具体的な数値は、他のプロジェクトで取り組む際の重要な説得材料になります。

10.2.2　プロジェクトマネジメントとの足並みが揃わない

◆ 失敗事例

システムズエンジニアリングのリーダーとプロジェクトマネジメントのリー

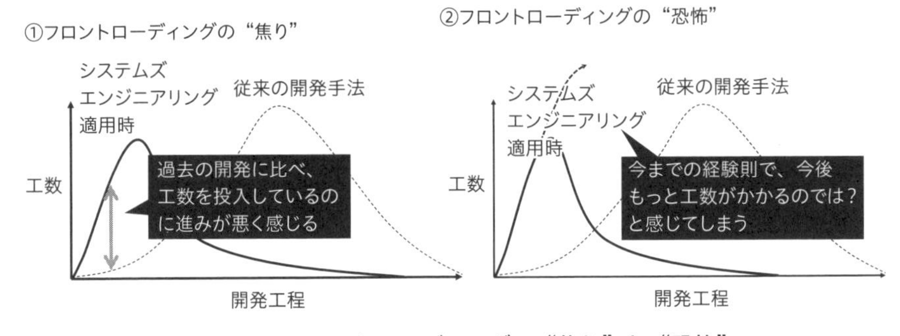

図10-2　フロントローディングの“焦り”と“恐怖”

ダーの意見が合わず、プロジェクトが混乱するという事例です。

大規模プロジェクトにおいて、プロジェクトリーダーとシステムズエンジニアリングリーダーが、別々に任命される場合がよくあります。プロジェクトリーダーは主に「QCD＋Business」に関する課題に焦点を当て、一方でシステムズエンジニアリングリーダーは「技術的実行計画」に焦点を当てます。これら2つの視点は異なるものの、最終的には同じシステム開発において、「誰をどのタスクに割り当て、いつ完成させるか」という共通の目的に帰着します。そのため、両者の考え方と責任は「対等な関係性」で「完全に一致」していなければなりません（**図10-3**）。

しかし、プロジェクトリーダーの方を優位にしてしまい、彼らの頭の中で“独自のシステムの仮説構成”を描いて、システムズエンジニアリングリーダーとの協議を経ずに、独断で体制やタスクを決定するケースが比較的多くあります。エンジニアリングをしていないため、組織間のコンフリクトや個別最適が多発するのです。その結果、システムの最適化が図れず、システムズエンジニアリングで得られるメリットがほとんど享受できなくなります。また、組織や開発チーム間のコンフリクトが多発するためすり合わせに時間がとられ、プロジェクト進行にも影響を与えてしまいます。

◆ 対策

理想的な解決策としては、プロジェクトリーダーとシステムズエンジニアリングリーダーを兼任させることです。ただし、この方法には限界があります。システムズエンジニアリングリーダーは多分野に対応できるスキルが求められ、さらにプロジェクトリーダーとしても高い能力が必要とされるため、この両方の要求を満たすことができる人材は稀です。また、プロジェクト規模が大

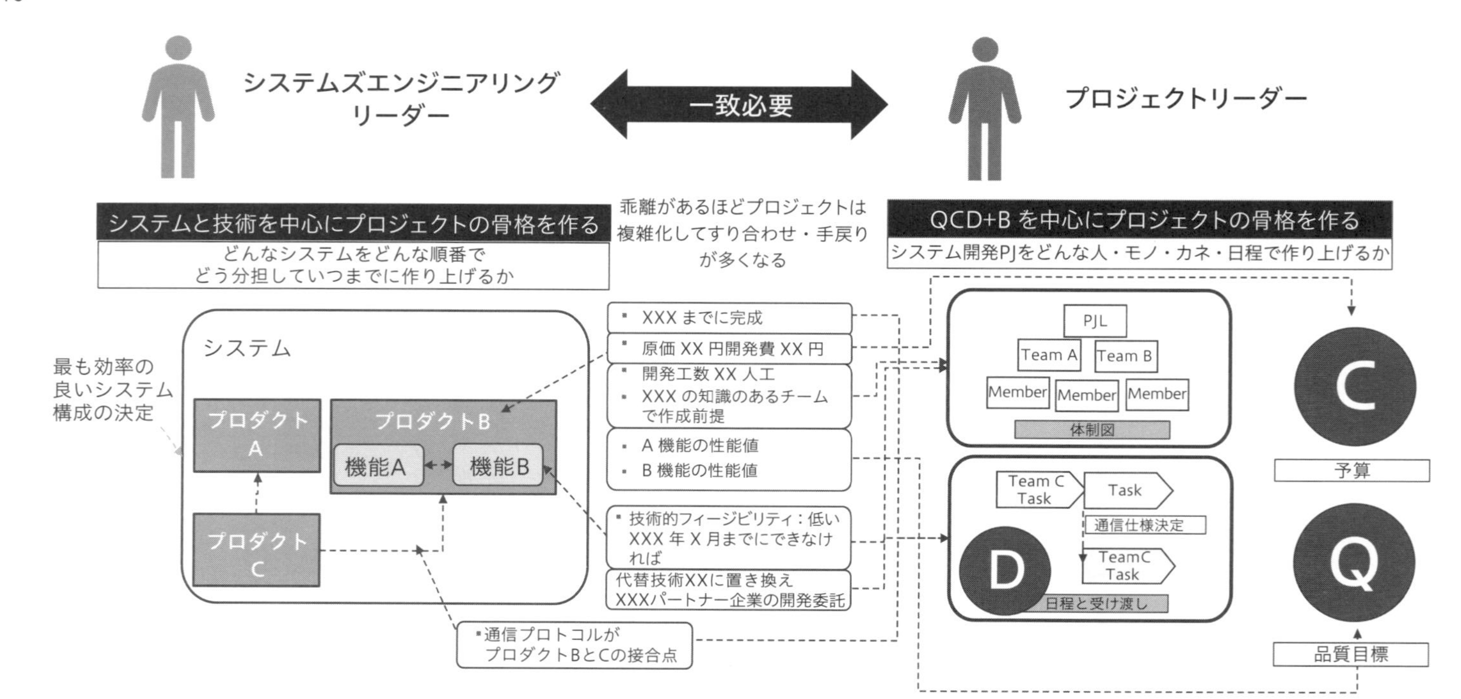

図10-3 システムズエンジニアリングリーダーとプロジェクトリーダーの関係性

きくなるにつれ、各役割での責任も増大し、一人ですべてをマネージするのは現実的ではありません。

これに対する効果的な代替策は、プロジェクトリーダーとシステムズエンジニアリングリーダーを含む「プロジェクトリーディングチーム」を設立することです（**図10-4**）。このチーム内では、プロジェクトマネジメントとシステムズエンジニアリングの両方の観点から、プロジェクト全体の方向性を共同で設定して決定を行います。このチームに参画するメンバーは全員が対等な立場であり、システムズエンジニアリングの基本的なプロセスやメリット、最低限実施すべきアクションについても理解していることが必要です。

このリーディングチームの役割には、企業の上層部への報告と説明も含まれます。特に、組織やプロジェクトチームの体制とシステムズエンジニアリングのアプローチが、プロジェクトの成功に大きな影響を与えることを伝え、上層部からの理解と支持を得ることが重要です。

10.2.3　分析作業が膨大で途中で挫折する

◆ 失敗例

強いモチベーションを持ってシステムズエンジニアリングに取り組み始めるものの、ステークホルダ要求の数が多すぎて、途中で分析作業が挫折してしまうことはよく見られます。

◆ 解決策

この問題を解決するためのキーワードは、「資産化」と「効果的なタイムマネジメント」です。大規模なシステムや多数のステークホルダを持つプロジェクトでは、要求が非常に多くなり、それに伴って要求分析の工数も増大します。ただし、一度確立したステークホルダ要求は、特定の変動が激しい市場環

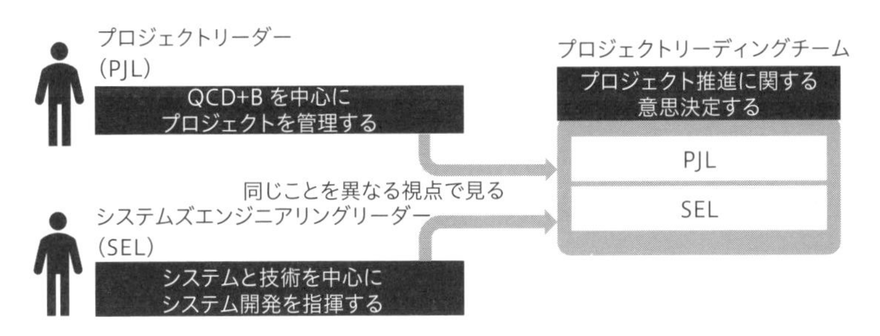

図10-4　プロジェクトリーディングチーム

境を除き、通常は少なくとも2〜3年程度安定しています。したがって、個々のプロジェクトで生成されたステークホルダ要求を開発部門全体で集約し、構成管理することで、これらの要求を組織全体で「資産化」できます。

この資産化ができた場合、それ以降に開始される新たなプロジェクトは、既存の資産をベースにして新しい要求を効率良く追加・更新できます。その結果、初期の工数が大幅に削減されます。

さらに、「やりきれない」状態を防ぐためには、タイムマネジメントが不可欠です。工数がかかることを見越して、プロジェクト計画の初期段階から要求分析を開始するようにしてください。また、ステークホルダからの新しい要求のインプットを適切なタイミングで締め切るようにしましょう。VoC（Voice of Customer）やVoE（Voice of Employee）の収集期限を明確に設定し、プロジェクト関係者に情報を効率良く提供してもらうようにすることが重要です。

タイムマネジメントが不適切な場合、作業の「手戻り」が発生し、それが製品のQCDにマイナスの影響を与える可能性があります。したがって、「どの段階で何を分析するか」を明確にし、全体の計画との整合性を取れるように進めるようにしてください。

10.2.4　成果物作成が目的化してエンジニアリングとしての効果が出ない

◆ 失敗事例

システムズエンジニアリングの導入に伴い、新たな分析方法や成果物（モデルなど）の作成などが求められます。しかし、これら新規の作業に取り組む際、「成果物の作成」が目的化し、本来行うべき「分析」や「検証」が後回しにされるケースがあります。このような状態で成果物の作成を続けると、フロントローディングに多くの工数を割いていたはずの場面で、「書き物をした」だけで、実際には何も分析や検証が行われていない状態になります（**図10-5**）。

さらに、次の工程への情報提供も不十分となり、これはシステムズエンジニアリングの失敗へ直結する重大な問題となります。この問題の原因は主に以下の3つです。

◯成果物の目的や位置づけが明確にされていない

◯成果物の作成方法が十分に理解されていない

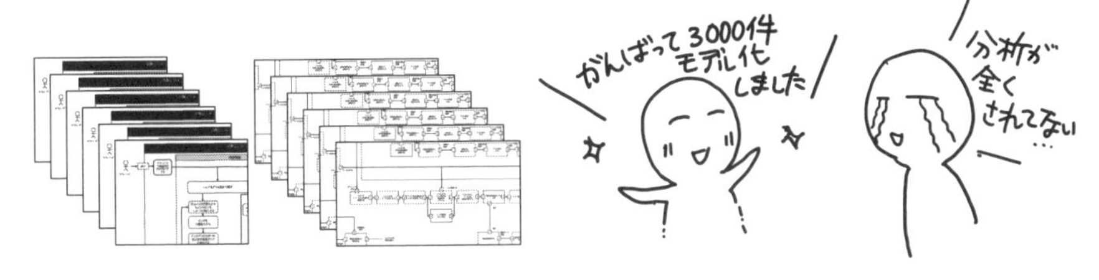

図10-5　成果物作成が目的化する例

○エンジニアのスキル不足

これらは避けるべき事項であり、明確な目標設定、作成方法の理解、およびエンジニアのスキル向上が重要です。

◆ 対策

成果物の目的や位置づけの明確化には、成果物の一覧とその関連図（IN-OUT）の作成が有効です。本書の「誰も教えてくれない！実務プロセス」チャートが役立ちます。このチャートには各フェーズの入力（INPUT）と出力（OUTPUT）、フェーズ内での活動と中間成果物が詳細に記載されているため、成果物が何のために生成されるかが一目瞭然です（**図10-6**）。

プロジェクトやフェーズ開始時には、開発者全員がこのチャートを使って活動の目的とそれに伴う成果物を確認するようにしましょう。さらに、成果物ガイドを作成することを推奨します。これにより、成果物として何を作成すべきかについての共通認識が形成できます。

10.2.5　良いシステムを作るには

これまでに説明してきたシステムのコンセプト作成から製品アーキテクチャ検討のプロセス、そしてシステムズエンジニアリングの導入方法は、「もっと良い製品を作りたい」という想いが原点となっています。

より良い製品とは何でしょうか？　筆者はそれを、製品を手にした人々が「これが欲しかった、購入してよかった」と笑顔になるものだと思っています。

これを達成するためには、ステークホルダの声を聞き、彼らのニーズに応える機能をアイディエーションし、それを可能な限り最善の方法で具現化することが必要です。これは長く困難な道のりで、膨大な情報を分析することが求め

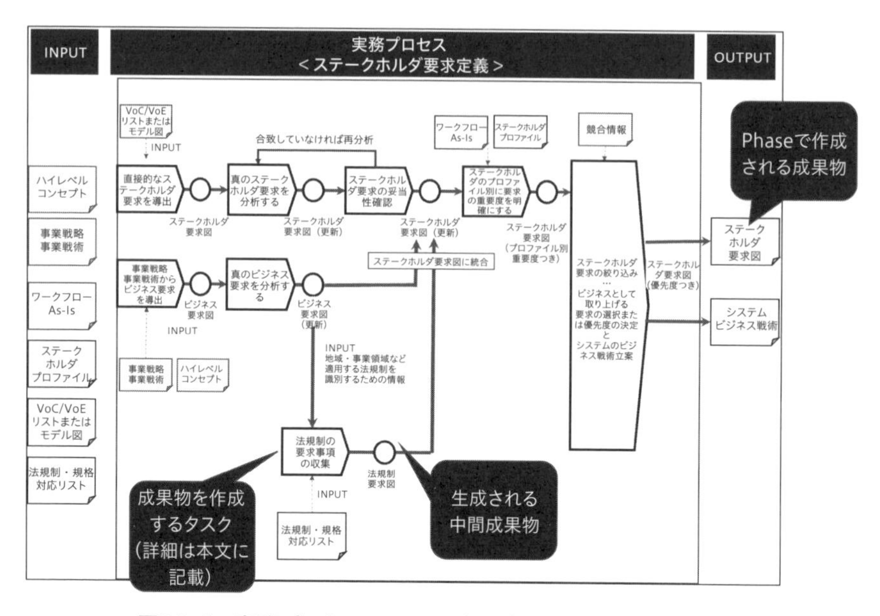

図10-6　実務プロセスチャート上の成果物とその生成タスク

られます。個々の開発者だけでは難しい作業です。

そのため、製品開発ライフサイクルに関与するすべての部門―ビジネス、開発、製造、品質保証、販売などがそれぞれの役割を持ち、協力し合うことが必要です。部門間の連携を達成するには、全員が同じシステムや製品を理解し、共有しなければなりません。これを達成するためには、成果物を常時参照し続けることが重要になります。

ステークホルダの声が要求となり、一貫して開発プロセスに反映され、製品の生産へとつながる大きな流れが生まれる。これこそがシステムズエンジニアリングの本質です。みんなでより良いものを作り上げたいという意識が、システムズエンジニアリングの成功、そして最終的に製品を手にした人々の満足感へとつながるのです。そして、その意識は、継続的に「良いシステム」を作り出す組織の文化として根づいていくことでしょう。

おわりに

「メカを総組みした3日後に画だし」という日程を見て、呆然と立ち尽くした十数年前を今でも覚えています。画だしとは、すべてのプリンタの機構が問題なく動作して、初めて印刷をすることを意味します。電気とソフトのデバッグ期間は、たったの3日しかないわけです。今考えると無茶苦茶な日程でしたが、「やれないことはない」とも思っていました。

というのも、メカを作っている間、電気もソフトも作る時間があるのです。そこを、いかに使い倒して並行開発をやり遂げるかを考え抜き、たどり着いたのがシステムズエンジニアリングでした。開発者仲間で徹底的に構造を最適化し、シミュレーションを組み合わせ、メカ、電気、ソフトが同時に単体検証を終わらせ、メカ総組みの3日後にテストプリントが出たときには本当に感動しました。そして、それはシステムズエンジニアリングの効果を確信した瞬間でもありました。

時は流れ、今やデジタルツインの時代です。モノを作る前に検証する、まさにシステムズエンジニアリングが活かせる時代です。だからこそ、多くの企業が導入を検討されています。しかし、実践においては一定の知見と経験が必要となります。今こそ、「これまで蓄積したノウハウを広く世に提供するときだ！」と本書を執筆しました。より良い製品を作りたい、と日々奮闘されている開発者の一助になれば幸いです。

後町 智子

私は、お二人とは異なる視点で、この書籍作成に携わりました。実は、システムズエンジニアリングは未経験なのです。本職は技術系の社内コンサルであり、開発現場の困りごとに対して、世の中にある科学的手法を組み合わせたり、カスタマイズしたりして、開発者と一緒に問題解決に取り組んでいます。本文でご紹介したQFD（品質機能展開）やTRIZ（アイディア発想法）、VE（バリューエンジニアリング）が専門です。

約10年この業務に携わってきたものの定着に至らず、「はて、どうしよう？」と思っていた頃に、システムズエンジニアリングに出会いました。海外生まれの手法だけあって、プロセスがしっかりしている。しかし、システムズエンジニアリングもそれだけですべてが完結するわけではなく、補完の余地がありそう。さらに、“機能”の考え方が共通で親和性が高いことが決定打となり、システムズエンジニアリングとの結合に踏み出しました。

振り返ると、私は“結ぶ”ことに興味があるようです。手法間を結んだり、開発者間を結んだり（ここは、つなぐにした方がいいかも）して解決に取り組むことに喜びを感じます。最後に一つ、皆さんと共有したいことがあります。“目的を見失わない”ことです。システムズエンジニアリングも有用な手段ですが、目的ではないということです。

土屋 浩幸

これまでの開発経験の記憶を紐解きながら、いろんなモンスターを考えてみました。なるべく伝えたいことがわかるように、デフォルメしたつもりです。皆さんの経験と少しでも共感できる部分があれば幸いです。

私のエンジニアリングのキャリアは制御系のソフトウェアから始まり、20代のうちは好きなようにプログラムを実装できていれば幸せでした。30代以降、製品仕様やPJの方向性に関心が向くようになり、システム設計に携わるようになりました。その中で様々な葛藤を抱えながら、システムズエンジニアリングとの付き合いが始まりました。私の経験が皆さまにちょっとでも伝えられれば、とモンスターを書かせてもらいました。少しでも楽しく開発ができるように、皆さんの現場でもモンスター探しをしてみてください。もしかしたら、鏡の中にもモンスターが見えるかもしれませんが。

鈴木　研

謝辞

本書の執筆にあたり、株式会社アイデアの前古護社長には絶大なる後押しをいただきました。また、書籍執筆に関して様々な意見と助言をいただいた、株式会社アイデアの緒方隆司氏、オリンパスメディカルシステムズ株式会社の木村正人氏、オリンパス株式会社の川崎哲哉氏にも深く感謝します。さらに、システムズエンジニアリングの専門家として、正しくより伝わるようにどうすべきかを細かくレビューいただいた合同会社Rytsの時岡優氏。そして、副業制度を利用した出版活動に快諾いただいたオリンパス株式会社、オリンパスメディカルシステムズ株式会社の私たちの上司、および関係部署の皆様。最後に、日刊工業新聞社の矢島俊克部長には、出版に関して右も左もわからない私たちに寄り添っていただき、多くのアドバイスとご協力をいただきました。心より感謝いたします。ありがとうございました。

参考文献

- ISO/IEC/IEEE 15288：2015　Systems and software engineering—System life cycle processes
- ISO 9241-210：2019 Ergonomics of human-system interaction—Part 210：Human-centred design for interactive systems
- System Engineering Analysis, Design, and Development：Concepts, Principles, and Practices（Wiley Series in Systems Engineering and Management）Charles S. Wasson Wiley 2015
- Systems Engineering Principles and Practice（Wiley Series in Systems Engineering and Management）3rd Edition Alexander Kossiakoff , Steven M. Biemer, Samuel J. Seymou, David A. Flanigan Wiley 2020
- 「システムズエンジニアリングハンドブック　第4版」西村 秀和（監修, 翻訳）, David D. Walden, Garry J. Roedler, Kevin J. Forsberg, R. Douglas Hamelin Thomas M. Shortell、慶応義塾大学出版会、2019
- 「SysML/UMLによるシステムエンジニアリング入門―モデリング・分析・設計（iMAtecアーカイブ）」Tim Weilkiens著、今関 剛/貝瀬康利翻訳、エスアイビーアクセス、2012
- 「要求工学実践ガイド：REBOKシリーズ2」情報サービス産業協会REBOK企画WG編、

近代科学社、2014
- A Practical Guide to SysML：The Systems Modeling Language（The MK/OMG Press）3rd Edition　Sanford Friedenthal , Alan Moore , Rick Steiner, Morgan Kaufmann　2014
- 「実践SysML　―その場で使えるシステムモデリング―」鈴木茂/山本義高著、達人出版会、2014
- 「日本のもの造り哲学」藤本隆宏著、日経BPマーケティング（日本経済新聞出版）、2004
- STPA Handbook　Nancy G.Leveson John P.Thomas　2018
- Engineering a Safer World：Systems Thinking Applied to Safety（Engineering Systems）, Nancy G. Leveson, The MIT Press, 2012.
- Techinical Measurement A Collaborative Project of PSM,INCOSE,and Industry Garry J.Roedler,Lockheed Martin Cheryl Jones, US Army INCOSE-TP 2003-0202-01,2005
- Structured Design：Fundamentals of a Discipline of Computer Program and Systems Design. Larry L. Constantine, Edward Yourdon. Prentice-Hall, 1979.
- 「実践システム・シンキング 論理思考を超える問題解決のスキル」湊宣明著、講談社、2016
- 「顕微鏡開発へのシステムアーキテクチャフレームワークの適用　～効果と課題～」渡部秀夫/北原章広、2019
- 「Strategies for Diversification」Ansoff, "Strategies for Diversification," Harvard Business Review, 1957
- 「発想法　創造性開発のために 改版」川喜田二郎著、中公新書、2017
- 「TRIZ実践と効用1A体系的技術革新」ダレル・マン著、中川徹監訳、クレプス研究所、2014
- 「TRIZ&TM&シミュレーションによるコマの開発～その2～（NPO法人日本TRIZ協会主催、第11回TRIZシンポジウム2015発表事例J18)」片桐朝彦発表資料、株式会社アイデア、2015
- 「ブレイクスルー思考」G・ナドラー/日比野省三著、ダイヤモンド社、1991
- 「品質展開入門」赤尾洋二著、日科技連出版社、1990
- 「知識創造企業（新装版）」野中郁次郎/竹内弘高著、東洋経済新報社、2020
- 「VEの魂」チーム310著、日経BP、2015
- 「新編　創造力事典」高橋誠編著、日科技連出版社、2002
- 「アナロジー思考」細谷功著、東洋経済新報社、2011
- 「製品開発は機能にばらして考えろ」緒方隆司著、日刊工業新聞社、2017
- 「問いかけの作法」安斎勇樹著、ディスカバー・トゥエンティワン、2021

索引

英・数字

あ

か

さ

た

な

は

ま

や

ら

わ

◆ 著者紹介

後町　智子（ごちょう　ともこ）

1991年ファナック株式会社入社。NC制御・ロボコントローラの開発に従事。2003年オリンパス株式会社入社。非破壊検査装置、産業用プリンタ、医療ロボティクス、内視鏡システム開発に従事。システムズエンジニアリング、モデルベース開発を上記開発に適用し実績を積む。「ものづくりをもっとステキに。」を合言葉に製品開発を支援するGochibiCreativeDesign代表。
現職：オリンパスメディカルシステムズ㈱システムズエンジニアリング本部　シニアエキスパート（原籍：オリンパス株式会社）。
https://gochibicreativedesign.com/

土屋　浩幸（つちや　ひろゆき）

2001年オリンパス株式会社入社（中途採用）。“設計がやりたい”の想いで、派遣会社を経由してオリンパスに入社。情報機器事業部にてOEM製品（バーコードスキャナおよびプリンタ）の開発～立ち上げにメカ担当として従事。前述の経験を活かしてQFD、TRIZ、TMを軸にした開発プロセス改善（科学的手法）の普及推進に転身。一方向の教育だけでなく、現場と一緒になって実践し、その結果はTRIZシンポジウムなどで外部にも発信している。現在は“技術者も人である”ことに着目し、心理学とSECIモデルをベースにした、新たな技術コンサルタントとして研鑽中。
現職：オリンパス㈱ソリューション技術本部、VEL所有

鈴木　研（すずき　けん）

1994年オリンパス株式会社入社。入社後20年間内視鏡プロセッサのソフトウェア開発に従事。テスト駆動開発、ユースケース駆動開発、MDD（モデル駆動開発）などを実践しながら、大規模化していく制御系ソフトウェアの開発のあり方を探求してきた。医療機器開発の経験を積んでいく中で、ソフトウェア開発の枠を超えて製品開発として医療機器そのものの開発をするために現部署に異動し、システムズエンジニアリングを実践中。
現職：オリンパスメディカルシステムズ㈱システムズエンジニアリング本部電気アーキテクチャ（原籍：オリンパス株式会社）

◆ 執筆協力

時岡　優（ときおか　すぐる）

2005年 株式会社オージス総研入社。約20年にわたり、ソフトウェアエンジニアリング、およびシステムズエンジニアリングの領域で開発・コンサルティング、教育に従事。手法やツールなどの実現手段だけでなく、それらの価値を最大限に引き出すための物事の見方や捉え方、考え方を重視。2022年に妻とともに起業。現在は各種現場の課題解決に伴走する傍ら、児童福祉事業とエンジニアリング支援事業のハイブリッド経営を実践中。
現職：合同会社Ryts業務執行社員 兼 解くべき「問い」の提供者。
https://www.ryts-llc.com

◆ イラスト協力

ごちび（本文挿絵,Phase3,4）、土屋陽一朗（Phase5）、
てゅくし（Phase6）、土屋結子（Phase7）、
ていくど（https://www.pixiv.net/users/27373060）（Phase8,9）

システムズエンジニアリングに基づく
製品開発の実践的アプローチ

NDC509.63

2023年12月30日　初版１刷発行
2024年８月30日　初版３刷発行

定価はカバーに表示されております。

©著　者　後町智子
　　　　　土屋浩幸
　　　　　鈴木　研

発行者　井水治博
発行所　日刊工業新聞社

〒103-8548　東京都中央区日本橋小網町14-1
電話　書籍編集部　03-5644-7490
　　　販売・管理部　03-5644-7403
　　　FAX　03-5644-7400
振替口座　00190-2-186076
URL　https://pub.nikkan.co.jp/
e-mail　info_shuppan@nikkan.tech

印刷・製本　新日本印刷

落丁・乱丁本はお取り替えいたします。　2023　Printed in Japan

ISBN 978-4-526-08310-5　C3053